经济管理学术文库·经济类

我国沙漠生态城市建设的
理论与实证研究

Theoretical and Empirical Study on the
Construction of Desert Ecological City in China

吴艳霞　　侯爱科／著

经济管理出版社
ECONOMY & MANAGEMENT PUBLISHING HOUSE

图书在版编目（CIP）数据

我国沙漠生态城市建设的理论与实证研究/吴艳霞，侯爱科著. —北京：经济管理出版社，2018.11
ISBN 978-7-5096-6133-8

Ⅰ.①我… Ⅱ.①吴… ②侯… Ⅲ.①沙漠—生态城市—城市建设—研究—中国 Ⅳ.①X321.2

中国版本图书馆 CIP 数据核字（2018）第 253014 号

组稿编辑：杨国强
责任编辑：杨国强　张瑞军
责任印制：黄章平
责任校对：王纪慧

出版发行：经济管理出版社
　　　　　（北京市海淀区北蜂窝 8 号中雅大厦 A 座 11 层　　100038）
网　　址：www. E-mp. com. cn
电　　话：（010）51915602
印　　刷：三河市延风印装有限公司
经　　销：新华书店
开　　本：720mm×1000mm/16
印　　张：17.75
字　　数：306 千字
版　　次：2018 年 11 月第 1 版　　2018 年 11 月第 1 次印刷
书　　号：ISBN 978-7-5096-6133-8
定　　价：68.00 元

前　言

　　植物稀少、雨水稀少、空气干燥以及地面完全被沙所覆盖，是我们对沙漠最直观的印象。其实，沙漠中也并非没有一点水，沙漠的地表结构一般都会使得沙漠地区地下水资源比较丰富。沙漠的形成是地质结构不断演变的结果，使得其地下蕴含着大量的矿物。水与可开发资源的结合诞生了沙漠城市。沙漠城市环境脆弱敏感、地质灾害集聚，再加上资源的不断开发与利用，使得沙漠城市的生态面临更严峻的考验。

　　20世纪以来，人类社会的快速发展基于资源和能源的大量消耗，严重破坏了生态环境。在传统的以"大量生产、大量消费和大量弃置"为特征的经济发展模式中，伴随着世界人口持续快速增长，生态破坏、环境污染、资源过度消耗、自然灾害频仍等生态环境问题日益突出，对人类未来的生存与发展构成威胁。为了应对这些日益严重的环境危机，"生态城市"这一概念应运而生，在此基础上，结合沙漠城市的特点，提出建设"沙漠生态城市"这一理念也是一条创新的解决思路。

　　2013年习近平总书记提出了建设"丝绸之路经济带"的构想，我国的沙漠城市大多也处于丝绸之路经济带内。目前，不论丝绸之路经济带沿线各国经济发展程度如何，解决环境问题和保障生态安全都是其面临的一项至关重要的任务。陆上丝绸之路沿线地区既是生态安全的重要屏障区，也是生态环境脆弱敏感、地质灾害频发的集聚区。开发活动加剧，人口不断增长，沙漠城市面临巨大的考验，所以构建沙漠生态城市对于我国沙漠城市的可持续发展、全面推进丝绸之路经济带建设具有重要的意义。

　　本书综合运用可持续发展理论、城市生态学理论、城市生态规划理论、循环经济理论、耗散结构理论及人均环境理论等基础理论，提出了我国沙漠生态城市的建设理论。该理论确定了我国沙漠城市生态环境的评价模型，主要采用主成分分析法进行评价；以定量战略计划矩阵为依据，确定研究区域的发展战略；根据目前可供选择的发展模式，建立了我国沙漠生态城市发展模式指标体系，从而可以定量地确定研究区域的发展模式；最后从用地布局、绿地系统建设、自然保护系统建设、基础工程建设和环境污染控制工程建设等方面提出我国沙漠生态城市建设的基本内容，并提出以治沙造林为重点、以产业生态化为核心和以科技创新为抓手的沙漠生态城市的建设重点。

榆林位于陕西省最北部，地处黄土高原和毛乌素沙地交界处，毛乌素沙漠是中国著名的沙漠之一，榆林市以长城为界，北部就是毛乌素沙漠南缘风沙草滩区，面积约15813平方千米，占全市面积的36.7%。榆林也是能源矿产资源富集地，被誉为"中国的科威特"，拥有世界七大煤田之一的神府煤田，中国陆上探明的最大整装气田——陕甘宁气田。正是基于这些特征和基本状况，研究最后选取榆林——我国典型沙漠城市作为沙漠城市建设的实证研究对象，以期能够给我国沙漠生态城市的建设提供一定的理论指导。

对榆林生态环境的评价的结果表明，榆林沙漠城市生态承载力处于严重超载状况，虽然超载的程度逐年递减，但是还需要加强对生态环境的保护。基于计算结果，榆林的发展战略应采用区域合作型发展战略，发展模式应选取"点—轴"渐进扩散模式为主与可持续发展为辅的发展模式。

沙漠生态是一项投资大、周期长、见效慢的事业，要想可持续、可复制、可推广，必须找到生态、经济、民生的利益平衡点，生态是基础，民生是保障，经济是动力，三者相互依存、相互促进、循环发展。沙漠生态城市的建设正是以生态、经济、民生的利益平衡为出发点，为人类社会的协调发展和环境保护提供了一个新模式，其实质是基于沙漠城市特点，实现经济发展与资源节约、环境保护紧密相连，进而实现良性循环，促进人类发展的同时也促进自然和谐。

由于沙漠生态城市建设是一个牵涉生态、经济、民生等多方面的复杂问题，研究内容涉及面较广，所以本书的研究内容难免挂一漏万，敬请广大读者不吝指正，不完善之处也有待进一步研究。

目　录

第1章 绪 论

1.1 研究背景及意义

1.1.1 研究背景

20 世纪以来，人类社会的快速发展基于资源和能源的大量消耗，严重破坏了生态环境。在传统的以"大量生产、大量消费和大量弃置"为特征的经济发展模式中，伴随着世界人口持续快速增长、生态破坏、环境污染、资源过度消耗、自然灾害频发等生态环境问题日益突出，对人类未来的生存与发展构成威胁。为了应对这些日益严重的环境危机，人类开始通过各种手段缓解危机，而生态城市的提出，特别是沙漠生态城市为我们的发展开辟了另一个新的领域。

我国的沙漠城市主要集中在西部区域，大多位于我国丝绸之路经济带内。2013 年习近平总书记提出了建设"丝绸之路经济带"的构想，目前，无论丝绸之路经济带沿线各国经济发展程度如何，解决环境问题和保障生态安全都是其面临的一项至关重要的任务。陆上丝绸之路沿线地区既是生态安全的重要屏障区，也是生态环境脆弱敏感、地质灾害频仍的集聚区。在开发活动加剧的情况下，必然面临沿线沙漠城市规模不断扩大、人口不断增长的形势，这将使得沙漠生态环境面临巨大的考验，需要持续加大对丝绸之路沿线地区的生态环境保护与建设力度。目前已有的治理措施，从纵向上有对三北防护林、三江源等生态环境保护转移专项支付制度，用以补偿地区为保护水资源、湿地、草地等生态系统做出的贡献，以此建立国家对重点生态功能区的长效补偿机制。西北很多省份正在强化顶层设计，对高功能的水体、生态环境脆弱区、敏感区等正在给予高要求的保护政策，严格禁止与环境污染有关的任何开发活动。很多省份持续加大对西北地区黄河支流、内陆河等流域水环境恶化、水土流失、土地沙漠化、地质灾害等突出环境问题的防治力度。

这些年来，国家大力推动旅游事业的发展，在进行政策倾斜的同时，还修改了全国各地休假制度，创造良好的休假和旅游环境，以此促进我国旅游业的快速有序发展。与此同时，沙漠地区的沙漠景观旅游越来越受到人们的青睐，在沙漠旅游开发中不少问题相继出现，如对旅游资源过度开发或者盲目投资，片面追求经济效益，这些行为极易造成对本已十分脆弱的沙漠生态环境的破坏，影响生态平衡，致使野生动物的生存环境遭到不可弥补的破坏，野生动物的种类也在逐渐减少，在注重旅游效益的同时，生态效益却受到了极大破坏，从而降低了旅游点的市场竞争力，这些问题已经成为制约旅游业发展的关键问题。在这样的大环境下，发展沙漠生态旅游、维护生态平衡、回归自然本色已经成为沙漠生态城市建设的首要目标。

近些年来，环境保护的宣传力度加大最主要是旅游者受教育的程度普遍提高。以保护沙漠生态环境为主题的旅游项目的开发得到了消费者的一致认可，而生态旅游的意义在于它具有减少环境污染、提高和增加收入的潜力，发展前景非常可观。构建沙漠生态城市、发展生态旅游能够有效保护生态环境的多元化发展，尊重生物生存繁衍空间，在保护自然资源的同时，更容易形成沙漠生态经济的循环发展模式。由此，沙漠生态城市的研究对沙漠生态旅游的可持续发展具有至关重要的作用和影响。

中国西部地区环境相对恶劣，生态较脆弱。在全球气候变化背景下，中国西部及中亚、中东等地区的荒漠化和水资源危机加剧已成为制约区域发展的重要问题。生态环境的本底脆弱，沙漠化问题突出。我国西部地区重点发展的西北五省区土地面积约 297 平方千米，其中 73% 属于内陆河区，是戈壁和沙漠地貌的集中区，区内难利用土地面积占总面积的一半，生态脆弱区面积占全国生态脆弱区面积超过 50%。第四次全国荒漠化监测结果表明，我国荒漠化土地面积主要分布在内蒙古自治区、甘肃、新疆维吾尔自治区、西藏自治区、青海 5 省区，占我国荒漠土地总面积的 95.48%；其余 13 个省（自治区、直辖市）占 4.52%。新疆维吾尔自治区水土流失的面积占全疆总面积的 47.7%，在绿洲—荒漠过渡带和农牧交错带的部分区域，生态环境质量仍呈现恶化趋势。

然而，当前对于沙漠生态城市的研究并不多，已有研究主要集中在生态城市的建设方面，针对沙漠地区构建生态城市的研究成果较为少见。我国沙漠城市多集中在西部地区，同时在丝绸之路经济带建设的过程中，幅员辽阔的沙漠地带必然会进行大规模的城市建设。丝绸之路经济带正处于各项政策实施的起步发展期，开展沙漠城市生态环境空间布局与规划的节点较好。因此需要从理论上探讨沙漠城市的水、大气生态环境空间格局，划定生态保护红线，分级分类提出环境保护的标准政策、法规制度。从环境质量、环境容量承载现状出发，提出优化产业、人口的空间布局与规模，实现国家生态安全屏障和能源战略基地的统筹增效。从生态环境现状、生态环境潜在影响等角度，系统评价沙漠城市的重大基础设施、资源能源的重大产业布局的影响。制定高标准、严准入政策，对不符合产业政策、重复建设及对环境有重大影响的坚决不予审批，对水资源严重短缺的城市、地区高耗水行业建设提出严格限制政策。同时研究并充分吸收借鉴国内外生态城市的成功案例，对跨界河流、区域性水土流失、土地荒漠化等环境问题加强协商共治。"十三五"时期我国将实行以环境质量为核心的环境管理转型，对于沙漠城市应吸收借鉴国外及东部地区环境质量管理转型经验，建立区域一体化的环境保护联动协调机制，依托绿色发展、生态文明建设等新理念、新形势、新要求，建立完善现代环境治理体系。

2020 年是我国实现全面建成小康社会的决战期，我国西北地区是经济社会发展相对落后的贫困集中连片区，急需跨步发展。依托于"丝绸之路经济带"整体规划及国家新增长引擎的布局转换，预期"十三五"时期会有较大发展。沙漠城市大多地处水资源等承载力不足、生态环境脆弱敏感的地区，未来依托丝绸之路经济带发展，将会实现更大的发展。

丝绸之路经济带沿线地区发展过程中必然伴随着沿线城市壮大、人口增长及产业布局的重大调整，从我国境内看，天山北坡、宁夏回族自治区炎黄经济带、关中天水、西咸新区、兰州新区以及宁夏回族自治区内陆开放型经济试验区、喀什经济开发区、新疆维吾尔自治区霍尔果斯口岸，这些重点区域将带来新一轮城镇化、工业化加速发展。对沙漠地区核心城市的开发建设规模力度将加大，资源能源需求将高速增长，对耕地、草地等生态系统类型改变的威胁加大，最新西部大开发战略环评报告结果显示，甘肃、青海、新疆维吾尔自治区湿地面积萎缩，草地退化面积已达到 48%。因此，探求我国沙漠生态城市建设，同时进行相关理论研究迫在眉睫。

如何才能不走弯路？关键是要树立科学的沙漠城市观念，推进沙漠城市循环经济发展模式，走科技含量高、经济效益好、资源利用率低、环境污染小、人力资源充分发挥的新型城市化道路。一方面，要研究开发并推广新能源、新材料，广泛采用符合国情的生态破坏恢复技术和污染治理技术，包括城市大气污染综合治理技术，投资少、效率高的废水处理技术，固体废物无害化处理技术等，以全面促进清洁生产。另一方面，要大力发展先进生产力，实施经济结构战略性调整，淘汰落后工艺设备，关闭、取缔污染严重企业；将传统工业的"资源—生产—污染排放"发展方式变为"资源—生产—再生资源"循环城市发展方式，推动以清洁生产、生态经济、循环经济为特征的绿色沙漠生态城市快速发展，令其成为先进生产力的重要组成和保护环境的最佳"结合点"。

1.1.2　研究意义

自 18 世纪中叶工业革命以来，特别是 20 世纪下半叶城市化以来，城市发展在本质上逐渐发生了变化。工业化和城市化促进了城市规模的扩大和城市经济的发展，但也给城市环境带来了严重的负面影响，给城市的可持续发展造成了诸多障碍。经过痛苦的反思，一条新的城市发展道路，一条有望支持"可持续"城市发展（建设生态城市）的道路，自然被提上了人类的议事日程。20 世纪 70 年代末以来，生态城市建设的研究与实践悄然兴起，并逐渐发展成为世界范围内一股强大的生态浪潮。

改革开放以来，我国城市化进程明显加快，城市化水平从 20 世纪 80 年代初的约为 20%，发展到现在的 57%，预计 2020 年将达到 60%，城市化已进入快速发展时期。城市是自然调节能力较差的人工系统，随着我国城市现代化的发展，人类活动的影响日益增强，而这些并非都是理性的，这就使固有的城市问题又有了新情况。例如，城市人口快速增长使城市负担加重，人均资源量相对下降，生产、生活资料短缺威胁仍然存在；一些城市过分强调"大力发展第三产业"，忽视了第二产业的发展和物质资料的生产，出现了新的产业结构失衡，城市化的"原动力"被削弱；经济资源集聚时巨大的泡沫成分直接导致了城市经济的不稳定和脆弱性；无序或恶意竞争是造成不稳定、犯罪和失业等社会问题的根源之一；生存与发展的空间竞争越来越激烈，使得城市规划陷入尴尬境地，建设用地的开发利用往往"越轨"；环境质量理性"经营"困难，城市环境进一步恶化，"生态足迹"未留下足够的空间；有的城市盲目地"拉大城市框架"，使城乡接合部建设陷入混乱，农地无序发展破坏了城郊农业。正常的快速城市化所固有的矛盾，以及脱离实际的快速城市化带来的现实问题，也困扰着城市化的健康发展。这些矛盾包括：城市数量扩张欲望与城市体系发展规律之间的矛盾；城市人口快速增长与人口素质和公民就业之间的矛盾；强有力的城市经济发展态势与有限的城市资源承载力和脆弱的城市生态环境之间的矛盾；城市社会需求旺盛与城市基础设施落后、供给能力有限之间的矛盾；高投入、高消耗且高环境影响的发展模式与我国人口多、基础薄弱、生态脆弱国情之间的矛盾；传统体制、文化、技术和未来城市社会持续发展对高效、和谐和活力要求之间的矛盾等。

21世纪上半叶，城市化依然是我国社会主义现代化建设的重要课题，也是全面建成小康社会与和谐社会的重要内容。这意味着新建设城市将继续增加，城市规模将继续扩大，各种发展因素将进一步集中于城市，城市将承受人口、资源、环境等方面的压力，其可持续发展将面临严峻挑战。此外，在推进我国城市化进程中，"必须推进、困难重重"的困境以及强烈的"行政化"色彩，使这一挑战更加严峻。以人为本的生态城市建设是当今世界城市规划、建设和发展的重要价值取向，保护栖身环境是人类的客观需要，是经济、社会和现代科技发展的必然结果，这也是我国全面建成小康社会与和谐社会的新发展战略和传统发展战略的根本区别。时代在呼唤生态城市建设。

沙漠生态城市理论的产生为人类发展和我国沙漠城市的发展困境指出了一条环境与发展相融的道路，为人类社会的协调发展和环境保护提出了一种新模式。其实质是经济发展与资源节约、环境保护紧密相连，实现良性循环，促进人类发展的同时也促进自然和谐。主要表现在：从单纯的城市经济增长为发展目标到经济、社会、生态的全面发展，从以物质为基础的城市发展到以人为本的发展（发展的目的是满足人民的基本需要，提高人民的生活质量），从关注眼前利益、地方利益到城市发展的长远利益、整体利益，从物质资源推动城市发展到非物质资源或信息资源（科技和知识）推动城市发展。因此，探求我国沙漠生态城市建设，同时进行相关理论研究已经是迫在眉睫的任务。

在应对全球气候变化背景下，我国沙漠生态城市建设对于全面推进丝绸之路经济带建设，充分认识沿线地区的生态环境格局和脆弱性，建设丝绸之路生态文明，建设可持续的丝绸之路经济带具有重要的战略意义。

1.2　研究内容

我国沙漠生态城市建设是我国实现生态文明建设的重要组成部分，本书首先通过梳理国内外有关生态城市建设理论，特别是沙漠生态城市建设的相关研究成果以及有关理论，分析当前沙漠生态城市建设的现状。其次，结合实际对国内外典型生态城市发展现状及存在问题进行研究。以我国沙漠城市地理分布为基础，进行我国沙漠城市生态现状分析，并借鉴国际沙漠城市生态环境评价指标，从理论上构建我国沙漠生态城市环境评价模型。同时，探讨如何制定发展战略以推动我国沙漠生态城市建设，优化模式选择，并进一步总结出我国沙漠生态城市建设的具体内容。最后，结合本书理论研究部分的内容，以典型沙漠型城市陕西省榆林市为例，对其进行深入的沙漠生态城市建设实证研究。

1.3　研究思路及框架

本研究的总体思路见图 1-1 所示。

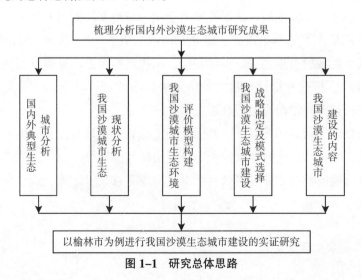

图 1-1　研究总体思路

第 2 章 沙漠生态城市建设的理论基础与研究综述

2.1 相关概念

2.1.1 生态城市概念

广义的生态城市是在深刻理解人与自然关系的基础上提出的一种新的文化概念，是按照生态学原理建立的社会、经济、自然和谐发展的新型社会关系，是有效利用环境资源实现可持续发展的新型生产生活方式。狭义的生态城市是指按生态学原理设计城市，旨在建立一个高效、和谐、健康、可持续发展的人居环境，它是一个社会、经济、文化、自然高度协调和谐的复杂生态系统。它的内部物质循环、能量流动和信息传递形成了一个连锁协同共生的网络，具有实现物质循环再生、充分利用能力、信息反馈调节、高经济效益、社会和谐、人与自然协同共生的功能。

生态城市，也称生态城，是一种趋向尽可能降低对于能源、水或是食物等必需品的需求量，也尽可能降低废热、二氧化碳、甲烷与废水的排放的城市。这一概念是在教科文组织 20 世纪 70 年代发起的人与生物圈项目研究过程中提出的，一出现就受到全球广泛关注。关于生态城市概念至今还没有公认的确切定义。在 2011 年 11 月 8 日召开的"中国大型公共建筑绿色节能减排高峰论坛"上，住建部副部长谈道："生态城最重要的标志就是 100%的建筑都应该达到绿色建筑的标准，中国近几年要建 50 个生态城市，远期上百个，它们作为绿色建筑的摇篮和基地将会发挥巨大的地区性示范作用，从质和量上保证绿色建筑整体实现飞跃性发展。"

"生态城市"是一个经济高度发达，社会繁荣，人民安居乐业，生态良性循环，城市环境和人居环境整洁、舒适、优美、安全，失业率低，社会保障体系完善，高科技主导，技术与自然充分融合，人的创造力和生产力最大化的人工复合生态系统。其有利于提高城市文明的稳定性、协调性和可持续发展。

所谓人工复合生态系统，简言之，就是"社会—经济—自然"的人工复合生态系统，包含社会、经济、自然的协调发展和整体生态的人工复合生态系统。具体而言，社会生态化体现在人们自觉的生态意识和环境价值观，人口素质、健康水平、生活质量与社会进步和经济发展相适应，有保障人人平等、自由、教育、人权和免遭暴力的社会环境。生态经济的特点是可持续发展的生产、消费、交通和居住发展模式，实现清洁生产和文明消费，推广生态工业和生态工程技术。对于经济增长，不仅要重视数量的增长，更要追求质量的提高，需提升资源再生和综合利用的水平，节约能源，提高热能的利用率，降低化石燃料利用率，积极研究开发替代能源，大力提倡利用自然能源。

环境的生态发展以保护自然为基础，与环境承载力相协调。最大限度地保护自然环境及其演变过程，合理利用一切自然资源，保护生命支持系统，开发建设活动始终保持在环境承载能力之内。

随着人类社会的不断进步和城市发展水平的不断提高，城市问题和全球气候变化也日益突出。城市是人类改造自然最彻底的地方，也是自然生态破坏最严重的地方。城市发展对全球气候变化具有重要影响。据联合国统计，城市、人口和生态环境之间的矛盾日益尖锐，因为城市生产和生活过程中产生的年碳排放量占全球碳排放量的75%。"生态城市"追求城市生态、经济、社会、人与文化的和谐共处，坚持以最小的环境成本获得城市的最大发展，是国内外城市可持续发展的新方向和新共识。生态城市规划是通过规划手段引导生态城市发展，探索城市发展的低碳化和生态化方向，是城市规划的一个新热点领域，也是应对气候变化的重要手段。

生态城市是以现代生态学的科学理论为指导，以生态系统的科学调控为手段，促进城市人口、自然和资源的和谐共处，促进社会、经济和环境的和谐发展，促进物质、能源和信息高效利用的城市人居环境。生态城市建设归根结底是通过人类活动，在城市自然生态系统改造和建设结构完善的基础上，明确城市生态系统的功能。该系统是以城市人口为主体，以城市地域空间、次生自然要素、自然资源和人工物质要素、精神要素为环境，与一定范围的区域保持密切联系的复杂人类生态系统，是生态城市的核心和主题。而城市生态系统的外围，即城市周围一定范围的区域（这里可以定义为"城市区域"）内的"城市区域生态系统"，是生态城市的区域平台。

生态城市建设的目标是使城市生态系统结构趋于合理，功能高度协调，城市可持续发展与区域可持续发展相适应、相支持；转变高投入、高消耗、高环境影响为低投入、低消耗、低环境影响、高效率的"三低一高"增长新模式；完善城市基础设施，推进生态建设，大力调整城市空间结构和开放空间体系建设，为城市可持续发展提供有效保障；以自然恢复为主，实现城市人工环境与自然环境的高度整合，在"生态平衡"的基础上，促进城市进入可持续发展状态；培育城市群体和居民的生态价值观和生态伦理，促进文明生产、文明管理、文明生活方式和可持续消费；保持城市特色，弘扬城市传统，为城市居民创造先进、丰富、健康的文化环境和平等、宽松、公平的社会环境；建立健全城市生态系统动态管理和决策体系，包括规划、设计、建设、监测、调控等环节，提高城市的自律、自控、自组织能力。

生态城市应满足以下八项标准：①广泛利用生态学原理规划建设城市，城市结构合理、功能协调；②保护和高效利用一切自然资源和能源，产业结构合理，实现清洁生产；③采用可持续消费发展模式，物质、能量的循环利用率高；④有完善的社会和基础设施，生活质量高；⑤自然环境与人工环境有机结合，环境质量高；⑥保护、继承文化遗产，尊重居民的各种生活特性和文化；⑦居民身心健康，有自觉的生态意识和环境道德观念；⑧建立健全的动态生态调控管理与决策系统。

大力推进生态城市建设，不仅符合城市演化规律的必然要求，而且有利于促进城市持续、快速、健康发展。一是抓住科技制高点和发展绿色生产力的需要。生态城市的开发建设，有利于高起点地参与世界先进的绿色科技领域，提高城市的整体素质、国内外市场竞争力和形象。二是促进可持续发展的需要。党中央把"可持续发展"和"科教兴国"列为两大战略，在城市建设和发展的过程中，我们当然要实施这一重大战略。三是解决城市发展问题的需要。城市作为区域经济活动的中心，也是各种矛盾的焦点。城市的发展往往导致一系列问题，如人口拥挤、住房紧张、交通拥堵、环境污染、生态破坏等。这些问题是城市经济发展与城市生态环境矛盾的反映。构建人与自然和谐相处的生态城市，可以有效解决这些矛盾。四是提高人民生活质量的需要。随着经济的不断发展，城市居民的生活水平也在逐步提高。城市居民的生活追求将从数量型向质量型、从物质型向精神型、从室内型向室外型转变。生态休闲正成为人们日益追求美好生活的需求。

2.1.2　生态城市主要特征

生态城市具有高效性、和谐性、整体性、区域性、持续性、关系协调六大特征。

高效性。生态型城市要转变现代工业城市高能耗、非循环运行机制，提高资源的利用率，最大限度地利用土地，人尽其才，各得其所，优化配置，物质和能源得到多层次的分层利用，物流顺畅有序，快速流动方便，废物循环利用，各部门之间通过共生关系高效发展。

和谐性。生态城市的此项特征不仅体现在人与自然的关系上，人与自然共生共荣，人回归自然，贴近自然，自然和谐于城市，更重要的是人与人的关系。人类活动促进了经济增长，但未能实现人类自身的同步发展。生态城市是创造一个适应人类进化需要的环境，充满人情味、丰富的文化氛围，具有强大的群体互助、充满活力。生态城市不是用绿色点缀人类栖息地，而是关心人，陶冶人的温暖环境。文化是生态城市的重要功能，文化个性与文化魅力是生态城市的灵魂，这种和谐是生态城市的核心内容。

整体性。生态城市不仅是追求环境优美、繁荣昌盛，而且兼顾社会、经济和环境效益，不仅注重经济发展与生态环境的协调，更注重人的素质的提高，是谋求发展新秩序下的全面协调。

区域性。生态城市作为一个城乡统一的概念，本身就是一个区域概念，是建立在区域平衡的基础上的，而城市又是相互关联、相互制约的，只有区域的平衡与协调，才有生态城市的平衡与协调。生态城市是人与自然和谐相处的价值取向。从广义上讲，要实现这一目标，全球必须加强合作，共享技术和资源，形成互利的网络体系，建立全球生态平衡，其要领是全球概念。

持续性。生态城市是以可持续发展理念为指导，考虑到不同时期、不同空间、不同资源的合理配置，公平地满足现代人和后代人在发展和环境方面的需要，不要因为眼前利益而以"掠夺"的方式促进城市的暂时繁荣，应确保城市社会经济健康、可持续、协调发展。

关系协调。是指人与自然协调，城乡协调，资源、环境胁迫和环境承载能力的协调。生态城市建设应该是一个"点一面"兼顾的空间体系。自然环境与经济社会的内在联系决定了城市不是孤立体，是存在影响区的，是与周边区域有着广泛而深刻联系的。因此，在规划方面，应该高度注重规划建设区对区域经济社会与自然环境的影响；在管理方面，各类考评指标不应仅止步于城市建成区或规划区范围，既要包括中心城市，也要包含中小城镇。

生态城市的建设标准和特征应从社会生态、自然生态和经济生态三个方面来确定。社会生态原则是以人为本，满足人的各种物质和精神需要，创造自由、平等、公正、稳定的社会环境；保护和合理利用一切自然资源和能源，提高资源再生利用效率，实现资源高效利用，采用可持续生产、消费、交通、居住发展模式的经济生态原则；自然生态的原则以最大限度地保护自然生态为主，使开发建设活动一方面保持自然环境的容许承载力，另一方面减少对自然环境的负面影响。

2.2　沙漠生态城市建设的理论基础

2.2.1　可持续发展理论

可持续发展理论的形成经历过很长的历史过程。20 世纪五六十年代，人们在城市化、经济增长、人口和资源等形成的环境压力下，对"增长=发展"的模式产生怀疑，同时展开了研究。1962 年，美国女生物学家 Rachel Carson（蕾切尔·卡逊）发表了一部引起巨大轰动的环境科普著作《寂静的春天》，她描绘了一幅由于农药污染导致的可怕景象，惊呼人们将失去"阳光明媚的春天"，在全球范围内引发了人类关于发展观念上的争论。

10 年后，两位著名美国学者 Barbara Ward（巴巴拉沃德）和 Rene Dubos（雷内杜博斯）享誉全球的著作《只有一个地球》问世，这部著作把人类生存与环境的认识抬高到一个新境界，即可持续发展的境界。同年，一个非正式国际著名学术团体——罗马俱乐部发表了著名的研究报告《增长的极限》(*The Limits to Growth*)，明确提出了"持续增长"和"合理的持久的均衡发展"的概念。1987 年，以挪威首相 Gro Harlem Brundt land（布伦特兰）为主席的联合国世界与环境发展委员会发表了一份报告《我们共同的未来》，正式提出可持续发展的概念，并以此为主题对人类共同关心的环境与发展问题进行了全面论述，受到世界各国政府组织和舆论的重视，在1992年联合国环境与发展大会上可持续发展要领得到了与会者的共识与承认。

可持续发展理论是指既能满足当代人的需要，又不危及后代人满足其需要的能力的发展。就具体内容而言，可持续发展涉及可持续经济、可持续生态和可持续社会的协调统一，要求人类在发展中注重经济效益、生态和谐和社会公平，最终实现人的全面发展。由此可见，可持续发展虽然起源于环境保护，但作为一种指导人类走向21世纪的发展理论，它已经超越了单纯的环境保护。它将环境问题和发展问题有机结合起来，已成为一个关乎社会经济发展的全面性战略。

具体而言包括以下几点：

（1）在可持续经济发展领域：可持续发展鼓励经济增长，而不是以环境保护为借口取消经济增长，因为经济发展是国家实力和社会财富的基础。但可持续发展不仅注重经济增长的数量，而且追求经济发展的质量。可持续发展要求改变"高投入、高消费、高污染"的传统生产和消费模式，实行清洁生产和文明消费，以提高效率，节约资源，减少经济活动中的浪费。从某种意义上说，集约经济增长方式是可持续发展在经济中的体现。

（2）在生态可持续发展方面：可持续发展要求经济建设和社会发展与自然承载能力相协调。在发展的同时，必须保护和改善地球的生态环境，确保自然资源的可持续利用和环境成本，以便将人类发展控制在地球的承载能力之内。因此，可持续发展强调发展是有限的，没有限制就不可能有可持续性。生态可持续发展也强调环境保护，但与以往反对环境保护与社会发展的做法不同，可持续发展需要改变发展模式，从人类发展源头、从根本上解决环境问题。

（3）在社会可持续发展方面：可持续发展强调社会公平是环境保护得以实现的机制和目标。可持续发展指出世界各国的发展阶段可以不同，发展的具体目标也各不相同，但发展的本质应包括改善人类生活质量，提高人类健康水平，创造一个保障人们平等、自由、教育、人权和免受暴力的社会环境。这就是说，在人类可持续发展系统中，经济可持续是基础，生态可持续是条件，社会可持续才是目的。21世纪人类共同追求的应该是以人为本位的"自然—经济—社会"复合系统的持续、稳定、健康发展。

可持续发展的基本原则有公平性原则、持续性原则、共同性原则。可持续发展的公平性原则包括两个方面：一方面是当代人的公平，即代际横向公平；另一方面是代际公平，即代际纵向公平。可持续发展必须满足所有当代人的基本需要，并使他们有机会实现其改善生活的愿望。可持续发展需要今世后代之间的公平，因为人类赖以生存和发展的自然资源是有限的。从伦理的角度来看，后代应该拥有与当代人同样的权利来提高他们对资源和环境的需求。可持续发展要求当代人在考虑自身需求和消费的同时，对后代人的需求和消费也负有历史责任，因为与后代人相比，当代人在资源开发利用中处于非竞争优势地位。代与代之间的平等要求任何一代都不能处于支配地位，即所有代都应有相同的机会选择。持续性原则是指生态系统在某些干扰因素下维持其生产力的能力。资源环境是人类生存和发展的基础和条件，资源的可持续利用和生态系统的可持续性是维持人类社会可持续发展的首要条件。这就要求人们根据可持续性的条件调整自己的生活方式，在生态可能性的范围内确定自己的消费标准，对自然资源进行合理开发和合理利用，使可再生资源能够保持其再生产能力，不可再生资源不被过度消耗，并能得到替代资源的补充，环境自净能力得以保持。可持续发展与全球发展有关，实现可持续发展的总体目标需要全球采取协调一致的行动，这取决于地球的完整性和相互依存性。因此，必须努力达成一项在保护全球环境和发展系统的同时尊重所有人利益的国际协定。正如《我们共同的未来》中写的 "今天我们最紧迫的任务也许是要说服各国，认识回到多边主义的必要性" "进一步发展共同的认识和共同的责任感，是这个分裂的世界十分需要的"。这就是说，实现可持续发展就是人类要共同促进自身之间、自身和自然之间关系的协调。

2.2.2　城市生态学理论

城市生态学起源于 20 世纪二三十年代芝加哥学派的城市社会学研究，在 20 世纪六七十年代环境与资源危机引发的系统生态学中复兴，在 20 世纪八九十年代全球变化与可持续发展研究中蓬勃发展。特别是近年来，随着城市化进程的加快，各种城市问题越来越严重。要解决这些问题，必须从综合的角度采取综合措施。在这样的历史条件下，城市生态学理论得到了环境科学、生态学、计算机科学、耗散理论、突变理论、协同理论等所谓 "新三论" 学科的有力支持，并逐步形成和完善了一种新的理论。

城市生态学是研究城市人类活动与周围环境之间关系的一门学科，可分为城市自然生态学、城市经济生态学、城市社会生态学。城市生态学是以城市空间范围内生命系统和环境系统之间联系为研究对象的学科。由于人是城市中生命成分的主体，因此，城市生态学也可以说是研究城市居民与城市环境之间相互关系的科学。

城市中居住着世界全部人口的 40%，城市面积占地球面积的 0.3%。城市生态学的研究内容主要包括：城市居民及其空间分布变化，城市物质和能源代谢功能及其与城市环境质量（城市物流、能源流动和经济特征）的关系，城市自然系统变化对城市环境的影响，城市生态管理方法及相关交通、供水、废物处置，城市自然生态指标及其合理容量等。由此可见，城市生态不仅是研究城市生态系统中的各种关系，更重要的是寻找一条将城市建设成为有益于人类生活的生态系统的好途径。生态城市是根据生态学原理建立的一种社会、经济、信息、高效利用和生态良性循环的人居环境。换句话说，将其建设成人流、物流、能源流、信息流、经济活动流、交通流等畅通有序，文化、体育、学校、医疗等服务设施齐全、文明公正，与自然环境和谐相处的生态城市。因此，城市生态学是从生态学角度研究城市居民与城市环境关系的学科。

从城市生态学的观点来看，城市是一个以人为中心的生态系统，由社会、经济和自然三个子系统组成。符合生态规律的生态城市应该是结构合理、功能高效、关系和谐的城市生态系统。所谓结构合理，是指人口密度适中，土地利用合理，环境质量良好，绿地系统充足，基础设施完善，自然保护有效；功能高效是指是指对资源、物质资源、经济投入、人力资源进行优化配置，充分发挥物流顺畅有序、信息流快捷方便的作用；关系和谐是指人与自然的协调、社会关系的协调、城乡协调、资源利用与资源更新的协调、环境压力与环境承载力的协调。综上所述，生态城市应是一个环境整洁优美、生活健康舒适、人尽其才、物尽其用、地尽其用、人与自然协调发展、生态良性循环的城市。其基本原理有城市生态位原理、食物链原理、系统整体功能最优原理、多样化导致稳定性原理、环境承载力原理、最小因子原理。

总体而言，生态城市学研究工作主要包含三部分：一是城市生态环境问题的研究，其既为生态城市建设研究的理论与方法的前驱，也与生态城市研究与实践相伴而行，及时提供科学技术支撑；二是与生态城市建设有关的科学构想、建设目标与原则、研究规划设计与评价指标，还有经济社会和文化建设等；三是生态城市建设方面，即狭义的生态城市研究，具有明显的产业或者地域特点，是生态城市探索的实践前沿。因此，此部分以中国生态城市研究文献时间分布为切入点，选取"城市生态""生态城市"和"生态城"作为文献检索的选项，探讨其时间分布特征，并分析其中的影响因素。

目前，城市生态学还没有一个为大家所公认的定义和理论体系，但都是以人类活动密集的城市为研究对象，探讨其结构和功能与调节控制的生态学机理和方法，并将其应用到城市规划、管理和建设中去，为城市环境、经济的持续发展和居民的生活质量的提高寻找对策和出路的科学，这是我国生态学界对城市生态学的最新表述，该定义指出了城市生态学的研究对象是城市，研究内容是城市的结构、功能和调节机制，研究目的是为城市的持续发展和居民生活质量的提高提出对策，其核心是城市生态系统，方法也主要是系统学的方法，在这一定义的指导下研究城市生态，对于解决城市环境与经济的协调发展具有重要的建设性作用。但是，由于城市生态系统视角的界定在研究过程中难免由于系统内某些相互作用的具体机制不太清楚，导致研究结果的宏观性，在具体的城市建设和管理中是不够的。拓展城市生态学的定义，指导城市生态学的研究，是一个迫切需要解决的问题。

与整个生态学领域的大多数分支相比，城市生态学还比较年轻和薄弱。面对迫切需要调整人与自然、资源、环境的关系，面对人类未来只有可持续发展的道路，城市生态学需要在研究内容上进行创新，在指导城市规划、城市建设、城市管理等方面发挥应有的作用，以促进世界城市化进程中城市环境和经济的可持续发展，提高城市居民的生活质量。城市生态学由于研究对象具有无法控制、无法重复的特殊性，从多年来城市生态学的发展经验和目前面对的挑战，对城市生态学的研究方法进行必要的总结、分析和提炼，可以提高城市生态学解决实际问题的能力。

2.2.3　城市生态规划理论

国际上正式提出城市生态规划的概念大约在 20 世纪 70 年代初，虽时间不长，但其学术思想却有悠久的历史渊源，随着全球范围内城市化的加速发展，城市生态规划的重要性逐渐凸显。现代城市是一个多要素、多介质、多层次的人工复合生态系统，各层次、各子系统和各生态要素之间的关系是复杂的。城市生态规划遵循整体优化、和谐共生、发展、区域分异、生态平衡和可持续发展的基本原则。从环境容量、自然资源承载力和生态适宜性三个方面进行分析，有助于合理划分生态功能，创建新的生态工程。其目的是提高城市生态环境质量，寻求最佳的城市生态位，不断开拓和占用备用生态位，充分发挥生态系统的潜力，促进城市生态系统良性循环，维护人与自然、人与环境的可持续发展与和谐共生。

城市生态规划是利用系统分析手段、生态经济学知识、各种社会自然信息和经验，对城市复杂系统关系进行规划、调整和改造，在城市现有各种有利和不利条件下，寻找扩大效益、降低风险的可行性规划。包括问题定义、组件及其关系识别、适用性分析、行为模拟、方案选择、可行性分析、运行跟踪、效果评价等步骤。

城市生态规划是适应可持续发展理念的规划方法。将生态学原理与城市总体规划和环境规划相结合，提出了城市生态系统生态发展和生态建设的合理对策，从而正确处理人与自然、人与环境的关系。联合国人与生物圈计划（MAB，1984）第57集报告指出："生态城（乡）规划就是要从自然生态与社会心理两方面去创造一种能充分融合技术和自然的人类活动的最优环境，诱发人的创造精神和生产力，提供高的物质和文化生活水平。"因此，城市生态规划不同于传统的环境规划和经济规划，它是城市总体规划与环境规划和社会经济规划之间的桥梁，其科学内涵强调规划的主动性、协调性、完整性和层次性，其目标是追求社会文明、经济效益和生态环境的和谐。

城市生态规划的规划原则：①社会生态原则。这一原则要求生态规划设计应注重社会发展的整体利益，体现尊重、宽容和公正，生态规划应注重社会发展规划，包括政治、经济、文化等方面的社会生活。公平是这一原则的核心价值。②经济生态原则。经济活动是城市中最重要和最基本的活动之一，经济发展决定着城市的发展，生态规划在促进经济发展的同时，应注重经济发展的质量和可持续性。这一原则要求规划设计实施节能减排，提高资源利用效率，优化产业经济结构，促进生态经济的形成。效率是这一原则的核心价值。③自然生态原则。城市是在自然环境基础上发展起来的，这一原则要求生态规划必须遵循自然演化的基本规律，保持自然环境的基本再生能力、自净能力和稳定性、可持续性，人类活动保持在自然环境允许的承载能力之内。规划设计应当与自然相结合，适应、改造和减少对自然环境的负面影响。平衡是这一原则的核心价值。④复合生态原则。城市的社会、经济和自然系统是一个相互关联、相互依存、不可分割的有机整体。规划设计必须把三者有机地结合起来，三者兼顾，综合考虑，使整体效益最高。规划设计应充分利用这三个方面的互补性，协调好三者之间的矛盾和冲突，力求在三者之间找到平衡。协调是这一原则的核心价值。这些原则具有普遍性，但城市具有地域性，地域特殊性受自然地理和社会文化的双重影响。因此，这些原则的具体应用需要与空间、时间和人（社会）相结合，并且在特定空间中有不同的应用。

近 20 年来，城市生态规划得到了迅速发展，并在国内外进行了许多有意义的探索和实践。因此，我们可以认识到，城市生态规划建设实际上是实现城市生态系统动态平衡、调节人与环境关系的有效手段。

2.2.4　循环经济理论

循环经济理论是在 20 世纪 60 年代由美国经济学家波尔丁提出生态经济时谈到的。波尔丁受飞船发射的启发，对地球经济的发展进行了分析，他认为飞船是一个孤立的独立系统，通过不断地消耗自己的资源，最终它会被资源的耗尽所破坏。延长寿命的唯一途径是实现船舶的资源循环，尽可能少地排放废弃物。同样，地球的经济系统就像一艘宇宙飞船，虽然地球的资源系统要大得多，地球的寿命也要长得多，但只有实现资源循环经济，地球才能生存。

循环经济的理论基础是生态经济理论。生态经济学是以生态学原理为基础，以经济原理为先导，以人类经济活动为中心，运用系统工程方法，从最广泛的生态经济一体化出发，从整体上研究生态系统与生产力系统的相互影响、相互制约和相互作用，揭示自然界与社会的关系和规律，改变生产和消费方式，高效合理地利用一切可利用的资源。总之，生态经济是一种尊重生态原则和经济规律的经济。它要求人类经济社会发展与其生态环境相统一，经济社会发展必须遵循生态学理论。生态经济强调对经济系统和生态系统各组成部分的全面考察和实施，要求经济、社会和生态三者的全面协调发展，以实现生态经济的最优目标。

生态经济与循环经济的主要区别在于：生态经济的核心是经济与生态的协调，经济系统与生态系统的有机结合，宏观经济发展方式的转变；循环经济注重全社会物质循环的应用，强调循环和生态效益，资源重复利用，注重生产、流通和消费全过程的资源节约。生态经济与循环经济本质上是一致的，就是要使经济活动生态化，就是要坚持可持续发展。物质循环既是一个自然过程，也是一个经济社会过程。它本质上是人与自然通过社会生产进行的物质交换，即自然过程与经济过程相互作用的生态经济发展过程。具体而言，生态经济原则体现了循环经济的要求，是循环经济建设的理论基础。

生态经济和循环经济概念的产生和发展是人类对人与自然关系的深刻认识和

反思的结果，也是人类在资源危机、环境危机、生存危机等社会经济快速发展过程中对自身发展模式的深刻反思的结果。从传统经济向生态经济和循环经济转型是全球人口爆炸、资源短缺和生态转型严峻形势下的必然选择。客观物质世界是在循环运动中，物质循环是促进与自然和谐发展、适应新型工业化道路要求的一种新型生产方式和生态经济的基本功能。物质循环和能量流动是自然生态系统和经济社会系统的两项基本功能，它们都处于不断变化之中。循环经济要求遵循生态经济规律，合理利用自然资源，优化环境，在不断循环利用的基础上发展经济，使生态经济原则体现在不同层次的循环经济形式中。

循环经济在发展理念上就是要改变重开发、轻节约，片面追求 GDP 增长；重速度、轻效益；重外延扩张、轻内涵提高的传统的经济发展模式。把传统的依赖资源消耗的线性增长的经济，转变为依靠生态型资源循环来发展的经济，既是一种新的经济增长方式，也是一种新的污染治理模式，同时又是经济发展、资源节约与环境保护的一体化战略。

循环经济本质上是一种生态经济，需要用生态规律而不是机械规律来指导人类社会的经济活动。与传统经济不同，循环经济是一种"资源—产品—污染排放"单向流动的线性经济，具有高开采、低利用、高排放的特点。在这种经济中，人们以高强度提取地球的物质和能量，然后把污染和废弃物大量排入水系统、空气和土壤，资源的利用是广泛的和可支配的，通过资源不断转化为废弃物来实现经济的定量增长。相反，循环经济倡导与环境和谐的经济发展模式，它要求将经济活动组织成一个"资源—产品—可再生资源"的反馈过程，其特点是低采矿、高利用和低排放。在当前的经济周期中，必须合理和可持续地使用所有材料和能源，以尽量减少经济活动对自然环境的影响。

2.2.5　耗散结构理论

耗散结构理论的创始人是伊里亚·普里戈金教授，由于对非平衡热力学尤其是建立耗散结构理论方面的贡献，他荣获了 1977 年诺贝尔化学奖。耗散结构理论是指用热力学和统计物理学的方法，研究耗散结构形成的条件、机理和规律的理论。耗散结构理论作为以揭示复杂系统中的自组织运动规律的一门具有强烈方法论功能的新兴学科，其理论、概念和方法不仅适用于自然现象，同时也适用于解释社会现象。

耗散结构的概念是相对于平衡结构的概念提出来的。长期以来，人们只研究均衡系统的有序稳定结构，认为如果系统处于混沌无序状态，就不能在不平衡状态下表现出稳定的有序结构。普里戈金等提出了一个远离平衡的开放系统，当外部条件变化到一定值时，量变可能引起质变，这个系统通过与外部世界的能量和物质的连续交换，可能从最初的无序状态变为时间、空间或功能的有序状态，这种稳定有序的结构称为"耗散结构"。这一理论回答了开放系统如何从无序走向有序的问题。

耗散结构理论认为系统处于动态有序必须满足四个条件：第一，系统必须处于开放状态；第二，系统必须远离平衡态；第三，系统内各要素非线性相互影响、相互作用；第四，系统各要素的非线性相互作用产生涨落影响整个系统。这四个条件相互联系、相互影响。根据这些条件可以把耗散结构概括为在非平衡条件下产生的依靠物质、能量、信息不断输入和输出来维持其内部非线性相互作用的有序系统。

耗散结构理论成功地解释了复杂系统的动态平衡和有序状态。它在流体、激光、电子线路、化学反应、生命等复杂系统的解释和分析中取得了显著的成果。社会科学家们正在利用耗散结构理论研究一些新的复杂的社会现象，如生态系统中的人口分布、环境保护、交通运输、城市发展、企业管理等。特别是建设有中国特色社会主义，加强社会风险管理，完善社会风险管理体系，有效规避社会风险，可以运用耗散结构理论进行研究。

人类社会是一个耗散结构系统。社会治理系统作为社会系统的子系统，也需要遵循耗散结构的演化规律。社会治理应借鉴耗散结构理论，以开放为基本条件，以各种创新为本质要求，通过在持续创新中引入负熵，使系统远离均衡状态，增强内部活力，通过保持非线性功能，引发持续创新波动，促进结构性突破，形成有序的社会治理耗散结构。

社会风险管理系统具有典型的耗散结构特征。社会风险管理体系能够满足耗散结构形成的所有必要和充分条件。根据耗散结构理论，社会风险管理系统的形成和维护至少需要满足四个基本条件：第一，社会风险管理系统本身是一个开放的系统。在经济全球化的浪潮中，社会风险管理不是孤立封闭的系统，孤立封闭的系统不会产生耗散结构。第二，社会风险管理体系处于一个远离均衡的非线性区域。随着经济的快速发展，许多社会矛盾和社会问题亟待解决。社会总是处于动态的、不平衡的有序发展过程中，但在均衡区域或接近均衡区域，不可能从一个秩序向另一个秩序过渡。第三，社会风险管理系统具有非线性特征。社会风险管理系统中存在着一个非线性的动态过程，如政策和决策机制。正是政策与决策机制之间的非线性互动，使社会风险管理系统在各要素之间产生协同作用和连贯效应，从而使社会风险管理从无序走向有序。社会风险管理系统内部要素与子系统之间的非线性结构使得系统各要素之间的非线性关系具有相互制约、相互促进的作用。社会风险管理系统中存在着复杂的交互和反馈机制，这些相互作用和反馈通常是非线性的，即不是简单的叠加。第四，社会风险管理体系是在远离均衡条件下的波动函数。推动系统形成新的有序结构，并在分岔点进行选择，完成从无序到有序的系统。耗散结构实际上是系统远离平衡时的巨大涨落，是由涨落所决定的。从社会结构本身的观点来看，"控制论认为机器或有机体的结构是根据它来推断指数的"。社会风险管理系统通过远离均衡状态的巨大波动突变和系统中的非线性机制，形成并维持与均衡结构完全不同的和谐有序的结构。这是耗散结构理论在社会风险管理中的本质。

一个城市可以看作是一个耗散结构，输入食物、燃料、日用品等，同时输出产品和垃圾，它才能生存下去，它必须保持稳定有序的状态，否则就会陷入混乱。现代经济体系也是非均衡开放体系。系统内部各部门之间的关系是非线性的，存在规则的经济波动和不规则的随机扰动，是一个耗散结构。耗散结构理论认为，系统是通过"涨落"有序化的，首先必须建立在有限的区域内，然后侵入整个空间，即存在成核机制。不同发展阶段的经济学和地理学也普遍认为，城市空间的集聚核心可以从初始均衡特征中诞生。

斯密的分工理论认为，即使在贫穷和不文明的条件下，人们也能生产必需品和便利。这里所谓功能单位提供的必需品和便利是空间功能的初始集聚，而贫困的不文明状态则是城市空间均衡的特征。从早期地理学的角度来看，一般认为区位因素在初始集聚中起作用，认识到产业初始集聚的向心力和离心力。然而，对集聚产生的原因和集聚过程的分析并不深入，也不能解释一些没有资源优势的地区仍然可以形成具有明显优势的集群。从新经济地理学的视角看，一些学者给出了从均衡状态到随机扰动的不稳定状态，并在完全分离后形成了一个新的均衡自组织演化过程，说明区域专业化发展具有历史偶然性。城市空间的形成（相当于集聚的核心）是人们为了节约交易成本以获得完全分工的利益而自发演化的结果。在原始经济流分散的区域空间中，集聚中心可能出现在区域空间中的任何一个区域经济增长点上，与周围环境进行自增强交换，并可能形成集聚核心，这是城市空间耗散结构集聚核心的形成过程。

总体而言，耗散结构理论的相关原理已应用于城市空间研究的经典模型，但关于城市空间耗散结构形成机理和演化过程的研究成果较少，有待于进一步系统研究。同时，现有文献将城市空间看作一个耗散结构系统，更多地关注耗散结构的形成条件和城市内部与外部的交换，而城市空间耗散结构的本质是城市空间的聚集结构。国外经典的城市自组织模型采用严密的数学逻辑推理，体现了耗散结构理论的内容，如"序从不稳定""序从波动""突变点"（城市空间多因素非线性作用形成多重波动，波动在非线性作用形成"突变点"）等。特别是新经济地理学和新古典经济学对城市空间问题的研究，解决了城市空间集聚的形成过程和机理。其中，对新兴古典经济学的分析更贴近现实，将斯密的分工理论引入模型中。将交易效率作为系统演化的控制参数，通过交易将系统等因素紧密引入模型分析中，对实际问题具有更强的解释力。因此，结合新古典经济模型，对城市空间问题的分析应引起重视。

目前，我国对城市空间的研究越来越重视，但基于耗散结构理论的城市空间结构研究成果并不多，大多停留在对城市空间内部和外部的简单定性分析上，对城市空间耗散结构的动力特性、演化过程和突变机理的研究也不多。这与耗散结构理论分析往往需要将非线性数学工具与复杂的计算机仿真技术相结合，少数结果集中在模型仿真的结合上，难以应用于实际问题的解决。同时，结合耗散结构理论分析当前城市空间结构实际问题的相关论文并不多，这可能是未来探索的重点。在城市空间相互作用研究方面，呈现出更加重视城市流的研究，这正是耗散结构理论空间动态有序的重要特征。

2.2.6 人居环境理论

人居环境，顾名思义是人类居住生活的地方，是关系到人类生存活动的地球表面空间，是人类生存的环境，是人类利用自然、改造自然的主要场所。早在第二次世界大战后，希腊学者多丽丝·迪亚斯就提出了"人类住区科学"的概念。与传统建筑不同，它考虑的是从小到三个村庄，从大到城市的不同尺度、不同层次的整个人居环境，而不是单纯的建筑或城市问题。人居环境是指人类聚居或居住的环境，特别是指建筑物、城市、园林等所营造的环境。人类住区环境科学是建立在人类住区环境科学两大范畴基础上的一门新兴学科，它是探索和研究人类因各种生活活动的需要而建构的空间、场所和领域的科学和艺术。村落、集镇、城市等以人为中心的人居活动与以人居环境为中心的生物圈联系在一起，是一门综合性的科学和艺术。是建筑、城市规划、景观建筑的一体化，其研究领域是大容量、多层次、多学科的集成系统。

"人居环境"就居住小区的领域来讲，分为两种代表性的理解，包括居住和聚集两大类型，居住与建筑对应，聚集则与环境场所相关。古有"安得广厦千万间"，对于"居住"大家应该较易理解，但对于"聚集"，可形象化地理解为当人们处于带有屋顶的建筑之外，使人们处于平静安全的开敞环境空间里，并活动聚集在一起，并且这样的环境空间须将健康安全、交通管理、服务设施、休憩娱乐等各个复杂的要求在时间和空间中结合在一起。也就是说，人们不仅从感官上，而且更重要的是从心理上理解自己所处的环境和特点。因此，"人居环境"要求所有社会职能在满足当前平衡和可持续发展的同时，创造一种环境，使能源和材料保护规划和设计与周围环境协调一致，有利于人类身心健康和审美福祉。

道萨·迪亚斯限定了人居环境的五种要素，这五种要素对于研究对生境环境采取包容性办法至关重要：①人，其核心含义是个人，在生物学中，这一术语包括男子和妇女。②社会通过人口趋势、群体行为、社会习俗、职业、收入和政府来处理人及其相互作用；当小社区被大社区吸收时，保护小社区的内在价值越来越重要。③自然是一个生态系统，人类和社会在其中工作和发挥作用，我们在其中规划我们的人类住区。人、机器、人类住区和自然之间的相互关系以及区域、大陆和整个地球的承载能力都很重要。④建筑物，通常用于表示所有建筑物和构筑物。网络、运输、通信和公用事业网络支持生境环境，并通过建立结构和组织将它们联系起来。⑤网络的变化将深刻影响城市模式，网络的发展往往预示着城市和社会的新发展。这五种要素在各自的学科中都有很好的研究：医学和心理学领域的人，社会科学领域的社会，地理领域的自然（最近的生态学），建筑、工程和规划领域的建筑物和网络。从本质上讲，人类住区环境科学是一门应用科学，需要有坚实的科学基础，以便在最困难和最复杂的情况下继续发展、执行和采取行动。

我们既然将与人类活动有关的环境，包括人、城镇、城市乃至城市连绵区，都称为人居环境，那么把这样庞大的人居环境作为研究对象，并进行多学科理论分析称为人居环境科学（Science Elements），就是所谓的"人居环境"理论。人居环境科学是一门以包括乡村、城市的所有人类聚居形式为研究对象的科学，是研究人与其生活环境的关系，强调生活环境，从政治、社会、文化、技术等方面进行全面、系统的研究；建筑学、城市规划等学科的理论，只涉及人类住区的一部分或某一方面，应综合运用社会学、心理学、地理学等理论观点，系统研究实际问题。本课题的目的是了解和掌握人类住区发展的客观规律，从而更好地构建人类理想的住区环境。

2.3　国内外研究综述

2.3.1　国外研究综述

1925 年美国芝加哥学者帕克（Robert E. Park）等创立了城市生态学，在专著《城市》中以城市为对象，以生态学观点论述了城市生态学理论和观点；20 世纪 60 年代末，联合国教科文组织（UNESCO）开始了"人与生物圈（MAB）计划"，提出从生态学角度研究城市的项目，并出版《城市生态学》（*Urban Ecologly*）杂志，这标志着城市生态学开始了在全球范围的广泛研究。此后，国内外召开过许多有关研究城市生态系统的研讨会。国外学者出版了大量有关城市生态学的专著和论文。

1984 年，俄罗斯科学家首次提出生态城市的概念，随后生态城市建设开始走向实施阶段。1990 年，第一届国际生态城市会议在美国加州伯克利举行。12 个国家的代表介绍了生态城市建设的理论和实践，探讨了生态城市设计的原则、方法、技术和政策。1992 年，在巴西举行的联合国环境与发展会议上，举行了未来生态城市最高全球论坛；1996 年，第三次生态城市国际会议在西非塞内加尔举行；生态城市也被认为是 1997 年在德国莱比锡举行的国际城市生态学研讨会上最重要的议题之一。

在深入理论研究的同时，国外生态城市建设也取得了很大进展，积累了丰富的经验。从 1992 年开始，日本建设部组织专家学者对生态城市建设的基本概念和具体步骤进行了探讨。北九州市自 20 世纪 90 年代初开始以减少垃圾、实现循环社会为主要内容的生态城市建设，力争到 2005 年达到一定规模。澳大利亚于 1994 年在阿德莱德启动了生态城市建设计划，并制定了衡量生态城市的具体标准。加州伯克利生态城市项目、旧金山绿色城市项目、丹麦生态村项目和加拿大哈利法克斯项目取得了一些进展。新加坡已成为世界著名的"花园城市"，发展中国家也在建设生态城市，并取得了相当大的成功，巴西库里蒂巴经济的成功吸引了人们广泛关注。

近年来，世界各地社会经济发展和人口快速增长，世界城市化进程不断加快，特别是发展中国家，城市化进程不断加快，到 2012 年世界一半的人口居住在城市，预计 2025 年将有 2/3 的人口居住在城市，因此城市生态环境将成为人类生态环境的重要组成部分。城市是社会生产力和商品经济发展的产物。在城市集中了大量的社会物质财富、人类智慧和古今文明；同时也集中了当代人类的矛盾，产生了所谓的城市病。如城市大气污染、水污染、垃圾污染、地面沉降、噪声污染；城市基础设施落后、缺水、能源短缺；城市人口膨胀、交通拥堵、住房短缺、土地短缺以及城市风景旅游资源受到污染，城市特色遭到破坏。这些都严重阻碍了城市具有社会、经济和环境功能的正常发挥，甚至给人们的身心健康带来了极大的危害。未来 10 年将是中国快速城市化的时期，作为世界上人口最多的国家，能否妥善处理环境问题是改善全球环境问题的一个重要方面。因此，如何实现城市经济社会发展与生态环境建设的协调统一，已成为国内外城市建设面临的重大理论和实践问题。

随着可持续发展思想在世界范围内的传播，可持续发展理论也开始从概念走向行动，人们的环境意识也在不断提高。随着现代生产力的发展和国民生活水平的提高，世界上一些发达国家对生活质量提出了更高的要求，其中最重要的是对生态环境质量的要求越来越高。专家认为，21 世纪是生态世纪，人类社会将逐步从工业化社会走向生态社会。从某种意义上说，下一轮国际竞争实际上就是生态环境的竞争，即从一个城市来看，哪个城市生态环境好，能更好地吸引人才、资金和物资，处于竞争地位。因此，建设生态城市已成为下一轮城市竞争的焦点，许多城市以建设"生态城市、花园城市、山水城市、绿色城市"为目标和发展模式，这是明智之举，也是现实的选择。

因此，21 世纪以来，生态城市的概念逐渐被国家层面所接受，主要国家或组织纷纷开展生态城市项目或政策，促进国内和区域城市的生态发展，典型的如欧盟生态城市规划、英国生态城镇建设等。

自 2012 年以来，各国采取了宏观政策措施，以制定符合其发展阶段的相关国家或城市计划，如气候、能源和环境计划。如美国的"告别气候变化无所作为"，将为应对气候变化的威胁创造新的机会和产业；欧盟清洁燃料战略旨在促进整个欧盟的替代燃料供应设施；联合王国的新能源立法，以建立对可再生能源、新能源和其他多样化能源系统的支持；社区安全、服务、卫生和基础设施是温哥华 2012 年市议会目标的优先事项之一。

自 1971 年生态城市的概念和思想提出以来，生态城市建设在世界范围内得到了广泛的研究和实践。目前，国外许多城市已经取得了生态城市建设的经验和成效，发展趋势已从传统的小城镇扩展到发展时间长、城市空间大、产业形态复杂的国际大都市。国外生态城市不仅包括欧美发达城市，也包括发展中国家的一些城市。其建设模式主要包括紧凑城市发展模式、公交化发展模式、社区驱动发展模式、生态网络和原有生物化学发展模式、绿色城市技术发展模式，代表了当今世界生态城市发展的主要趋势。

紧凑城市发展模式主要是指在减少土地集约利用、减少资源占用和浪费的同时提高土地功能的混合利用率，恢复城市活力和实施公共交通政策等一些生态措施。紧凑城市发展模式强调混合使用和密集发展战略，使人们更接近工作场所和日常生活所需的服务，不仅包括培育地理概念，而且更重要的是，城市内部的密切关系以及时间和空间概念。综上所述，紧凑城市思想包括高密度居住、低汽车依存度、城乡边界明显、土地混合利用、生活多样化、身份明确、社会公正、日常生活自我丰富八个方面。紧凑型城市与紧密型城市发展模式密不可分，这在欧洲绿色城市主义倡导下无疑是实现生态城市的良好基础。欧洲许多城市都是以这种方式来实现生态城市发展目标的，如丹麦的哥本哈根、瑞典的斯德哥尔摩、德国的埃尔朗根、西班牙的马德里、英国的伦敦、法国的巴黎等，其中成效突出的是哥本哈根、斯德哥尔摩和埃尔朗根。

公交化发展模式主要是为了解决城市居民过度依赖机动车带来的限制和环境问题。西方发达国家的大多数学者认为，要实现生态城市的目标，应鼓励人们使用公共交通工具。因此，国外大部分成功的生态城市都把发展公共交通作为主要的交通政策，同时，实行土地综合利用、规划设计、工作生活等服务设施相结合，综合考虑，使人们可以就近上学、工作和享受各种服务设施，缩短人们的出行距离，降低能源消耗。该模式已在巴西和日本的一些生态城市建设中得到广泛应用。例如，巴西库里蒂巴选择了以公共汽车为导向的城市发展规划模式。

社区驱动发展模式与公众参与密切相关，加强了公众作为城市生产者、建设者、消费者和保护者的重要作用。例如，新西兰的《韦达科生态城市蓝图》规定了市议会和区域社区为实现这一愿景而采取的具体行动，并确定了市议会在生态城市建设方面的责任和措施，其成功最终取决于社区居民。伯克利经过 20 多年的努力，建成了一座具有典型的亦城亦乡空间结构的生态城市，其理念和做法在全球产生了广泛的影响。

生态网络和原有生物化学发展模式主要是在自然环境与城市发展互动的过程中利用环境优化和区域网络结构来培育这种对立统一的关系，通过产业技术来实现生态城市的目标。亚欧一些城市改善城市生态环境的实践值得特别关注。如日本某城市在规划原则上高度尊重原有自然地貌，精心规划城市湖泊、河流、山林等，紧密结合市民交流活动设施，辅以相应的景观设计，形成了十几个大小不同、景观特色各异、分布均匀的开放式公园。

绿色城市技术发展模式，一些发达国家在生态城市发展过程中，把生态系统纳入城市的重要组成部分来考虑，高度重视城市的自然资源，同时，可再生绿色能源、生态建设技术在生态城市建设中得到了倡导和实施。在大量日本木材的生态城市建设中，九州和大阪就是这种发展模式的典范。尽管由于成本原因，这种住房尚未普及，但这种试验为难以重新规划的城市提供了在建筑层面改善人工生态系统的可能性。此外，西班牙马德里与德国柏林合作，通过重点研究和实践用绿色植被覆盖城市空间和建筑表面、雨水就地渗入地面、推广建筑节能技术材料、使用可回收材料等，改善了城市生态系统的状况。

从以上几种国外城市生态建设与发展模式的介绍中可以看出，国外非常重视生态城市实践的实用性和可操作性。它们的设计思路比较具体，结合国家城市社会的实际问题，强调因地制宜，注重理论联系实际，并制定了中长期发展目标和围绕这些目标采取的切实措施。因此，它可以解决生态城市规划建设中的诸多问题。

总体上看，国际生态城市研究及实践工作在不断的推进，对于城市的发展有着重要的作用。通过对国外文献和实践梳理发现，国外近年来城市研究主要关注"可持续城市""绿色城市"，对生态城市本身的研究较为丰富。生态城市在国际上正在成为趋于主流的城市理论，虽然在全球范围内实践相对较少，但是生态城市的理念却在城市规划建设中得到了不断的体现。

2.3.2　国内研究综述

从20世纪80年代初到90年代，我国生态城市建设形成了一套以社会经济自然复合生态系统为指导的建设理论和方法体系。在多年的实践过程中，许多城市提出了建设生态城市的目标。这些生态城市的发展过程不同，情况也不同，有的城市停留在口号阶段，有的城市已经制定了建设生态城市的计划。但国内外真正成功和影响广泛的例子很少。1986 年江西省宜春市提出建设生态城市的发展目标，1988 年开始生态城市试点。接着，长江流域各大城市相继提出了建设生态城市的发展战略。在此期间，各地生态市、生态县、生态示范区、生态村、生态社区等建立了一些非常有价值的示范点，对推进城市建设转型具有很大作用。

1994 年，上海政府明确表示，尽快把上海建成一个干净、美丽、舒适、人与自然高度和谐的生态城市；重庆正式把"21 世纪生态城乡大都市"作为重庆未来发展目标的最佳定位。南宁、昆明、北京、长春、扬州、威海、深圳等城市提出了建设生态城市的发展目标。与此同时，我国在建设与生态城市建设密切相关的园林城市、环境保护模范城市、清洁生产城市等特色城市方面也取得了巨大成就。自 1992 年建设部开展创建"园林城市"活动以来，全国已命名 19 个国家级"园林城市"；自 1987 年张家港市获得全国环境保护模范城市称号以来，先后有大连、深圳、厦门、威海、珠海、长春、扬州等 24 个城市获得了该称号。国家正式批准建设的生态城市有长春、阜新、娄底、北京、上海、天津等。

此外，海南、吉林、黑龙江、江苏已被国家批准建设生态省，江西建设生态经济区，云南建设绿色经济省。这表明生态城市建设已成为我国城市发展的主流。近年来，中国城市规划学会、中国生态学会及其地方学会举办了多次全国性和地方性学术研讨会，把学术研究和交流推向了高潮。第五届国际生态城市会议于 2002 年 8 月 19 日至 23 日在深圳举行。会议起草的《深圳生态城市建设宣言》将对世界城市的建设和发展以及人类住区的改善起到积极的指导作用。

从学术界来看，很多学者对生态城市提出了自己的看法。黄光裕提出了生态城市建设的标准，并从总体规划水平、功能区水平、建筑水平等方面探讨了生态城市建设的对策。黄光裕、陈勇的《生态城市理论与规划设计方法》综合分析了生态城市理论与规划设计方法，该书是我国生态城市领域的第一本著作，对生态城市理论的发展具有重要的借鉴意义。商玉秀等以老子的哲学思想为依据，对现代生态城市进行研究。吴斐琼对实现生态城市理论进行研究，并提出了规划建设中国特色生态城市的途径。袁荣灿提出了生态型城市标准矩阵的概念和内容。针对生态城市的现状，李浩博士在博士后报告中以"生态城市"的基本理论和思想为基础，从指导思想、程序机制、规划内容和实施保障等方面提出了完善城市规划的一系列要求。罗文健结合生态城市规划，对生态城建设和理论进行了最新梳理研究，文章中重点突出了生态城市规划的相关问题。

近年来，相关学术机构、行业协会等积极参与生态城市建设，倡导生态城市理念，开展学术交流，为低碳生态城市研究实践提供了交流和展示的平台。中国（天津滨海）国际生态城市论坛通过生态城市建设实例和国际生态城市对话连续三届举行；2012 年中国城市规划年会也重点讨论了生态城市问题；自 2010 年以来，城市发展和规划会议的总主题一直是生态城市。同时，在城市规划、绿色建筑、景观设计、轨道交通、智慧城市等领域召开会议，搭建高水平的专业交流平台。

对中国"城市生态"与"生态城市"研究具有极大的引导与促进作用的还有国家生态环境管理水平提高，以及由此产生的宏观管理政策导向因素。诚然，国家宏观管理政策是以科学研究为基础和支撑的，但是现实经济社会发展需求是宏观政策制定的另一项主导因素。宏观管理政策一经确定，能极大地促进相关研究工作的普遍开展和深化发展。1992 年，建设部先后发布《关于命名园林城市的通知》《城市环境综合整治定量考核实施办法》，对"城市生态"及其环境问题的研究具有极大促进作用。1995 年，国家环保总局发布了《全国生态示范区建设规划纲要（1996~2050）》，提出建立生态示范县、市。随后，2003 年发布了《关于印发〈生态县、生态市、生态省建设指标（试行）〉的通知》。2004 年，建设部发布《关于印发〈创建"生态园林城市"实施意见〉的通知》。国家环保总局与建设部的一系列宏观管理政策导向，引发了中国城市生态环境建设的大潮。同期，中国经济总量的大幅度扩张、城市化进程的加速等使得中国不仅必须，而且也有条件考虑如何改造与建设未来居住的城市，由此中国"生态城市"研究如火如荼，2003 年文献数量便超过"城市生态"类文献，到 2010 年两者的差距越来越大，2013 年"生态城市"类文献超出"城市生态"类文献 40%。

综上所述，对中国生态城市研究现状进行思考可以发现：

其一，在生态城市的研究人才方面，目前的中坚力量是资深的研究学者，且以具有硕士学历者居多。生态城市是中国未来城市发展的重要方向，特别是在生态文明建设的大背景下，生态城市更是实践生态文明的主阵地。在此背景下，急需培育一批具有更高学历的生态城市研究青年学者。这需要城市地理学、生态学等学科及相关管理单位的共同努力，为接班人培养创造更好的条件。

其二，在生态城市研究领域方面，中国生态城市研究呈现多元化趋势，目前已经形成了以生态城市建设、生态城市规划设计、生态城市与可持续发展、生态城市与生态环境、生态城市指标体系、生态城市的对策建议、生态城市与循环经济、生态城市与低碳、生态城市与城市发展、生态城市与生态文明、生态城市评价、生态城市与生态系统、生态城市与城市化、生态城市问题、生态城市模式、生态城市和人居环境、生态城市和生态经济、生态城市与生态足迹等议题为主的研究格局。在未来，我们更加需要加强宏观、中观、微观"三观"结合的综合研究，并积极与"未来地球"框架等相结合，在其他领域产出更多更好的标志性成果。

其三，在研究层次方面，目前中国生态城市的研究仍以基础研究为主，侧重于对生态城市的科学机理、技术方法、知识等的探讨。生态城市是一个科学命题，更是城镇化发展实践中的现实议题，生态城市的应用研究与综合研究在未来也显得尤为重要。加强生态城市的应用研究、综合研究等，应成为未来的重点。

其四，在项目支撑方面，中国生态城市研究的支撑经费以国家自然科学基金、国家社会科学基金及各省市级项目为主。对于一些重大重点类项目（如"973"项目、"863"项目）的支撑力度仍略显不足。为进一步加强生态城市研究中的重大问题攻关、更好地支撑生态文明实践发展，需要以一批重大项目为平台，集聚城市学、地理学、生态学、管理学等方面的专家，进行协同创新研究。在未来，应该积极争取更多以"生态城市"为主题的"973"项目、"863"项目及国家协同创新平台等，助推生态城市研究。要坚持科学的城市生态发展观，要协调城乡发展，实现区域协调发展，必须以产业生态和环境生态为有效机制，发展生态城市，逐步实现生态城市的发展目标。同时，建立和完善技术和政策保障体系，对我国生态城市的发展和建设具有重要意义。

总之，要辩证地看待国外生态城市建设模式及其实践经验，不能盲目照搬，要紧密结合我国国情和城市发展的具体阶段和特点，逐步开展生态城市建设和相应的研究。

第3章 国内外典型生态城市分析

3.1 国外典型生态城市分析

3.1.1 项目推动型生态城市——美国伯克利市

伯克利市（City of Berkeley），简称伯克利（Berkeley），是美国加州旧金山湾区东岸丘陵地上的城市，隶属于阿拉米达县（Alameda County），位于圣弗朗西斯科湾东部，奥克兰以北，总面积约 46 平方千米。1853 年美国人从西班牙人手中将其买下，作为其陆地观海地点。

处于加州中部地区的伯克利是一座与旧金山市相邻的海湾地区的城市，在欧洲人到达前曾是十分富饶美丽的自然区域。然而，一百多年的人类开发已经使伯克利与美国的众多小城一样，低层居住单元的匀质建设模式一直延伸至伯克利山中。原有大部分自然溪流被深埋地下，一般是在街道或建筑物之下；原来的众多野生动物只有极少一部分仍旧栖居此处。

近代工业革命的影响所引起的水污染和过度捕捞，使伯克利地区水生生物已经大肆减少。原有溪流绝大部分成为了排洪沟，剩下的极多数被埋到了地下。1/3 的海湾被填满，90%的湿地成为了住宅、垃圾场、高速公路、高层建筑。

随着社会经济的飞速发展，曾经伯克利的生态环境每况愈下，其亟待解决的问题主要有：一是城市可用地面积迅速减少与生态用地严重不足的矛盾，飞速增长的城市人口导致中心城区商业化用地的不断增加，使得城市生态环境趋于单一化，严重破坏城市生态平衡。二是城市生活节奏的快速化使得各类交通工具利用率大幅提升，但其中节能环保型交通工具所占比例极少，使得伯克利地区的空气质量堪忧。三是曾经的自然河流被掩埋,加之伴随城市工业化进程而出现的水污染状况,使得伯克利的水源结构遭到破坏,不仅影响伯克利的生态状况,更会给当地居民的生活带来极大的不便。

来自美国的生态学家、国际生态城市运动创始人——理查德·雷吉斯特,于1975年创办了"城市生态学研究会",以及领导该组织在伯克利开展了一系列的生态城市建设活动。美国政府在他的影响下对伯克利实施生态城市计划,大力建设生态工业园,同时发展生态农业,伯克利也成为全球生态城市楷模。

伯克利市生态城市建设措施有:

第一,在中心城区及周边显著增加居住住房,同时令中心城区商业和贸易保持可持续发展。在城市天际线的规划方面依据生态城市原理建设少量几幢高层建筑,在中心商业区及其周围合理减少办公并增加居住空间。处理好建筑、街道、公园和停车场的关系。

第二,建设步行、公交系统和慢速街道,改建原有停车场地和建筑形成复合的使用功能。把伯克利的中心商业区、活动中心和旧金山湾的其他地区用公交车和有轨电车联系起来,大力发展使用节能运输工具,建设高架街道。

伯克利市的生态城市战略:注重对当地自然原始要素的提取,如海岸线、坡地、山脊线等,因地制宜进行规划建设。做好分区规划,确定城市中心。关注人性化和住区的安全,鼓励公共交通,降低人们对私家汽车的依赖。在社区内部以步行为主,建设低层高密度住宅、公园、商店、办公楼、幼儿园和体育设施等混合布局的多功能区域。

近期(5~15年)将用步行天桥将码头区、中心商业区和城市西、南部中心有效连接;恢复溪流水体和海岸线;拆除位于低密度区域的破旧建筑;建立慢速街道系统。

中期(15~50年)建筑被天桥有效连接,码头区变为岛屿;溪流水体得到疏通;大量人口在城市中心居住并工作,原有的低密度土地被置换出来。停车场的大量空间被用来放置小型电动车和自行车。

中远期(25~90年)关闭位于北城区的快速公交通勤铁路车站,用林荫道将码头区、西区和中心商业区连接起来,其他区域用电缆车连接起来;取消高速公路的路基;大量修建自行车道;有效恢复生态型经济。

远期(90~125年)对回收的大量废弃物进行再利用,能源使用量仅为20世纪80年代的1/3;大力发展农业生产;在地面以下建设高速公路;把艺术和可再生能源相结合进行建筑创作。

总之，通过恢复河流、种植沿街果树、建设慢行道路、利用可再生能源建造绿色建筑、合理设置公交路线、优化利用能源等方式，伯克利已经形成合理的城乡一体化的空间结构，成为建设生态城市的样板，其如今的城市生态结构主要表现在以下几个方面：

一是步行街区与机动交通相结合的现代交通模式，中心城区与住宅区以及商业区之间，步行时间均控制在 5 分钟之内，市民的大多数活动，如上班、娱乐、购物等均可通过步行实现。与此同时，政府大力鼓励市民乘坐公交车，尽量不用或少用私家车，在减少交通拥堵的同时，还提高了城市的空间利用率，减少了汽车尾气的排放量，改善了城市的空气质量。

二是节约能源理念的普及，充分发挥太阳能、生物能等绿色能源的作用，并且制定了相应的节能条例，号召全民参与节能行动。通过对环保能源的有效利用，减少了煤、石油等资源燃烧后的污染物排放，如今的伯克利，已重现当初山清水秀的自然状态。

三是废弃河道的修复。首先，伯克利市政府的"草莓溪计划"使得曾经被掩埋在城市建筑之下的废弃河道被重新使用，在建筑密集度高的闹市区，河道上方的道路空间被转化为步行空间。其次，伯克利建立了新的污水处理系统，避免污水排放进自然河道，造成对河道的再次污染。最后，建立水质量检测系统，专门保证伯克利地区内的水质量。由于以上措施的实行，伯克利如今的水系统已恢复当初的优质状态，且水系统与城市环境相结合的状态为伯克利生态结构的建设提供了有力的支撑。

相比较于其他生态城市建设范例，伯克利或许是最为经济的一个。与多数城市在面对环境问题以及后工业化时代"被迫"选择生态城市建设有所区别，以理查德为代表的生态城市建设者们是主动地寻求生态城市建设之道，他们在实践初期就因为面对经济效益问题，积极探索在生态城市的建设过程中保持经济性的可能性。

将城市原生态的环境恢复是伯克利生态城市建设的首要原则。但是伯克利并没有生硬地在地面大规模种植植被，而是首先选择疏通区域内原有的大量溪流。这不仅没有破坏城市原有的生态系统，而且最大限度地改善了城市的自然环境，更重要的是节约了大量成本。

同世界上大部分城市相比，伯克利是一个相对较为富裕、受教育水平比较高的城市——这意味着它能够经得起更多考验，并且拥有足够智慧去做出选择。但是伯克利生态之路并不是建立在城市的推倒重来之上的，30多年的生态建设不仅没有付出太多的成本，甚至可以充足地保障经济效益。也许生态城市建设是建立在环境压力基础之上而出现的未来概念，但是伯克利已经证明了这一概念是可以实现的未来。

伯克利案例成功的背后，政府的作用也同样重要。如果政府没有注重系统建设、结合实际、与民间联手合作，伯克利也无法成为全球"生态城市"建设的最佳样板。

3.1.2　公众参与型生态城市——丹麦哥本哈根

哥本哈根（丹麦语：Koebenhavn）作为丹麦首都、最大城市及最大港口，是丹麦政治、经济、文化中心。位于丹麦西兰岛东部，并与瑞典的马尔默隔厄勒海峡相望。哥本哈根是北欧著名城市，也是世界上最漂亮的首都之一，被称为最具童话色彩的城市。

哥本哈根是丹麦政治、经济、文化中心，全国最大和最重要的城市，是著名的古城，也是全国最大的军港和商港（自由港）。哥本哈根也是北欧重要海陆空交通枢纽；有火车轮渡通瑞典港口马尔默。全国工业30%集中于此，有造船、机器制造、冶金、化学、食品加工和纺织等工业，输出肉类和奶制品，设有科学院、大学（建于1478年）等。旧城以中心广场为核心呈辐射状排列，新建的西北郊区以湖泊与旧城分开。

在2008年，*Monocle*杂志将哥本哈根选为"最适合居住的城市"，并给予"最佳设计城市"的评价。哥本哈根在全球城市分类中被列为第三类世界级城市。此外，哥本哈根在西欧地区获选为"设置企业总部的理想城市"第三名，仅次于巴黎和伦敦。

曾经哥本哈根居民的环保意识不强，垃圾回收率低下、水电消费量居高不下。因此哥本哈根的生态城市发展建设战略，主要是引导公众参与城市生态环境改善、提高居民生态环保意识。

其别具特色的生态城市建设内容主要是：

第一是建立绿色账户。绿色账户记录了一个城市、一个学校或者一个家庭日常活动资源的消费，提供有关环境保护的相关背景知识，有利于提高人们环境意识。使用绿色账户，能够比较不同城区的资源消费结构，确定主要资源消费量，并为有效削减资源消费和资源循环利用提供依据。在学校和居民区建立绿色账户，确定水、电、供热和其他物质材料的消费量和排放量。

第二是规定生态市场的交易日。1997 年 8 月和 9 月开始，每周六，商贩们携带生态产品（包括生态食品）在城区的中心广场进行交易。通过生态交易日，一方面鼓励了生态食品的生产和销售，另一方面也让公众们了解到生态城市项目的其他内容。

第三是树立学生正确的生态保护观念。丹麦生态城市项目十分注重吸引学生参与，其绿色账户和分配资源的生态参数和环境参数试验对象都选择了学校，在学生课程中加入生态课，甚至一些学校的所有课程设计都围绕生态城市主题而设立。

如今哥本哈根居民的环保意识已得到显著提高，自 1997 年哥本哈根生态城市战略实施开始至今，垃圾排放量减少了 60%，垃圾回收率也由原来的 13% 提高到了 69%，由于哥本哈根在环保方面的超前技术，被焚烧的垃圾也用于发电和制暖，保证效用最大化，且哥本哈根政府提出，将在 2025 年成为世界上首个碳排放量为零的城市。

2011 年，哥本哈根的生态城市建设又面临新的挑战。2011 年 7 月 2 日，哥本哈根遭受了史上罕见的暴雨袭击，不到 3 小时，市区降水量就达到了 150 毫米，这相当于哥本哈根两个月的平均降水量，这次暴雨是丹麦自 1872 年建立气象学院以来有记录的最大一次暴雨。

2010 年 8 月至 2011 年 8 月间，哥本哈根经历了三次暴雨。2009 年，举世瞩目的联合国气候变化大会第 15 次会议在哥本哈根召开，很多科学家就已预计未来 100 年间，气候变化将导致更多的夏季暴雨等极端现象。正如一个丹麦工程师所说："不用再问气候变化何时才来，它已经到了。"

暴雨洪涝场景在哥本哈根上演。公共交通中断、电视中断、电话中断、下水道中都是死老鼠、空中泛着湿气和霉气、垃圾无法处理、救护车和救火车难以抵达目的地。哥本哈根的一家大医院里的设备浸了水，不得不让急诊室的病人回家。

2012 年，丹麦国家电视台第二频道援引保险公司消息称，此次暴雨造成的财产损失达到了 48.8 亿丹麦克朗。

2011 年，哥本哈根开始实施新的生态城市建设计划，力求建设一个生态城市的示范城区，最终取得显著成果。

一是城市空间优化。保证城市中生态绿地占总用地 40% 以上，任何地方步行

5~7分钟就可以到达附近绿地。

二是构筑良好的生态环境。一个有着120万人口的大城市中心区的海港里面可以游泳，且水质总是保持在大洋海水的清洁水平。

三是发展有机产业。哥本哈根是欧洲最大的有机食品消费城市，居民尽可能消费本地生产的食品。

四是良好的交通基础设施。力保市民在家门口1千米之内就能使用轨道交通，建设便利的步行、自行车系统与公交系统衔接，自行车拥有道路行驶优先权，超过35%的人选择其为出行交通方式，地铁系统承担了23%的个人出行，城市停车泊位数以每年2%~3%的速度减少。

五是环保意识成为制定城市公共政策的基础。哥本哈根是世界上第一个为防止地球气候变暖而采取强制性"绿色屋顶"法规的城市。1995~2005年，哥本哈根已减少20%的碳排放量，并计划于2025年成为世界上第一个碳中性城市。

六是增强城市水循环系统，避免暴雨等自然因素给城市的方方面面带来不可挽回的破坏性损失。

现如今的哥本哈根是当之无愧的现代化生态城市。政府投巨资建设了覆盖哥本哈根全城的现代化污水处理系统。曾经码头附近的破旧工业区重获新生，被改造成为公众休闲的区域，周围各色咖啡馆和艺术画廊林立，成为节假日哥本哈根市民最爱去的休闲亲水宝地。坐落于哥本哈根大学校园内的"绿色灯塔"是丹麦第一座和谐零碳公共建筑。"绿色灯塔"是按照"积极的房子"原则所建造的，在实现零碳排放、降低能耗的同时，兼顾开拓了全新的可再生能源的利用方式。日光是"绿色灯塔"主要的能量来源，可自动调节天窗保证了室内具有充足的采光。哥本哈根大力推广市民以自行车作为代步工具，掀起了一场自行车交通革命。目前的哥本哈根有超过1/3的市民每天骑自行车工作或上学。在哥本哈根随处可见骑行一族，且骑车一族覆盖各个年龄层的人群，从小学生到花甲老人，人人都骑车在蓝色的专属车道上轻快地飞驰，形成哥本哈根独特的城市风景线。

生态城市建设中坚持广泛的群众参与是一些生态城市建设获得成功的宝贵经验，也是生态城市建设成功的重要保障。

丹麦的生态城市项目包括了建立绿色账户，设立生态市场交易日，吸引学生参与等内容，这些项目的开展加深了公众对生态城市的了解，使生态城市建设具有了良好的公众基础。

3.1.3 循环经济型生态城市——瑞典斯德哥尔摩

斯德哥尔摩（Stockholm），瑞典首都和第一大城市，瑞典国家政府、国会以及皇室的官方宫殿所在地。

斯德哥尔摩位于瑞典的东海岸，濒波罗的海，梅拉伦湖入海处，风景秀丽，是著名的旅游胜地。市区分布在 14 座岛屿和一个半岛上，70 余座桥梁将这些岛屿连为一体，因此享有"北方威尼斯"的美誉。斯德哥尔摩市区为大斯德哥尔摩的一部分。

斯德哥尔摩城市名称直译过来为木头岛，建于 13 世纪，1436 年起斯德哥尔摩就已经成为瑞典的政治、文化、经济和交通中心。

斯德哥尔摩由于免受战争的破坏而保存良好，现在共有 100 多座博物馆和名胜，包括历史、民族、自然、美术等各个方面。斯德哥尔摩是一个高科技的城市，拥有众多大学，工业发达。斯德哥尔摩也是瑞典的金融中心，瑞典主要的银行的总部都在这里。

1968 年，瑞典第一次向联合国经济与社会署建议，召开一次聚焦人类与环境关系问题的大会。

1972 年，应瑞典国家政府邀请，联合国人类环境大会在瑞典首都斯德哥尔摩召开。大会目标是激励和指导各国政府和国际组织面对环境问题采取行动，并形成了包含 26 条基本原则的"斯德哥尔摩宣言"，成为后来全球应对环境问题的基本纲领。

瑞典是一个缺煤少油的国家。20 世纪 70 年代连续爆发两次世界石油危机，给瑞典经济带来了巨大冲击。因祸得福的是，瑞典社会被迫应对——政策导向、技术发展和全民意识提升，终于来到经济增长与碳排放脱钩的拐点，成就了一个低碳发展的先锋模范。

位于斯德哥尔摩西南城区的哈马尔比是生态城市建设的一个典型代表。1.2 万套生态公寓，可以容纳 2.8 万人居住、1 万人在这里工作，始建于 1997 年的哈马尔比生态城预计将于 2020 年完工，其整体目标是与 20 世纪 90 年代初期建设的小区相比，对环境的影响减少一半。哈马尔比生态城创立了自己的生态循环模式——哈马尔比模式，包括智能的垃圾处理、水治理以及能源使用等多个方面。

哈马尔比生态城的每个居民楼入口附近都有三个不同颜色的垃圾桶，分为食物垃圾（绿色）、可燃垃圾（灰色）和报纸废纸（蓝色）。这些垃圾桶在地面上仅仅保留一个回收口，而地下是收集与远程输送的庞大网络系统。这些分类垃圾桶内都安装了传感器，当垃圾存储到一定体积后，传感器向电脑中控发出信号，主控系统做出清空容器的指令，垃圾被真空抽吸至城外的垃圾处理厂。由于每次只输送一类垃圾，因此只需要一根管道来输送。在自动控制下，小区内的分类垃圾桶一般一天自动清空两次，使其不至于像常规垃圾箱一样被塞满，影响小区环境。

此外，全地下的高科技垃圾收集管网系统取代了传统的辗转于小区内的垃圾桶回收车，不仅节省了人力成本，也避免了城区内的过度拥挤，大大节省了小区空间，同时也保证了居民正常出行方便和小区内的道路安全。

除了食物垃圾、可燃垃圾和报纸废纸垃圾自动回收外，其他种类的可回收垃圾，例如塑料、金属以及危险废物，包括电池、灯泡、药品等则需要人工分类，放在每个单元楼一层内的分类垃圾箱中，最终由专人负责清理。哈马尔比生态城的一个环保目标是将日人均用水量减少一半。生态城内目前人均每日用水量大约为150升，低于斯德哥尔摩市内200升/日的人均用水量。

为了将生态城内住户的日人均用水量降至100升，社区通过技术手段为每户安装了低用水量的抽水马桶以及欧盟高标准的洗碗机和洗衣机来降低用水量。与此同时，每户的水龙头上都安装了空气阀门，使得他们实际上可以节约大约一半的自来水。

相对于单纯地减少用水量来说，有效地减少废水中的重金属和非降解化学物质对环境的污染显得尤为重要。哈马尔比生态城水治理的另一个目标就是更清洁的水排放。为了更好地对废水进行净化处理，哈马尔比生态城使用了一种全新且经济划算的水治理体系。在建设城市时，就将大自然产生的雨水和融化的雪水与生活废水分开处理。

生态城内楼与楼之间的一些景观水系承担着将自然雨水和雪水直接导入不远处的波罗的海的任务，从而大大降低污水处理的负担。

在瑞典，政府一直在寻找新的可再生资源来应对日益严重的能源问题，在过去数十年，斯德哥尔摩已整体改造成集中供暖和集中供冷的模式。为了将哈马尔比生态城建设成一个可持续发展的城区，更加先进而且多元化的技术被应用在这里。据介绍，当生态城最终建设完工时，当地居民预计将自己解决日常所需能源的50%。

在生态城不远处的污水处理厂中，经过净化的污水在热交换泵冷却之后，交换出来的热量被直接运用于生态城的集中供热系统，而被冷却的水又可以被用于区域供冷系统。

除此之外，食物垃圾处理后产生的热能又再以电力、集中供暖的形式返回给住户。除了将日常产生的废弃物转化成可供人们使用的能源，还增加了对太阳能的使用比例。在生态城内，大多数的建筑物外墙和房顶都安装了太阳能电池和太阳能板，将光能转化并存储在太阳能电池中供居民使用。房屋墙体采用的高保暖材料将冬季室内热能流失降到最低；巨大的玻璃窗增大了自然采光度，大大降低了白天室内照明对用电的需求。

通过一系列节能措施和增加回收利用的环节，哈马尔比已实现了能源消耗量和垃圾量的减少，又通过改善水循环和整体环境治理，如今已将整个区域建设成一个可持续发展的、智能化的生态城区。

3.2　国内典型生态城市分析

3.2.1　资源型生态城市——贵阳市

资源型城市主要是指因矿产资源的开发而形成并发展起来，且矿业及相关产业在当地经济结构比例中占有相当重要的地位，矿业职工在整个城市人口中占据较大比例，同时社会文化也明显地烙有矿业活动的印记，通过矿业开发向社会提供矿产品和矿产加工制品的城市。资源型城市是现代城市群体的重要组成部分，其发展与矿产资源开发关系十分密切。我国资源型城市有很多，如有多种金属、非金属矿产资源且富产稀土的内蒙古自治区包头市，有矿产资源多种且储量大、品位高、易于开采的贵州省贵阳市，在石油资源基础上发展起来的黑龙江省大庆市、山东省东营市，在煤炭资源基础上发展起来的河南省平顶山市、安徽省淮北市等。通过对以上资源型城市进行总结探索，发现资源型城市一般具有如下共同点：是在当地丰富的资源开采、加工基础上发展起来的经济，发展模式粗放，大都依靠高投入、高消耗，因此付出了资源锐减和生态环境恶化的沉重代价，且产业比重失调，第二产业（资源加工业）比重过大，第一、第三产业比重过小，且产业链较短，资源缺乏深加工。

贵阳市坐落在贵州省中部、云贵高原东斜坡上，属于全国东部平原向西部高原的过渡地带，总面积 8034 平方千米，其中城市建成区 360 平方千米。贵阳市境内地势起伏较大，山地丘陵多，市中心平均海拔为 1000 米左右，喀斯特地貌发育完全，当地生态环境极为脆弱，由人类活动所造成的"石漠化"日益严重，陆生的生态系统面临加速失衡危险。贵阳生物、矿产、能源和旅游资源都较为丰富，具有相当的开发潜力，且储量大、品位高、矿点集中、交通方便、易于开采。

贵阳的前期经济发展主要依赖于当地的资源采掘以及初级加工，表现出明显的"高资源投入，高污染排放"的特点。一年间，开采增倍的同时，主要资源投入量（包括生物量、化石燃料、金属矿石、非金属矿石、建材）增长迅速。作为典型的资源型城市，贵阳的发展是建立在自然资源的大量消耗、废弃物大量排放的基础之上。因此同许许多多资源型城市一样，贵阳市面临着资源逐渐枯竭、循环利用率低、生态环境脆弱等多方面的沉重压力。2002 年 3 月，贵阳市委、市政府作出将贵阳市建成全国首个循环经济生态城市的重大决定，同年 5 月，国家环保总局正式批准贵阳市为循环经济型生态城市建设试点城市。贵阳建设循环经济生态城市的长远目标是实现以循环经济为主导的经济体系，建成生态友好、布局合理、人与自然和谐共生的循环经济生态城市。针对目前贵阳市生态城市建设的客观基础，即生态环境脆弱、资金缺乏、人才短缺等主要缺陷，但在政策方面占有优势，目前国内外都对循环经济极为重视，循环经济已成为一种发展趋势，而贵阳市充分利用了这个有利时机。

贵阳市循环经济型生态城市的整体规划框架内容包括：

（1）实现一个目标，即全面建设小康社会，在保持经济持续快速增长的同时，不断改善人民的生活水平，并保持生态环境美好。

（2）抓住两个关键环节，一个是生产环节模式的转变，另一个是消费环节模式的转变。

（3）构建三个核心系统，第一个是循环经济产业体系的构架，主要涉及三次产业；第二个是城市基础设施的建设发展，重点为水、能源和固体废弃物循环利用系统；第三个是生态保障体系的构建，主要包括绿色建筑、人居环境和生态保护体系三个方面。

（4）推进八大循环体系建设。第一项是磷化工产业循环体系；第二项是铝产业循环体系；第三项是中草药产业循环体系；第四项是煤化工产业循环体系；第五项是生态农业循环体系；第六项是建筑与城市基础设施循环体系；第七项是旅游和循环经济服务体系；第八项是循环型消费体系。

经过近十年的努力，贵阳市在生态城市建设方面取得了显著的成就。

农业方面，生态农业生产模式初见规模。通过对"四位一体"生态农业模式的大力推广，以沼气池为纽带，将厕所、沼气、圈舍、棚菜连为一体的农业循环经济在贵阳已为广大农民群众所接受。生态农业模式的初步建立不仅使农民用上了清洁、卫生的能源，而且促进了农业资源的循环利用。与此同时，立体生态农业布局取得优化，在实践中，某些县市采用多种作物、多层次、多时序的立体交叉种植结构，例如，利用空间差，在山顶发展茶园、山腰发展果园、山脚发展菜花园的立体农业布局。

工业方面，一批生态工业示范基地成功建立，减少了传统工业所带来的污染，同时促进了环保型工业技术的发展。此外，可再生能源工程得到大力开发。贵阳地势起伏大，天然径流高，水利资源丰富，比较适合建设水电项目。当前全市范围内的大型水电资源已基本实现饱和开发。

贵阳市以《贵阳市建设循环经济生态城市条例》促进传统线性经济向循环型经济的转变，以生态产业为龙头走出一条经济和社会协调发展、节约资源保护环境的新型循环经济发展道路，它所做的探索和实践对我国生态城市的构建，尤其是对资源型生态城市的构建具有相当重要的意义。

3.2.2　旅游型生态城市——秦皇岛市

所谓旅游型城市，是指有丰富且能够吸引大量外地游客的旅游资源，与发展旅游业相关的各种设施、机构、城市功能发达而完备，旅游产业结构合理，高效运转，且处于支柱产业地位的城市。旅游型城市不仅仅是指具有旅游功能的城市，因为游憩功能本身就是城市的主要功能之一，只不过是范围大小和质量高低有所差别。一般游憩只供给本地居民享受，并不能吸引大批量的外地游客，更无法发展旅游产业。旅游型城市的物质构成要素主要有自然环境、空间结构布局、建筑与经典建筑作品以及由以上三方面组成的风景景观等，非物质构成要素有政治、经济、社会、历史、文化等。目前我国旅游型城市中有许多城市已提出构建生态城市，如有广西壮族自治区桂林市、安徽省黄山市、湖南省岳阳市、浙江省杭州市、云南省昆明市、湖南省张家界市、河北省秦皇岛市、海南省三亚市等。通过对拟建生态城市的旅游型城市进行梳理，发现旅游型城市一般具有以下共同特征：旅游型城市大都是以当地自然风景或人文景观为基础而发展起来的，部分旅游型城市对旅游资源进行保护力度较差，存在"低投入、高产出"现象，造成旅游资源超负荷运转，旅游地生态环境受到不同程度的破坏，旅游产业链过短，旅游业对城市其他产业的带动力未能充分发挥，旅游规划中未能充分体现环境保护原则。

对旅游型城市来说，发展生态旅游是实现城市的可持续发展，构建生态城市的最基本途径。针对旅游型城市的共性，在生态城市的构建过程中应侧重如下几点：

第一，构建生态城市首要条件是对旅游资源进行保护。旅游资源是旅游型城市发展的基石，因此要加大对旅游资源的保护力度，完善相关保护措施。通过对旅游资源调查，系统而全面地掌握旅游资源的数量、质量、级别、成因、时代及价值等。通过对旅游资源的种类、组合、结构、特点、功能和性质等方面的综合评价，为规划和开发提供科学依据。

第二，不同旅游资源应采取不同的保护或开发措施。旅游资源同样分为可再生的与不可再生的。对于珍稀物种、历史遗迹等不可再生资源应注重保护，在保护的基础上有限度地开发利用，尽可能推迟其枯竭的时间，而人造景观、一般森林、水体等可再生资源应注重维护，提高可再生率，将利用程度限制在其再生产的承载能力限度内。同时，旅游高峰期应科学确定游人容量，避免超过承载力的旅游活动，建立景区短期封闭、定期修整制度。

第三，充分利用旅游资源优势，完善城市功能，带动其他产业的发展。利用其自然条件优势迎合智能型人才对工作环境、居住环境的高要求，发展产业或智能产业。

第四，旅游规划中应体现环境保护原则，或者专门制定旅游环境保护规划。按照可持续发展的原则制定旅游规划，最大限度地实现旅游业潜在环境和经济利益，同时使可能发生的环境或文化破坏降到最低程度。

秦皇岛是我国著名的旅游胜地，具有旅游资源数量众多、知名度高、文化底蕴浓厚、景观独特、区位条件优越的特点。19世纪末从北戴河避暑开始发展旅游业，距今已有一百多年的历史。20世纪，秦皇岛在不断修复、完善北戴河、山海关旅游景区的基础上，又新辟了南戴河、黄金海岸、秦皇求仙入海处、长寿山、码石山、天马山等一大批景区，逐步形成了秦皇岛以海滨、长城为主要特色，山、海、关、城、湖、洞、庙、园等自然风光与人文景观相互交融的旅游城市。

伴随着秦皇岛市的发展，其所面临的生态及社会问题逐渐暴露：

第一，处于沿海位置的秦皇岛，滨海湿地面积逐渐减少，污水的排放使局部河流污染较为严重，水体出现了富营养化的现象。城市供热和工业生产排放的二氧化硫和可吸入废气物对大气环境造成了不同程度的破坏。尤其，几年前赤潮现象时常发生，海洋污染严重，海洋水产资源大幅度减少，对生态环境造成了严重损害。

第二，环境基础设施严重缺乏。城市环境基础设施不仅是建设生态城市的有力支撑，更决定一个城市发展的上限所在。对于秦皇岛市，尤其是秦皇岛农村而言，相关生态建设的基础设施，如公共厕所、集中供热、废弃物的处置设施建设不健全，严重影响了区域生态环境质量的整体提升。

第三，人口过快增长，一方面，对社会的可持续发展带来影响；另一方面，在生态城市建设中，秦皇岛市居民的参与度相对过低，生态城市建设的社会积极性不高。

秦皇岛市通过以下途径保护当地旅游资源，实现生态环境、旅游业、社会经济的可持续发展：

第一，保护环境与资源。生态环境、自然资源和人文景观是旅游型城市发展的物质基础，是一种具有经济价值的资源。作为旅游型生态城市要兼顾保护好生态环境和合理开发旅游资源。唯有协调保护与开发两者关系方能实现旅游型城市的可持续发展。秦皇岛市具有相当丰富的生态旅游资源，发展生态旅游的条件得天独厚，应加强生态旅游规划，引导旅游型城市的可持续发展。

第二，完善城市基础设施。完善的旅游基础设施和高质量的服务设施是旅游型城市可持续发展的重要保障。首先，要完善交通设施。在解决市内交通问题的基础上，大力发展区域交通、国际交通，吸引国内外客流，扩大旅游业规模。其次，要加快旅游服务设施的建设，如住宿、餐饮、娱乐等基础设施的建设规划要充分考虑到游客数量，以避免旅游高峰期基础设施超负荷动作甚至影响本地居民的正常工作生活。

第三，利用旅游业拉动其他产业发展，优化产业结构。旅游业具有十分明显的关联度大、带动性强、辐射面广、就业容量大、乘数效应明显等特点，作为秦皇岛支柱产业的旅游业要对其他产业起到带动作用。目前秦皇岛的旅游产业结构不合理，旅游收入构成中，由住宿、饭店、交通等基本消费所占比重较大，而旅游购物等基本消费所占比重很小。要实现旅游业的持续发展，必须加快调整旅游产业结构。

第四,提高旅游从业相关人员的生态意识。旅游从业人员的素质不仅关系到服务接待质量,而且直接影响到旅游城市的生态环境、人文景观的保护。目前许多旅游从业人员一味满足游客的需求,漠视对本地生态环境、人文环境的保护,缺乏对本地资源重要性的认识。而生态环境、人文环境才是旅游业得以发展的基础。因此,旅游从业人员在对游客进行服务、满足企业经济利润的同时应担负起生态环境、人文景观保护的社会责任。

早在 2001 年,秦皇岛市委、市政府明确提出了将秦皇岛市建设成为"经济快速发展、环境清洁、生态良性循环"的环境保护模范城市的目标。经过十多年的努力,秦皇岛市的生态城市建设取得了极大的发展。

第一,近海海域保护取得成功。海洋和湿地作为秦皇岛市的重要旅游资源,海水水质直接影响其区域旅游业的发展。近年来,由于对秦皇岛市污染物的排放的进一步限制,以及对近海排污监管和治理力度的加强,水体富营养化、赤潮问题明显改善,秦皇岛市逐渐恢复曾经"山清海秀"的旅游盛景。

第二,城市绿地生态系统建设成功。绿地覆盖率和人均公共绿地面积明显提高。秦皇岛市十几个社区公园为绿化斑块,交通道路沿线为绿化廊道,街心绿地为绿化点,将绿地联成网络。

第三,循环经济大力发展。在秦皇岛市已有的化工园区内,通过各企业之间在环境和资源方面的密切联系及清洁生产技术、生态化管理等手段,其生产的消耗和污染排放被降到最低。实现废旧资源的再利用和园区污染的"零排放"。

第四,"低碳生活"理念传播广泛,公众积极参与秦皇岛市生态城市建设。"低碳"和"生态城市"有机结合,温室气体排放降低,秦皇岛市居民生态环保意识加强,生活废弃物的排放明显减少。

3.2.3 综合型生态城市——上海市

综合型城市是指经济较为发达,功能比较全面,是所在区域政治、经济、科教、文化中心,能够带动区域经济的发展、社会的进步、文化的传播等社会功能的城市。比如南京市、北京市、广州市、济南市、宁波市、西安市、成都市、福州市、郑州市、上海市、重庆市、厦门市,等等,其中上海市定位为国际经济、贸易、金融和航运的中心。纵观以上综合型城市大都有着悠久的发展历史。这些城市存在一些共同的特点,现在归纳如下:城市发展过程中一般历史的欠债过多，基础设施跟不上城市发展的要求，城市发展过程中环境面临着诸多危机，如大气污染、水资源短缺、固体废弃物不断增多、噪声污染严重等；城市发展初期缺少科学规划，目前随着经济发展、人口增多，城市空间扩大，出现空间格局不合理现象，城市生态环境保护的意识仍需进一步提高。

上海地处长江三角洲的前缘，东濒东海，南临杭州湾，北接长江入海口，交通较为便利，腹地十分广阔，是中国现如今最大的城市之一，在 6340 平方千米的土地上养育着 1742 万人。由于人口极其密集，环境容量有限，市政建设历史欠债较多，上海在经济快速发展的过程中出现了一系列城市问题，如水体污染、大气污染、噪声污染、交通拥挤、居住条件恶化等。20 世纪末，上海市政府加大生态环境的建设力度，不断改善城市的基础设施，并通过推行循环经济构建生态城市。

上海市城市总体规划主要的特点之一是以人为本，改善环境，以环境建设为主体，营造上海城市新形象，促进上海可持续发展。另外，规划也强调了要继承传统，体现特色，保护上海历史文脉的传统建筑和街区，展示上海的传统文化底蕴。从新规划的特点可以看出，上海市在发展过程中增强了城市生态环境以及人文环境的保护意识。为了保护城市整体生态环境，规划对中心城产业布局作出了新的要求，如内环线以内地区重点发展金融、商贸、信息、中介服务为主的第三产业，适当保留都市型工业；内外环线之间地区重点发展高科技、高增值、无污染的工业，并调整、整治、完善现有工业区。在城市景观方面，规划提出要建设与国际大都市相匹配的城市环境，强化中心城东西向景观轴线，建设中心城滨江黄浦江、滨河苏州河景观走廊，保护中心城若干视线走廊。在城市绿化方面，规划提出要调整绿地布局，以"环、楔、廊、园"的建设为重点，形成具有特大城市特点的绿地系统，改善城市生态环境，重点发展滩涂造林，建成滨海防护林，集中建设佘山—淀山湖地区森林公园，在郊区营造一批大规模人造森林。

在上海市生态城市建设方面，主要抓住了以下几点：

第一，城市基础设施建设方面。20 世纪 90 年代以来，上海城市建设以构建枢纽型、功能型、网络化基础设施和立体化交通网络的建设为核心，加大城市基础设施投资力度，加速推进城市基础设施的现代化，这为上海市实现生态城市目标打下了基础。1991~2004 年，全市用于城市基础设施建设投资累计达到 5471.38 亿元，平均每年增长 25.7%，城市基础设施网络不断完善。在居住条件改造方面，自 20 世纪 90 年代，上海提出了全面改造"365 万平方米危棚简屋"

的目标，到 2000 年使百万市民从环境恶劣的棚户简屋住进舒适的新建住宅小区。同时，上海城市交通体系也得到了改善，2003 年末上海市内公交线路 952 条，并新增两条轨道交通线路，对上海一个人口密集的都市而言，要优先发展公共交通，这也是上海发展生态城市的要求。

第二，城市环境建设整治方面。在环境治理方面，以第二轮"环保三年行动计划"为目标，城市整体环境质量全面提升。苏州河综合整治二期和污水治理三期等一批重大治理项目开工建设。在城市绿化建设方面，上海市"环、楔、廊、园、林"全面发展：坚持以人为本，推行绿化 500 米服务半径；以科技创新为先导，提高绿地质量；重视物种多样性，提高生态效益。至 2004 年末，上海城市园林绿地面积万公顷，其中，公共绿地面积 2.67 万公顷。近年来相继建成了延安中路绿地、太平桥绿地、黄兴公园、大宁绿地、徐家汇公园、广场公园三期、徐家汇公园三期、延虹绿地、世博林绿地等近 250 块 3000 平方米以上的大型开放式生态景观绿地，使市民的生活和创业环境得到显著改善。另外，苏州河综合治理二期工程全面开工，整治中心河道 75 条（段）共 98 千米，铺设截污管道 56.69 千米。大气环境显著改善，全市区域降尘量比 2004 年下降 25%，全年空气质量指数达到二级和优于二级的天数占全年天数的 85%。在加大对市区生态环境改造的同时，上海市已经认识到郊区生态环境对上海市区的发展的重要意义，不断加快郊区生态环境保护管理力度。比如有关学者提出将崇明东滩建设成世界级生态示范园区，这主要因为东滩湿地具有淡水补充功能、生物多样性保护功能、生物资源功能、水质净化功能、气候调节功能等生态服务功能。

第三，城市经济建设方面。对上海而言发展循环经济是构建生态城市的重要举措。大都市发展循环经济一般可以在三个层面上展开：第一个层面是小循环，即培育生态企业，构筑循环经济的微观基础。通过厂内各工艺之间物质循环，减少物质使用，达到少排放甚至"零排放"目标。第二个层面是中循环，即建设生态工业园区，构筑循环经济的基地。通过产业、企业间协调合作，构筑产品和废弃物的加工链，形成共享资源和互换副产品的产业共生组合，从而减少园区对外界资源依赖和环境压力。第三个层面是大循环，即打造环境友好型产业的体系，努力建设循环型社会。在培育生态企业、建设生态园区的同时，积极发展环境友好型产业，发展能把各种技术性废弃物还原为再生性资源的产业。目前，上海循环经济建设主要在以下几方面展开：一是产业生态化方面。上海产业生态化的目标是实现资源的充分利用和"污废物的零排放"产生封闭的物质循环体系和产业价值链网。二是生态工业园的建设。目前上海已经有一些工业园区开始在新一轮的规划或行动计划中把生态工业园区作为建设目标。如位于黄浦江上游准水源保护区内的吴径化工区目前已经确立生态工业园区的目标。三是交通生态化方面。目前上海建立了与现代化国际大都市相适合的综合交通运输体系，并通过一系列的措施如土地利用方面、交通模式协调方面促进交通的生态化。

3.3　国内外生态城市建设简评

3.3.1　国外生态城市简评

综合分析国外生态城市建设，可以发现在不同的建设模式背后，城市采取了相同或相近的措施，实践证明这些措施是行之有效的。本书简要总结如下。

3.3.1.1　以可持续发展思想为理念

工业文明给城市发展带来的诸多问题，如环境问题和资源问题已经为人类敲响了警钟，人类开始对可持续发展模式进行探索，随着研究的不断深入，可持续发展理念在全球范围深入人心。而作为符合可持续发展理念的未来人类理想聚居模式之一的生态城市也备受青睐。生态城市思想在美国得到迅速传播，主要是由于理查德·罗杰斯特建立的美国生态城市建设组织开展的一系列活动。在罗杰斯特本人和他建立的组织促进下，美国政府也开始重视发展生态农业和建设生态工业园区，有力地促进了城市的可持续发展。

3.3.1.2　明确的发展目标和具体措施

作为一种较为新颖的发展模式，生态城市不仅是一个改良城市的过程，更是一场城市发展进程革命；不仅需要通过发展生态城市治愈目前城市发展过程中产生的各种各样的"疾病"，还需要在生态城市建设过程中兼顾区域空间以及代际之间的平衡以期实现可持续发展。因此，生态城市的建设是一个长期过程，需要几代人的共同努力。在这一过程中，明确的发展目标和有力的措施至关重要，只有目标明确、措施具体才能有生态城市建设的具体行动，才可能通过循序渐进、不断改善达到建设生态城市的目标。

3.3.1.3 完善的政策支持

无可避免地,在生态城市建设过程中,一些利益集团、部分普通民众的短期利益会遭受一定程度的损失,如何解决这一问题,使其达到均衡,离不开完善的政策支持;同时生态城市建设的长期性特点也要求建立相对完善的政策体制对其具体实施效果提供保障;生态城市建设离不开政策支持,缺少了相关政策支撑的生态城市建设很难顺利进行。以丹麦首都哥本哈根自行车交通政策为例,其政策目标是提高自行车的通勤比例,改善汽车交通安全、提高骑行速度和汽车的舒适性;在其2002~2003年的预算中,明确规定制定全面改善自行车使用条件的行动计划,包括自行车道路网的扩展方案,提高通行能力、提高安全性和舒适性的方案,以及必要的设施维护。为了实现以上目标,哥本哈根市将工作重点放在以下九个方面:①增加自行车道和自行车线;②设置绿色自行车路线;③改善城市中心区自行车使用条件;④结合自行车与公共交通;⑤改善自行车停车设施;⑥改进信号交叉口;⑦自行车道维护保养;⑧自行车道的清洁;⑨宣传和提供信息。在以上完善的政策支持下,哥本哈根市的自行车已经成为被社会广泛接受的交通工具,1/3市民选择骑车上班,在街头还可以经常看到政府部长和市长骑车上班的情景。

3.3.1.4 先进的科技后盾

建设生态城市要求实现自然、社会、经济和人之间和谐共荣,协调发展,没有先进科技实力作为后盾,很难解决经济发展与生态环境保护之间的多种矛盾,很难实现城市发展与城市生态系统之间的相对平衡。一些发达国家在这方面都投入了大量的人力、物力、财力进行研究,不仅开展各种生态技术的研究,还重视与生态城市建设相关的各种行业的人才培养。

3.3.1.5 雄厚的资金保障

生态城市建设不仅需要完善的政策支持,先进的科技作后盾,还需要雄厚的资金提供建设保障。美国、瑞典、丹麦等国为了推动生态农业、生态工业、生态建筑的研究和推广投入了大量的资金,一些国家还专门成立生态城市研究中心、生态城市建设基金等机构,这些在很大程度上推动了整个国家的生态城市建设。

3.3.1.6 公众积极参与

从建设主体角度出发,生态城市建设的主体之一应当是生态城市的居住者们,即社会公众,从建设目的来看,生态城市的最终居住者和最大受益者也是社会公众。可见,离开了社会公众的热情参与和积极响应,生态城市建设这一巨大的系统工程很难顺利完成。在丹麦，生态城市项目还包括了建立绿色账户、建立生态市场交易、吸引学生参与计划等内容。这些城市通过具体项目的实施大大提升了公众的生态意识，拓宽了公众参与生态城市建设的渠道，提高了公众参与生态城市建设的热情，有效地加快了生态城市建设的步伐。

　　国外在生态城市理论的研究方面特别重视现实性和操作性，其研究思路相对具体，结合了城市社会中的实际问题，理论联系实际，制定了短期和长期发展目标，并以这些目标为基础采取了切实可行的措施，因此较好地解决了生态城市规划和建设中的诸多问题。但是这些城市并不是真正意义的生态城市，而且具体实施的一些措施只是围绕生态城市建设的某一个或几个方面，解决的仅仅是各个城市面临的某些具体问题，缺乏从城市整体以及城市所处更广阔的区域范围内的宏观层面的考虑。同时，国外的生态城市建设滞后性明显，即多数生态城市的建设都是针对已经发现的城市发展过程中某一方面或某几方面的不足而提出的，尽管取得了较好的成效，但毫无疑问仍然属于亡羊补牢式行为，而非未雨绸缪式的提前规划，前瞻性不足。从这个层面来说，国外的生态城市建设实践具体的措施不一定完全适合中国现阶段的国情和城市发展的现状。因此，我们要紧密结合中国的国情和中国城市发展的具体阶段和特点，深入分析国外生态城市建设的经验，仔细甄别后慎重借鉴，一定要在客观深入了解中国城市发展现状及特点的基础上循序渐进地发展生态城市。

3.3.2　国内生态城市简评

　　20世纪80年代，中国理论界才开始了对生态城市理论的研究探索。由于中国生态城市建设起步较晚，实践中仍然存在着一些需要改进完善之处，这里从以下几方面进行简要分析。

3.3.2.1　生态城市发展目标不够明确

　　对于每个个体人而言，目标就像指路明灯，有了目标才有方向，才有前进的动力；对于生态城市建设而言，明确的目标同样重要。虽然国内外生态城市具体建设模式各不相同，但总体目标却是趋于一致的。目前，国外的生态城市建设总目标都分解成了小的、阶段性的目标，在政府的统一组织之下由各个具体部门分别负责实施，效果较好；国内在建设过程中虽然也制定了明确的目标，但多数存在着目标太高，或者未将总目标细分以至于目标太笼统难以在短期内实现的问题。如一些城市在生态城市建设规划中明确规定发展循环经济、建立生态型经济等，但是由于目标过于宏伟，缺少具体的规划，导致具体落实困难重重。

3.3.2.2　生态城市评价体系尚待完善

生态城市建设必然会涉及建设效果好坏的评价问题，因此相对客观、科学的指标评价体系必不可少。在这一方面，国内外的学者也做了大量的研究工作，并形成了丰富的理论成果。目前，国家建设部已经出台了生态园林城市标准，作为生态城市标准的过渡。但在实际评价过程中，一般会面临这样的问题，即每个生态城市的自然资源禀赋、经济发展水平、社会进步程度各不相同，如果采用统一的评价体系，评价结果难免有失偏颇。这就需要构建一套相对稳定的、动态的评价指标体系框架，在实际评价过程中，可以进行灵活调整，并且随着时代的进步，这套体系可以不断地进行充实和完善。既可以避免城市在进行生态城市建设过程中失去自我的特色，又可以相对准确地了解生态城市建设的成败，以便及时进行经验总结在日后继续指导实践。

3.3.2.3　科技力量较薄弱

美国、丹麦、瑞典等发达国家的生态城市建设取得了很好的成绩，原因之一是这些国家在生态城市建设方面投入了大量的人力、物力、财力进行研究，大量的研究成果被运用到了生态城市建设实践之中。中国目前在生态技术研究方面的投入力度正在加大，但是与生态城市建设需求相比较，理论研究水平和技术水平都还比较落后，这也是中国目前开展生态城市建设的一个重要制约因素。

3.3.2.4　建设资金总体不够充裕

生态城市的建设离不开物质支持，没有雄厚的资金提供建设保障，生态城市建设必定步履维艰。建设生态城市首先涉及的就是经济增长模式的转化，而经济增长模式从粗放型转向集约型，必然会淘汰大量的污染企业、浪费资源的行业，实现产业转型，发展生态农业、生态工业等，而这些都需要巨额的资金投入；此外，建立生态城市研究中心、生态城市建设基金等机构也必然要求政府给予极大的财政支持。中国是正处于全面城市化阶段的发展中国家，在环境保护和生态基础设施建设方面投入相对不足。尽管推进生态城市建设的城市中有一些财力较为雄厚，如北京市、上海市、广州市等，但多数城市财力较弱，对于这些城市政府可以考虑利用市场进行融资，发动企业、社会团体、公众等参与生态城市建设。

3.3.2.5　公众参与程度比较低

公众作为生态城市建设的重要主体，在一定程度上决定了生态城市建设的成败。与生态城市建设较发达国家的社会公众相比，中国公众生态意识比较淡薄，缺乏参与建设的主动性，参与水平较低。尽管由于国民素质的普遍提升和政府相关活动的积极影响，近年来公众的环保意识、生态意识正在逐渐加强，但可以提升的空间仍然很大。因此，应利用社区绿化、改善居民生活环境等具体活动拓宽居民参与生态城市建设渠道，进一步提高全民生态意识。

从上文论述中不难发现，目前中国的生态城市建设实践中确实存在着对生态城市内涵理解不深刻，生态城市发展目标不够明确、建设规划不够科学、评价体系相对不完善等较明显的不足。但总体看来，中国生态城市建设基本做到了因地制宜，创新模式已经初步取得了一定成绩。江西宜春市在国内首次提出建设生态城市至今，中国不少城市提出了建设生态城市的目标。多数提出建设生态城市目标的城市都将长远目标与分步行动相结合，各城市都根据其城市发展状况以及经济、自然基础制定了相应的总体建设目标、阶段性目标以及短期计划：在城市规划方面，已将生态城市建设作为一项重要内容融入城市规划当中，并且在具体规划中秉承了可持续发展理念，对社会、经济和环境的协调发展进行了综合考虑、统筹规划；在生态环境建设方面，注重通过调整和优化城市用地结构、提高土地利用率、开展城市生态林业工程、扩大绿地面积等多种形式恢复城市生态功能；在环境优化方面，以污水处理、垃圾清理、大气治理、噪声控制为重点，开展了水资源合理利用与保护、发展无污染企业、加强宣传提高公众生态意识、建立并完善相关的法律法规保障体系等相关行动。

最值得称道的是，中国已经开始从宏观层面考虑如何更好地发展生态城市，如何通过发展生态城市推动城市所在区域乃至全国的经济社会与自然协调发展的进程。因此，尽管中国生态城市建设实践起步较晚，不足之处较多，但生态城市发展很快，且生态城市的发展并非被动的、滞后的，而是在全局观念指导下有序发展。相信随着社会公众整体素质的提高、国家相关政策的完善、国民经济实力的增强、社会文明程度的提升，生态城市在中国的发展前景会更好。

3.4　建设启示

生态城市作为全新的城市发展模式，超越了现有可持续发展的概念，追求治愈城市存在的各色问题，因此建设生态城市不是一个改良过程，而是一场生态革命。它不仅包括物质环境的"生态化"，还包含社会文明的"生态化"，同时兼顾不同区域空间、代际发展需求的平衡。生态城市的成功只有在人类追求"人—自然"和谐共生的基础上，建立起新的全球协作关系时才有可能实现。因此，生态城市建设必然是一个长期循序渐进的过程，需要根据各国具体城市的发展状况制定相应的建设目标和指导原则。

当人类面对日益严峻的环境和资源问题时，世界各国已经承诺共同走向可持续发展的道路，未来城市如何发展已引起各国政府的高度重视，人们越来越认识到工业文明对城市发展带来的一系列问题，越来越渴望拥有高效合理的人居环境。生态城市就是未来人类可持续聚居模式之一，因此生态城市的建设必须以可持续发展的思想为指导，因地制宜，建设最理想的人居环境。

生态城市建设要求城市发展必须与城市生态平衡相协调，要求自然、社会、经济复合生态下系统的和谐，因此必须以强大的科技作为后盾。在生态城市的建设中，世界各国许多城市都重视生态适应技术的研制和推广。如美国、德国、加拿大都重视生态适应技术的研究，重视发展生态农业、生态工业的优良队伍，落实其专业人才的培养，因此这些国家的生态城市建设都非常先进。澳大利亚怀阿拉建立了能源替代研究中心，研究常规能源保护和能源替代、可持续水资源使用和污水的再利用等。美国克利夫兰市政府建立了专门的生态可持续研究机构，研究生态城市建设中生态化设计、城市交通、城市的经济增长、历史文化遗产保护、物种多样性、水资源循环利用等问题，取得了可喜的成果。日本大阪在其NEXT21生态实验住宅建筑设计中，利用了大量最新技术措施来达到生态住宅的理想目标，如太阳能外墙板、中水和雨水的处理再利用设施、封闭式垃圾分类处理及热能转换设施等。尽管由于造价的原因，这样的住宅还无法普及，但这样的实验对那些难以重新规划的城市人工生态系统的改进带来了希望，使建筑层面实现生态建设成为可能。

从以上的论述来看，国外的生态城市研究更注重具体的设计特征和技术特征，强调针对西方国家城市现实问题（如低密度、小汽车方式为主导和生活高消费）提出实施生态城市的具体方案，其理论与生态城市实践结合得十分紧密。如雷吉思特提出了针对美国城市低密度现状的改造措施，包括开发权的转让等，而亚尼科斯基提出的生态城市理念具有一定的哲学意味。但总的来说，国外生态城市理论的实践性相当强。

与国外研究相比，国内的生态城市研究更多地强调继承中国的传统文化特征，注重整体性，理论更加系统，而且国内生态城市的研究主要集中在生态学界和规划界，此外还有环境学科和其他领域。总的来说，国内生态学界在建设生态村、生态县和生态市规划方面做了大量工作，国内各学科也进行了一些理论研究，但国内生态城市的已有实践和理论对当前城市规划的影响还是相当有限的。

生态城市理念所包含的可持续发展特征和城市与自然平衡的目标，对国内今后的城市规划工作有着重大参考借鉴价值。不论规划是广义的，还是狭义的，在当今科学技术相当发达、人类改造自然即干预自然的能力远远超出以往的情形下，人类必须意识到任何人居环境（包括城市）的人类活动都是全球生态系统的一部分，存在着人类活动的生态极限，人类必须克制自身的某些行为，并充分地体现在规划之中，这是真正实现可持续发展的前提，也是建立生态城市的根本保证。

第4章 我国沙漠城市生态现状分析

4.1 沙漠生态城市的概念及特征

4.1.1 沙漠生态城市概念界定

生态城市（Eco-city，Ecological City，Ecopolis，Ecoville）的概念源于1971年10月联合国教科文组织发起的MAB（人与生物圈）计划，这种崭新的城市概念和发展模式一经提出就受到了全球的广泛关注，国际上生态城市的研究蓬勃发展，许多生态论著如麦克哈格（I. McHarg）的 *Design with Nature*、保罗·索勒瑞（Paolo Soleri）的 *Arcology, the City in the Image Man*、雷吉思特（Richard Register）的 *Eco-city Berkeley-Building Cities for a Healthy Future* 等的出版，以及四次生态城市国际会议的相继召开和世界各国建设生态城市的实践活动，都使生态城市的理论研究得到不断的丰富和完善。但迄今为止，生态城市的理论和实践基本还处于研究和探索阶段，还没有公认的确切的定义。

沙漠生态城市作为生态城市的一个研究范畴，其确切的概念界定也同样有很多不同的声音。虽然众说纷纭，但都强调了"社会、经济、自然应当和谐相处与发展"的问题，可见沙漠生态城市不仅使城市生态系统处于一种稳定成熟的状态，同时也是人类社会经济活动、人类文明、文化程度的一种美好境界，如同城市的出现代表了人类文明的进步一样，沙漠生态城市也是人类社会文明进步的一个新标志。沙漠生态城市是人、自然、环境和谐发展的最好形式，是城市物质文明与精神文明高度发达的标志。沙漠生态城市是形成自然、城市与人类融为有机整体的互惠共生的结构，也是城市经济、文化、科技充分融合发展的必然结果。

"沙漠生态城市"作为对传统的以工业文明为核心的城市化运动的反思、扬弃，体现了工业化、城市化与现代文明的交融与协调，是人类自觉克服"城市病"，从灰色文明走向绿色文明的伟大创新。它在本质上适应了城市可持续发展的内在要求，标志着城市由传统的唯经济增长模式向经济、社会、生态有机融合的复合发展模式的转变。它体现了城市发展理念中传统的人本主义向理性的人本主义的转变，反映出城市发展在认识与处理人与自然、人与人关系上取得新的突破，使城市发展不仅仅追求物质形态的发展，更追求文化上、精神上的进步，即更加注重人与人、人与社会、人与自然之间的紧密联系。

"沙漠生态城市"与普通意义上的现代城市相比，有着本质的区别。沙漠生态城市中的"生态"，已不再是单纯生物学的含义，而是综合的、整体的概念，蕴含社会、经济、自然的复合内容，已经远远超出了过去所讲的纯自然生态，而已成为自然、经济、文化、政治的载体。

4.1.2 沙漠生态城市特征分析

陆上丝绸之路经济带沿线地区自然地理环境恶劣，建设沙漠生态城市面临着各种各样的挑战。从整体层面看沙漠生态城市的主要特征有：城市整体协调性高、资源利用率高、城市规模和人口密度小、社会发展单位成本高。

城市整体协调性高。在沙漠地区建设城市面临着非常恶劣的生态环境，因此沙漠生态城市在规划设计之初就非常注重整体协调性。沙漠生态城市空间布局一般比较科学，各功能区的协同性很高，这样在面临恶劣的自然环境时，实际上提高了整座城市的"抵抗力"，与传统沙漠城市相比有利于高效地推进城市发展。

资源利用率高。沙漠城市所处地区都是干旱半干旱地区，自然地理环境恶劣，城市发展所需资源自我补给比率非常低。因此，传统沙漠城市在发展过程中，需要借助先进的交通物流网络获取大量资源。在城市建设过程中，为了提升自身的区位发展优势，必须充分和高效利用资源。

城市规模和人口密度小。沙漠生态城市取得发展的前提是改善生态环境，至少使生态环境不至于恶化，因为自然环境的优劣直接决定了沙漠生态城市的未来命运。因此，沙漠生态城市在建设之初就规模不宜过大，单位面积人口密度也应当比较低。这样，可以很好地改善环境，减轻环境压力，实现可持续发展。

社会发展单位成本高。沙漠生态城市因其自身所处地理原因，往往需要投入大量资金改善环境、从区域外获取发展资源、提升劳动力价格吸引人才以及重金打造绿色便捷的城市基础设施，等等。在城市建设和发展的过程中，因为以上特殊成本，增加了经济社会发展的难度，使得社会发展单位成本比较高。在实现绿色发展的同时，更应该不断地进行社会革新，提升资源利用率，缩小与东部地区社会发展单位成本的差距，凸显我国沙漠生态城市的区位发展优势。

4.2　我国沙漠城市总体概况

我国是世界上沙漠最多的国家之一。沙漠广袤千里，呈一条弧形带绵亘于西北、华北和东北的土地上。这一弧形沙漠带，南北宽 600 千米，东西长达 4000 千米，面积有 71 万多平方千米。若连同戈壁，总面积达 128 万多平方千米，占全国陆地总面积的 13%。在沙漠的面积中，荒漠、半荒漠地带（干旱区）的沙质荒漠约 60 万平方千米，占 84.5%，主要分布在新疆维吾尔自治区、甘肃、青海、宁夏回族自治区及内蒙古自治区西部；干草原地带（半干旱区）的沙地为 11 万多平方千米，占 15.5%，主要分布在内蒙古自治区东部、陕西省北部以及辽宁省、吉林省和黑龙江省三省的西部等地。现就沙漠分布比较集中的陕西省、甘肃省、青海省、宁夏回族自治区和新疆维吾尔自治区西北五省区的沙漠城市现状进行分析。

陕西省位于中国西北部，地处东经 105°29′~111°15′ 和北纬 31°42′~39°35′。地域南北长，东西窄，南北长约 880 千米，东西宽 160~490 千米。全省纵跨黄河、长江两大流域，是新亚欧大陆桥和中国西北、西南、华北、华中之间的门户，周边与山西、河南、湖北、四川、甘肃、宁夏回族自治区、内蒙古自治区、重庆 8 个省市区接壤，是国内邻接省区数量最多的省份，具有承东启西、连接西部的区位之便。陕西省最东位于榆林市府谷县黄甫镇，最西位于汉中市宁强县青木川镇，最南位于安康市镇坪县华坪乡，最北位于榆林市府谷县古城乡。

甘肃省，简称甘或陇，位于黄河上游，省会为兰州。甘肃地处北纬 32°31′~42°57′，东经 92°13′~108°46′，地控黄河上游，沟通黄土高原、青藏高原、内蒙古高原，东通陕西、南瞰巴蜀、青海，西达新疆维吾尔自治区，北扼内蒙古自治区、宁夏回族自治区；西北出蒙古国，辐射中亚。甘肃省东西蜿蜒 1600 多千米，全省面积 45.37 万平方千米，占全国总面积的 4.72%。全省总人口为 2763.65 万人（2015 年），常住人口 2609.95 万人（2016 年）。辖 12 个地级市、2 个自治州。2016 年，甘肃省地区生产总值达 7152.04 亿元。经过新中国成立以来的开发建设，甘肃已形成了以石油化工、有色冶金、机械电子等为主的工业体系，成为中国重要的能源、原材料工业基地。

青海省，位于中国西部，雄踞世界屋脊青藏高原的东北部，地理位置介于东经 89°35′~103°04′，北纬 31°9′~39°19′，全省东西长 1200 多千米，南北宽 800 多千米，总面积 72.23 万平方千米，占全国总面积的 1/13，是中国青藏高原上的重要省份之一，简称青，省会为西宁。境内山脉高耸，地形多样，河流纵横，湖泊棋布。青海省与甘肃省、四川省、西藏自治区、新疆维吾尔自治区接壤，辖西宁市、海东市两个地级市和玉树藏族自治州、海西州、海北州、海南州、黄南州、果洛州 6 个民族自治州，共 48 个县级行政单位。青海省有藏族、回族、蒙古族、土族、撒拉族等 43 个少数民族，全省常住人口 593.46 万人（2016 年）。2013 年青海地区生产总值 2101.05 亿元，按可比价格计算，比上年增长 10.8%，增速在全国各省（市、区）中列第 9 位。

宁夏回族自治区，位于北纬 35°14~39°23，东经 104°17~107°39。宁夏回族自治区疆域轮廓南北长、东西短，呈十字形。南北相距约 456 千米（北起石嘴山市头道坎北 2 千米的黄河江心，南起泾源县六盘山的中嘴梁），东西相距约 250 千米（西起中卫营盘水车站西南 10 千米的田涝坝，东到盐池县柳树梁东北 2 千米处），总面积为 6.64 万多平方千米。宁夏回族自治区深居西北内陆高原，属典型的大陆性半湿润半干旱气候，雨季多集中在 6~9 月，具有冬寒长，夏暑短，雨雪稀少，气候干燥，风大沙多，南寒北暖等特点。由于宁夏回族自治区平均海拔在 1000 米以上，所以夏季基本没有酷暑；1 月平均气温在零下 8℃以下，极端低温在零下 22℃以下。宁夏回族自治区气候的最显著特征是：气温日差大，日照时间长，太阳辐射强，大部分地区昼夜温差一般可达 12~15℃。全年平均气温在 5~9℃，引黄灌区和固原地区分别为全区高温区和低温区。

新疆维吾尔自治区，简称新，位于中国西北边陲，首府乌鲁木齐，是中国五个少数民族自治区之一。新疆维吾尔自治区地处东经 73°40′~96°18′，北纬 34°25′~48°10′，是中国陆地面积第一大的省级行政区，总面积占中国陆地面积 1/6（166 万平方千米），边界线长度占 1/4（5000 多千米），其面积比江苏省和浙江省加一起总和的 8 倍还多 4 万平方千米。其中，巴音郭楞蒙古自治州的若羌县为中国占地面积最大的县。地处亚欧大陆腹地，周边与俄罗斯、哈萨克斯坦、吉尔吉斯斯坦、塔吉克斯坦、巴基斯坦、蒙古、印度、阿富汗 8 国接壤，在历史上是古丝绸之路的重要通道，现在是第二座"亚欧大陆桥"的必经之地，战略位置十分重要。

以上沙漠地区具体的人口、经济以及自然资源状况如表 4-1~表 4-3 所示。

（1）人口状况。西北五省区人口状况如表 4-1 所示：

表 4-1　2015 年西北五省区人口状况

省份	年末总人口（万人）	城镇人口（万人）	城镇人口比重（%）	自然增长率（‰）
陕西	3793	2045	53.92	3.82
甘肃	2600	1123	43.19	6.21
青海	588	296	50.30	8.55
宁夏	668	369	55.23	8.04
新疆	2360	1115	47.23	11.08

由表 4-1 可知，陕西省 2015 年末总人口 3793 万人，人口自然增长率 3.82‰，城镇人口 2045 万人，占比 53.92%；甘肃省 2015 年末总人口 2600 万人，人口自然增长率 6.21‰，城镇人口 1123 万人，占比 43.19%；青海省 2015 年末总人口 588 万人，人口自然增长率 8.55‰，城镇人口 296 万人，占比 50.30%；宁夏回族自治区 2015 年末总人口 668 万人，人口自然增长率 8.04‰，城镇人口 369 万人，占比 55.23%；新疆维吾尔自治区 2015 年末总人口 2360 万人，人口自然增长率 11.08‰，城镇人口 1115 万人，占比 47.23%。

（2）经济状况。西北五省区经济状况如表 4-2 所示：

表 4-2　2015 年西北五省区经济状况

省份	GDP（亿元）	第一产业比重（%）	第二产业比重（%）	第三产业比重（%）
陕西	18021.86	8.9	50.4	40.7
甘肃	6790.32	14.1	36.7	49.2
青海	2417.05	8.6	49.9	41.4
宁夏	2911.77	8.2	47.4	44.5
新疆	9324.80	16.7	38.6	44.7

由表 4-2 可知，陕西省 2015 年 GDP 总额为 18021.86 亿元，其中第一产业占比 8.9%，第二产业占比 50.4%，第三产业占比 40.7%；甘肃省 2015 年 GDP 总额为 6790.32 亿元，其中第一产业占比 14.1%，第二产业占比 36.7%，第三产业占比 49.2%；青海省 2015 年 GDP 总额为 2417.05 亿元，其中第一产业占比 8.6%，第二产业占比 49.9%，第三产业占比 41.4%；宁夏回族自治区 2015 年 GDP 总额为 2911.77 亿元，其中第一产业占比 8.2%，第二产业占比 47.4%，第三产业占比 44.5%；新疆维吾尔自治区 2015 年 GDP 总额为 9324.80 亿元，其中第一产业占比 16.7%，第二产业占比 38.6%，第三产业占比 44.7%。

（3）自然资源状况。陕西省拥有丰富的石油、天然气、煤炭、铁矿、锰矿以及钒矿；甘肃省拥有石油、天然气、煤炭、铁矿、锰矿、铬矿、钒矿等自然资源；青海省拥有石油、天然气、煤炭、铬矿等自然资源；宁夏回族自治区拥有石油、天然气以及煤炭资源；新疆维吾尔自治区拥有丰富的石油、天然气、煤炭、铁矿、锰矿以及原生钛铁矿等资源。具体资源含量见表 4-3。

表 4-3　2015 年西北五省区自然资源状况

省份	石油 （万吨）	天然气 （亿立方米）	煤炭 （亿吨）	铁矿 （万吨）	锰矿 （万吨）	铬矿 （万吨）	钒矿 （万吨）	原生钛铁矿 （万吨）
陕西	38445.30	7587.10	126.60	4.00	288.40	0	7.20	0
甘肃	24109.80	272.00	32.50	3.30	259.00	141.20	89.90	0
青海	7955.8	1396.90	12.50	0	0	3.70	0	0
宁夏	2370.60	272.90	37.40	0	0	0	0	0
新疆	60112.70	10202.00	158.70	8.30	562.40	44.70	0.20	45.30

4.3　我国沙漠城市生态经济现状分析

西北五省区及典型沙漠城市生态经济现状如下：

西北五省区典型沙漠生态城市的选取标准主要有两个：一是在省域经济中占有重要的经济地位或具有较大经济发展潜力；二是所选城市存在严重的土地沙漠化和荒漠化威胁。基于这样的选择标准，除陕西省外，其余各省级行政区均选取省会城市为域内典型沙漠生态城市。西安市虽然在陕西省省域经济中占有重要位置，但是并不存在十分严重的沙漠化和荒漠化威胁，相对而言，在讨论陕西省典型沙漠生态城市时，我们选取具备一定经济重要性，同时又面临严重的沙漠化和荒漠化威胁的榆林市作为研究对象。在分析我国沙漠生态城市经济现状、生态社会现状、生态环境现状时，均依据以上原则选取域内典型沙漠生态城市，之后不再赘述。

4.3.1 陕西省及榆林市

2015 年陕西 GDP 总量为 18021.86 亿元，比上一年增长 1.88%，居全国第 14 位，人均 GDP 为 47626 元，全国排名第 14 位，仅次于湖北的 50654 元。全年完成固定资产投资总额为 18582.2 亿元，居民可支配收入 17395.0 元，全省人均消费支出 13087.2 元。

2011 年到 2015 年，陕西省的 GDP 总量一直保持上升的趋势（见图 4-1），但其 GDP 增长率却持续下降，2015 年 GDP 增长率为 1.88%。

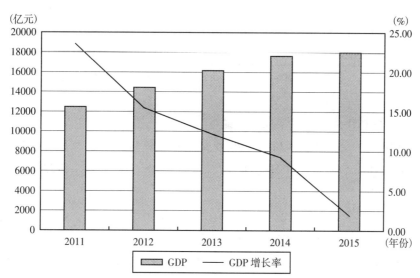

图 4-1 2011~2015 年陕西省 GDP 总量及增长率

2015 年陕西省第一产业增加值为 1597.63 亿元，第二产业增加值为 9082.13 亿元，第三产业增加值为 7342.10 亿元；各行业增加值如下：农林牧渔业增加值为 1673.22 亿元，工业增加值为 7344.62 亿元，建筑业增加值为 1780.85 亿元，批发和零售业增加值为 1504.04 亿元，交通运输、仓储和邮政业增加值为 713.02 亿元，住宿和餐饮业增加值为 432.02 亿元，金融业增加值为 1082.37 亿元，房地产业增加值为 695.53 亿元。具体如图 4–2 所示。

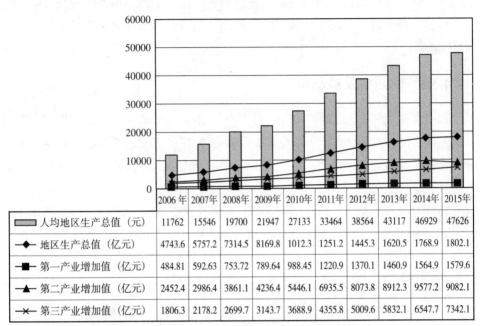

	2006年	2007年	2008年	2009年	2010年	2011年	2012年	2013年	2014年	2015年
▨ 人均地区生产总值（元）	11762	15546	19700	21947	27133	33464	38564	43117	46929	47626
◆ 地区生产总值（亿元）	4743.6	5757.2	7314.5	8169.8	1012.3	1251.2	1445.3	1620.5	1768.9	1802.1
■ 第一产业增加值（亿元）	484.81	592.63	753.72	789.64	988.45	1220.9	1370.1	1460.9	1564.9	1579.6
▲ 第二产业增加值（亿元）	2452.4	2986.4	3861.1	4236.4	5446.1	6935.5	8073.8	8912.3	9577.2	9082.1
✕ 第三产业增加值（亿元）	1806.3	2178.2	2699.7	3143.7	3688.9	4355.8	5009.6	5832.1	6547.7	7342.1

图 4–2　2006~2015 年陕西省地区生产总值变动情况

其中，榆林作为典型沙漠城市，经济现状如下：

2016 年末，全市常住人口 338.20 万人，出生率 11.72‰，死亡率 6.41‰，自然增长率 5.31‰。城镇人口 190.24 万人，占 56.3%；乡村人口 147.96 万人，占 43.8%。

初步核算，全年生产总值 2773.05 亿元，比上年增长 6.5%。其中，第一产业增加值 162.44 亿元，增长 4.8%；第二产业增加值 1680.70 亿元，增长 4.1%；第三产业增加值 929.91 亿元，增长 11.1%。第一、第二、第三产业增加值占生产总值的比重分别为 5.9%、60.6% 和 33.5%。按常住人口计算，人均生产总值 81764 元，约合 11787 美元。具体如图 4–3 所示。

2015 年以来增速回升，特别是 2016 年后，2016 年第二季度至 2017 年第二季度，增长率大多都在 0.5 附近，经济发展迅速。具体如图 4–4 所示。

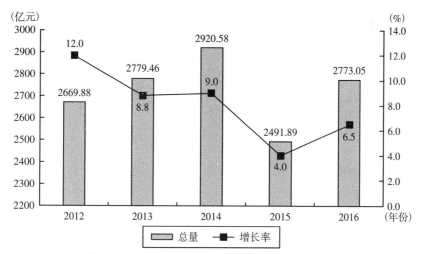

图 4-3　2012~2016 年榆林地区生产总值及增长率

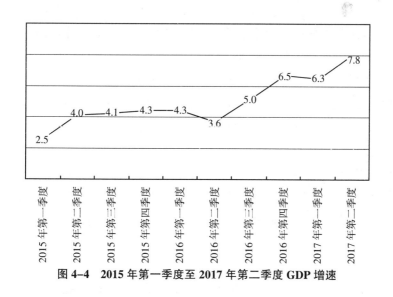

图 4-4　2015 年第一季度至 2017 年第二季度 GDP 增速

4.3.2　甘肃省及兰州市

甘肃省 2015 年 GDP 总量为 6790.32 亿元，相比 2014 年的 6836.82 亿元，下降了 46.5 亿元。2015 年甘肃省人均 GDP 为 26165 元。全年完成固定资产投资总额为 8754.2 亿元，居民可支配收入 13466.6 元，全省人均消费支出 10950.8 元。

从 2011 年到 2015 年甘肃省的 GDP 增长速度处于下降趋势，尤其是 2015 年，GDP 增长率为-0.68%，相比于 2014 年的 7.99% 急剧下降。具体如图 4-5 所示。

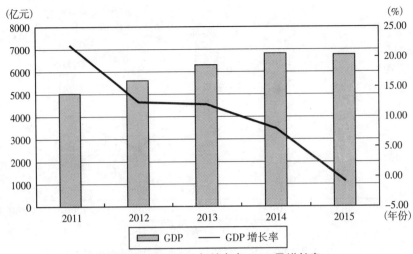

图 4-5　2011~2015 年甘肃省 GDP 及增长率

2015 年甘肃省第一产业增加值为 954.09 亿元，第二产业增加值为 2494.77 亿元，第三产业增加值为 3341.46 亿元，所以甘肃省主要以第二、第三产业为主。各行业增加值如下：农林牧渔业增加值为 995.52 亿元，工业增加值为 1778.10 亿元，建筑业增加值为 730.88 亿元，批发和零售业增加值为 508.00 亿元，交通运输、仓储和邮政业增加值为 274.65 亿元，住宿和餐饮业增加值为 196.37 亿元，金融业增加值为 443.12 亿元，房地产业增加值为 244.82 亿元。

其中，兰州市作为典型城市，经济现状如下：

经济增长：初步核算，全年完成地区生产总值 2264.23 亿元，比上年增长 8.3%。其中，第一产业增加值 60.36 亿元，增长 6.0%；第二产业增加值 790.09 亿元，增长 4.3%；第三产业增加值 1413.78 亿元，增长 10.9%。三次产业结构比为 2.67：34.89：62.44，与上年的 2.68：37.34：59.98 相比，第一产业所占比重回落 0.01 个百分点，第二产业所占比重回落 2.45 个百分点，第三产业所占比重提高 2.46 个百分点。按常住人口计算，人均生产总值 61207 元，比上年增长 7.7%。

非公经济增加值 1015.76 亿元，比上年增长 11.4%，占地区生产总值的 44.9%。战略新兴产业增加值 305.7 亿元，比上年增长 13.4%，占地区生产总值的 13.5%。文化产业增加值 70.56 亿元，比上年增长 15.84%，占地区生产总值的 3.12%。物价：全年居民消费价格总水平比上年上涨 0.8%，全市商品零售价格总水平比上年上涨 0.7%。具体如图 4-6 所示。

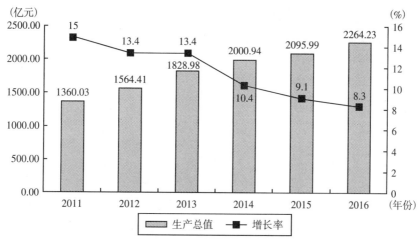

图 4-6 2011~2016 年兰州市 GDP 及增长率

4.3.3 青海省及西宁市

青海 2015 年 GDP 总量为 2417.05 亿元，相比 2014 年的 2303.32 亿元，增加了 113.73 亿元。2015 年青海人均 GDP 为 41252 元。全年完成固定资产投资总额 3210.6 亿元，居民可支配收入 15812.7 元，全省人均消费支出 13611.3 元。

2011 年到 2015 年，青海 GDP 总量处于上升趋势，但上升幅度越来越小。其 GDP 增长率处于下降趋势，尤其是 2011 年到 2012 年，从 23.7% 下降到 13.6%，而 2013 年到 2015 年呈直线下降，如图 4-7 所示。

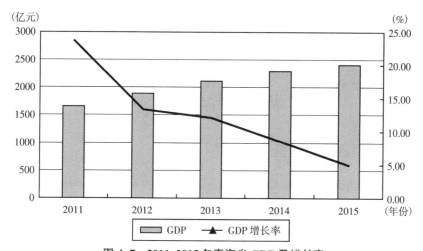

图 4-7 2011~2015 年青海省 GDP 及增长率

2015 年青海第一产业增加值为 208.93 亿元，第二产业增加值为 1207.31 亿元，第三产业增加值为 1000.81 亿元，所以青海主要以第二产业为主。各行业增加值如下：农林牧渔业增加值为 212.22 亿元，工业增加值为 893.87 亿元，建筑业增加值为 313.81 亿元，批发和零售业增加值为 154.78 亿元，交通运输、仓储和邮政业增加值为 90.55 亿元，住宿和餐饮业增加值为 43.27 亿元，金融业增加值为 220.87 亿元，房地产业增加值为 53.59 亿元。

其中，西宁是典型沙漠城市，经济状况如下：

全年完成地区生产总值 1248.16 亿元，增长 9.8%。其中，第一产业实现增加值 39.15 亿元，增长 5.2%，对 GDP 贡献率为 1.8%，拉动 GDP 增长 0.17 个百分点；第二产业增加值 595.64 亿元，增长 10.6%，对 GDP 贡献率为 52.1%，拉动 GDP 增长 5.11 个百分点，其中，工业增加值增长 9.3%，对 GDP 贡献率为 37.3%，拉动 GDP 增长 3.65 个百分点；第三产业增加值 613.37 亿元，增长 9.3%，对 GDP 贡献率为 46.1%，拉动 GDP 增长 4.52 个百分点。三次产业结构比由 2015 年的 3.3∶48.0∶48.7 调整为 3.2∶47.7∶49.1，第三产业比重较 2015 年提高 0.4 个百分点。具体如图 4-8 所示。

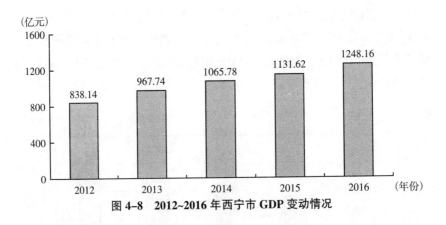

图 4-8　2012~2016 年西宁市 GDP 变动情况

4.3.4　宁夏回族自治区及银川市

宁夏回族自治区 2015 年 GDP 总量为 2911.77 亿元，相比 2014 年的 2752.10 亿元，增加了 159.67 亿元。2015 年宁夏回族自治区人均 GDP 为 43805 元。全年完成固定资产投资总额为 3505.4 亿元，居民可支配收入 17329.1 元，全省人均消费支出 13815.6 元。

2011 年到 2015 年，宁夏回族自治区 GDP 总量处于上升趋势，但上升幅度越来越小。其 GDP 增长率处于下降趋势，尤其是 2011 年到 2012 年，从 24.42%下降到 11.37%，而 2012 年到 2015 年缓慢下降，如图 4-9 所示。

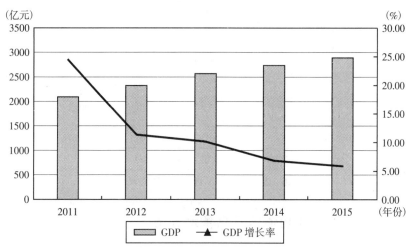

图 4-9　2011~2015 年宁夏回族自治区 GDP 及增长率

2015 年宁夏回族自治区第一产业增加值为 237.76 亿元，第二产业增加值为 1379.6 亿元，第三产业增加值为 1294.41 亿元，所以宁夏回族自治区主要以第二、第三产业为主。各行业增加值如下：农林牧渔业增加值为 251.68 亿元，工业增加值为 979.72 亿元，建筑业增加值为 399.98 亿元，批发和零售业增加值为 136.97 亿元，交通运输、仓储和邮政业增加值为 200.66 亿元，住宿和餐饮业增加值为 51.31 亿元，金融业增加值为 256.38 亿元，房地产业增加值为 97.05 亿元。

其中，银川作为典型沙漠城市，经济状况如下：

全市实现地区生产总值 1617.28 亿元，按可比价格计算，同比增长 8.1%。分产业看，第一产业实现增加值 58.61 亿元，同比增长 4.3%；第二产业实现增加值 825.46 亿元，同比增长 6.6%；第三产业实现增加值 733.21 亿元，同比增长 10.3%。按常住人口计算，人均地区生产总值 74269 元，比上年增长 6.6%。三次产业结构为 3.6：51.0：45.4，对经济增长的贡献率分别为 2.1%、42.5%、55.4%。具体如图 4-10 所示。

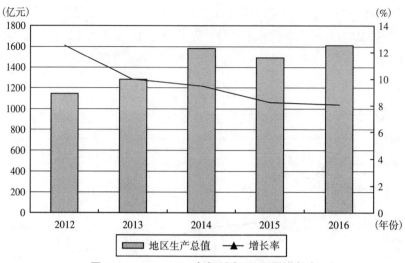

图 4-10　2012~2016 年银川市 GDP 及增长率

4.3.5　新疆维吾尔自治区及乌鲁木齐市

新疆维吾尔自治区 2015 年 GDP 总量为 9324.8 亿元，相比 2014 年的 9273.46 亿元，增加了 51.34 亿元。2015 年新疆维吾尔自治区人均 GDP 为 40036 元。全年完成固定资产投资总额为 10813.0 亿元，居民可支配收入 16859.1 元，全省人均消费支出 12867.4 元。2011 年到 2015 年，新疆维吾尔自治区 GDP 总量处于上升趋势，但上升幅度越来越小。尤其是 2014 年到 2015 年，增长率为 0.55%。其 GDP 增长率处于下降趋势，尤其是 2011 年到 2012 年，从 21.56% 下降到 13.54%；2014 年到 2015 年从 9.83% 下降到 0.55%，如图 4-11 所示。

2015 年新疆维吾尔自治区第一产业增加值为 1559.08 亿元，第二产业增加值为 3596.40 亿元，第三产业增加值为 4169.32 亿元，所以新疆维吾尔自治区主要以第二、第三产业为主。各行业增加值如下：农林牧渔业增加值为 1598.66 亿元，工业增加值为 2740.71 亿元，建筑业增加值为 959.03 亿元，批发和零售业增加值为 523.58 亿元，交通运输、仓储和邮政业增加值为 536.06 亿元，住宿和餐饮业增加值为 155.62 亿元，金融业增加值为 563.8 亿元，房地产业增加值为 285.38 亿元。

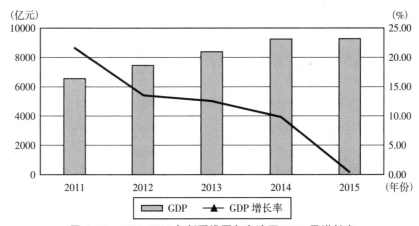

图 4-11 2011~2015 年新疆维吾尔自治区 GDP 及增长率

其中，乌鲁木齐作为典型沙漠城市，经济状况如下：

初步核算，全年实现地区生产总值（GDP）2458.98 亿元，按可比价计算，比上年增长 7.6%。其中，第一产业增加值 28.37 亿元，增长 3.0%；第二产业增加值 704.94 亿元，增长 1.7%；第三产业增加值 1725.67 亿元，增长 10.4%。第二、第三产业分别拉动经济增长 0.6 个和 7.0 个百分点；三次产业结构为 1.1：28.7：70.2。按常住人口计算，全年人均地区生产总值 69565 元，增长 3.6%。具体如图 4-12 所示。

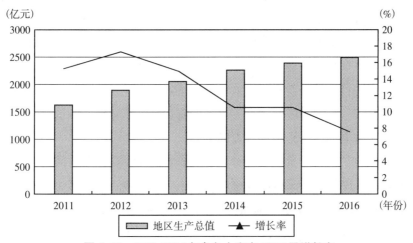

图 4-12 2011~2016 年乌鲁木齐市 GDP 及增长率

4.4 我国沙漠城市生态社会现状分析

西北五省区及其典型沙漠城市生态社会现状如下。

4.4.1 陕西省及榆林市

4.4.1.1 人口及民族

2010 年第六次全国人口普查，陕西常住人口为 37327378 人，占全国比重为 2.79%（不包括港澳台）。2010 年西安市 846.78 万人，宝鸡市 371.67 万人，咸阳市 489.48 万人，铜川市 83.44 万人，渭南市 528.61 万人，延安市 218.70 万人，榆林市 335.14 万人，汉中市 341.62 万人，安康市 310.99 万人，商洛市 234.17 万人，杨凌示范区 20.12 万人。截至 2014 年末，陕西省常住人口 3775.12 万人，比上年增加 11.42 万人。其中，男性 1948.83 万人，占 51.62%；女性 1826.29 万人，占 48.38%，性别比为 106.71（以女性为 100，男性对女性的比例）。出生人口 38.18 万人，出生率 10.13‰；死亡人口 23.60 万人，死亡率 6.26‰；自然增长率 3.87‰。城镇人口 1984.58 万人，占 52.57%；乡村人口 1790.54 万人，占 47.43%。人口年龄构成为 0~14 岁人口占 14.10%，15~64 岁人口占 75.93%，65 岁及以上人口占 9.97%。

根据全国第五次人口普查，汉族占 99.51%，少数民族占 0.49%。陕西的少数民族多为其他地区迁入，除汉族外，有 42 个少数民族在全省杂居，散居。少数民族中，回族人口最多，占少数民族人口的 89.1%。此外，千人以上的少数民族有满族、蒙古族、壮族、藏族；百人以上的有朝鲜族、苗族、侗族、土家族、白族、锡伯族；其他少数民族均在百人以下。

少数民族在千人以上的县、市、区共 23 个。这些县、市、区是西安市的莲湖区、新城区、碑林区、灞桥区、雁塔区、未央区、铜川市城区，宝鸡市的金台区、渭滨区、陈仓区、陇县、凤县、千阳县，宁陕县、紫阳县、旬阳县、汉中市、西乡县、略阳县、镇安县、咸阳市、渭南县、华阴县。2012 年，常住人口为 3753.09 万人，汉族人口占总人口的 99.4% 以上，境内还有回族、满族、蒙古族、苗族、土家族、水族、羌族等。

2016 年末全国大陆总人口 138271 万人，比上年末增加 809 万人，其中城镇常住人口 79298 万人，占总人口比重（常住人口城镇化率）为 57.35%，比上年末提高 1.25 个百分点。户籍人口城镇化率为 41.2%，比上年末提高 1.3 个百分点。全年出生人口 1786 万人，出生率为 12.95‰；死亡人口 977 万人，死亡率为 7.09‰；自然增长率为 5.86‰。全国人户分离的人口 2.92 亿人，其中流动人口 2.45 亿人。如表 4-4 所示。

表 4-4　2016 年末全国人口数及其构成

指标	年末数（万人）	比重（%）
全国总人口	138271	100
其中：城镇	79298	57.35
乡村	58973	42.65
其中：男性	70815	51.2
女性	67456	48.8
其中：0~15 岁（含不满 16 周岁）	24438	17.7
16~59 岁（含不满 60 周岁）	90747	65.6
60 周岁及以上	23086	16.7
65 周岁及以上	15003	10.8

2016 年末全国就业人员 77603 万人，其中城镇就业人员 41428 万人。全年城镇新增就业 1314 万人。年末城镇登记失业率为 4.02%。全国农民工总量 28171 万人，比上年增长 1.5%。其中，外出农民工 16934 万人，增长 0.3%；本地农民工 11237 万人，增长 3.4%。如图 4-13 所示。

图 4-13　2012~2016 年全国城镇新增就业人数

榆林市人口及民族现况如下：

榆林是典型沙漠城市，2016 年末，全市常住人口 338.20 万人，出生率 11.72‰，死亡率 6.41‰，自然增长率 5.31‰。城镇人口 190.24 万人，占 56.3%；乡村人口 147.96 万人，占 43.8%。截至 2017 年 7 月，榆林市下辖 2 区 1 市 9 县，面积 42923 平方千米，人口 375 万人，市人民政府驻榆阳区。榆林市地接甘、宁、内蒙古、晋四省区，是陕西省的一个以汉族为主的少数民族杂居地区，12 个县（区）共有 35 个少数民族 4890 人，其中以回族人数最多，有 3902 人，主要分布在定边县。其他少数民族：蒙古族 429 人、满族 179 人、苗族 29 人、彝族 71 人、土家族 38 人、藏族 76 人、壮族 35 人、朝鲜族 19 人、傈僳族 18 人、维吾尔族 12 人、布依族 10 人、傣族 10 人、哈尼族 7 人、黎族 6 人、土族 6 人，其他 20 个民族共 43 人。如表 4-5 所示。

表 4-5　数据统计

地名	驻地	人口（万人）	面积（平方千米）	行政区划代码	区号	邮编
榆阳区	青山路街道	55	6797	610802	0912	719000
横山区	横山街道	37	4299	610803	0912	719100
神木市	神木镇	42	7481	610881	0912	719300
府谷县	府谷镇	24	3202	610822	0912	719400
靖边县	张家畔镇	34	4975	610824	0912	718500
定边县	定边街道	34	6821	610825	0912	718600
绥德县	名州镇	37	1853	610826	0912	718000
米脂县	银州街道	22	1168	610827	0912	718100
佳县	佳州街道	27	2029	610828	0912	719200
吴堡县	宋家川街道	9	421	610829	0912	718200
清涧县	宽洲镇	22	1850	610830	0912	718300
子洲县	双湖峪街道	32	2027	610831	0912	718400

4.4.1.2　教育

陕西省西安市是中国高等院校和科研院所聚集的城市之一，在校学生人数仅次于北京、上海，居中国第三位，是中国高校密度和受高等教育人数最多的城市，是中国三大教育、科研中心之一。2014 年，全省共有高等学校 96 所，其中普通高等学校 80 所，另有独立学院 12 所。全年招收普通本专科学生 30.64 万人，在校学生 109.96 万人；研究生招生 3.22 万人，其中科研单位 205 人，在学研究生 9.87 万人，其中科研单位 712 人；成人高等教育招生 6.24 万人，在校学生 17.63 万人；中等职业院校招生 13.53 万人（不含技工学校），在校学生 37.71 万人。

截至 2016 年，全年研究生教育招生 66.7 万人，在学研究生 198.1 万人，毕业生 56.4 万人。普通本专科招生 748.6 万人，在校生 2695.8 万人，毕业生 704.2 万人。中等职业教育招生 593.3 万人，在校生 1599.1 万人，毕业生 533.7 万人。普通高中招生 802.9 万人，在校生 2366.6 万人，毕业生 792.4 万人。初中招生 1487.2 万人，在校生 4329.4 万人，毕业生 1423.9 万人。普通小学招生 1752.5 万人，在校生 9913.0 万人，毕业生 1507.4 万人。特殊教育招生 9.2 万人，在校生 49.2 万人，毕业生 5.9 万人。学前教育在园幼儿 4413.9 万人。九年义务教育巩固率为 93.4%，高中阶段毛入学率为 87.5%。如图 4-14 所示。

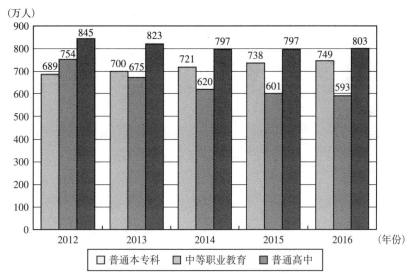

图 4-14　2012~2016 年普通本专科、中等职业教育、普通高中人数

榆林市教育发展状况如下：

1949 年以后，榆林教育大体经历了 3 个阶段：卓有成效的 17 年（1949~1965 年）、遭受重大破坏的"文革" 10 年（1966~1976 年）、"拨乱反正"和改革提高的 12 年（1977~1989 年）。到 1989 年榆林共有各级各类学校 6130 所，其中

小学 5893 所，初中 179 所，高中 26 所，农业职业中学 14 所，技工学校 1 所、中专 8 所，大专 2 所，成人学校 4 所，成人高等学校 3 所，在校学生 405140 人，职工人数达到 28775 人，其中专任教师 24727 人。

从 2011 年开始，榆林市出台《榆林城区学校建设实施方案》，规划"十二五"期间，在榆林城区新建、改扩建 42 所中小学、幼儿园，之后又调整为 45 所。截至 2017 年 4 月，45 个项目中，已累计投用 19 个，累计新增教学班 432 个，新增学位 19770 个；剩余 26 个项目中，2014 年底竣工 18 个，2015 年底竣工 8 个。同时在原有全市范围内实施义务教育"零收费"的基础上，从 2013 年起再免除学前三年幼儿保教费和高中阶段学生学费。针对农村人口向城镇大批转移的实际情况，专门出台了外来人员子女与当地居民"一律平等、就近入学"的原则。

截至 2016 年末，榆林市共有各级各类学校 1553 所，其中，高等学校 2 所；中等专业学校 6 所；普通中学 198 所；职业中学 19 所；小学 364 所；幼儿园 956 所；特殊教育学校 8 所。全市基础教育及中等职业学校累计招生 203958 人，毕业 167402 人，在校学生数 634306 人。在校学生中，中专 1865 人、高中 68244 人、职中 14807 人、初中 97261 人、小学 265420 人、幼儿园 186207 人、特殊教育 502 人。各级各类学校共有专任教师 46437 人，代课教师 2506 人。学前、小学、初中入学率分别达 98.30%、99.94% 和 99.92%。

4.4.1.3 科技

2016 年全年研究与试验发展（R&D）经费支出 15500 亿元，比上年增长 9.4%，与国内生产总值之比为 2.08%，其中基础研究经费 798 亿元。全年国家重点研发计划共安排 42 个重点专项 1163 个科技项目，国家科技重大专项共安排 224 个课题，国家自然科学基金共资助 41184 个项目。截至年底，累计建设国家重点实验室 488 个，国家工程研究中心 131 个，国家工程实验室 194 个，国家企业技术中心 1276 家。国家科技成果转化引导基金累计设立 9 只子基金，资金总规模 173.5 亿元。全年受理境内外专利申请 346.5 万件，授予专利权 175.4 万件。截至 2016 年底，有效专利 628.5 万件，其中境内有效发明专利 110.3 万件，每万人口发明专利拥有量 8.0 件。全年共签订技术合同 32.0 万项，技术合同成交金额 11407 亿元，比上年增长 16.0%。如图 4-15、表 4-6 所示。

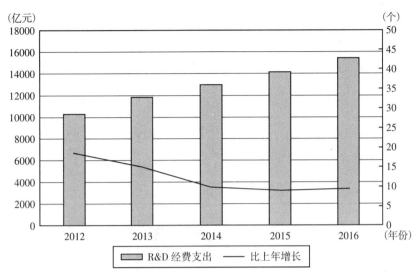

图 4-15　2012~2016 年 R&D 经费支出与增长速度

表 4-6　2016 年专利申请受理、授权和有效专利情况

指标	专利数（万件）	比上年增长（%）
专利申请受理数	346.5	23.8
境内专利申请受理	328.1	25.4
发明专利申请受理	133.9	21.5
境内发明专利申请受理	119.3	24.7
专利申请授权数	175.4	2.1
境内专利授权	161.2	2.1
发明专利授权	40.4	12.5
境内发明专利授权	29.5	15
年末有效专利数	628.5	14.7
境内有效专利	540.6	15.7
有效发明专利	177.2	20.4
境内有效发明专利	110.3	26.6

榆林市科技发展状况如下：

全市组织评议登记科技成果 13 项，其中科技成果综合水平达到国内领先 3 项，获"陕西省年度科学技术奖" 6 项（其中二等奖 2 项，三等奖 4 项）。申请专利 2086 件，申请发明专利 474 件，授权专利 885 件，技术交易合同登记额

1.02 亿元。

4.4.1.4 卫生及社会保障

2016 年，陕西省拥有卫生计生机构 36598 个，其中医院 1085 家，社区服务中心（站）623 家，卫生院 1570 家，村卫生室 25412 个。全省共有床位 22.5 万张，其中医院病床 18.03 万张，卫生院病床 3.3 万张。全省共有卫生人员 37.3 万人，其中卫生技术人员 8.44 万人。卫生技术人员中执业（助理）医师 8.6 万人，注册护士 11.7 万人。如图 4-16 所示。

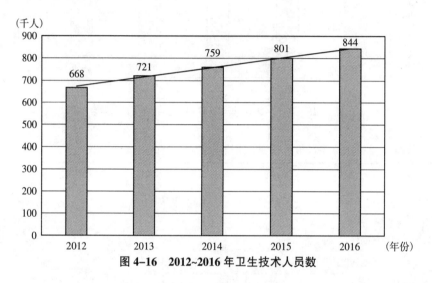

图 4-16　2012~2016 年卫生技术人员数

2016 年末，陕西省参加失业保险职工 352.23 万人；参加城镇职工养老保险 789.63 万人，其中参加企业基本养老保险职工 530.63 万人，离退休人员 193.42 万人；参加城镇基本医疗保险 1248.05 万人，其中参加城镇职工医疗保险 599.64 万人，参加城乡居民医疗保险 648.40 万人；工伤保险参保 441.60 万人；生育保险参保 283.45 万人。

2016 年，陕西省共有社会福利收养性单位 708 个，共有养老床位 15.62 万张，收养 8.46 万人。年末纳入城市低保 21 万户、42.10 万人，人均月保障标准最高 590 元、最低 450 元；纳入农村低保 58.60 万户、130.40 万人，保障标准每人每年最低 3015 元。农村五保对象 15.20 万人，其中集中供养约 5 万人，供养标准每人每年最低 6000 元（现金不低于 5800 元）；分散供养每人每年最低 5500 元（现金不低于 5300 元）。共有农村五保供养服务机构 453 所。全年累计实施医疗救助 95 万人次，临时救助 25.7 万户次。

榆林市卫生及社会保障现状如下：

全市共有医疗卫生机构 4631 个，其中，医院 103 家，社区服务中心 7 家，卫生院 229 家，村卫生室 3487 个。共有床位 20436 张，其中医院病床 16116 张，卫生院病床 3743 张。卫生专业技术人员 24890 人。已建成三级综合医院 4 个，二级综合医院 16 个。共有妇幼保健机构 13 个，中医医院 14 个，专科医院 18 个。参加新型农村合作医疗 297.76 万人，参合率达 99.2%。

全年城镇基本养老保险参保人数为 33.17 万人（不含机关事业单位人员）；城镇基本医疗保险参保人数为 64.85 万人；工伤保险参保人数 43.20 万人；失业保险参保人数为 24.20 万人；生育保险参保人数为 32.36 万人；城乡居民养老保险参保人数 161.15 万人。

全市共有收养性社会福利单位 8 个，拥有床位 1824 张。全市城乡居民最低生活保障对象 24.72 万人，城市居民人均月低保标准 500 元，农村居民保障标准每人每年最低 3015 元。

4.4.1.5　文化

截至 2014 年，陕西省共有图书馆 114 个，文化馆 122 个，省级广播电视台 1 座，市级广播电台 10 座，电视台 11 座（西安、咸阳、延安、榆林、安康、商洛 6 个市两台合并），县级广播电视台 88 座。全省拥有国家综合档案馆 119 个，馆藏 710.98 万卷、253.37 万件，其中省档案馆馆藏 66.36 万卷（册）、10.51 万件。全年出版报纸 87 种、7.04 亿份、43.78 亿印张；出版各类杂志 267 种、5636 万册、4.01 亿印张；出版图书 9516 种、1.84 亿册、14.92 亿印张。

2016 年，陕西省共有图书馆 110 个，文化馆 122 个，艺术表演团体 177 个。出版报纸 85 种，出版各类杂志 268 种。拥有国家综合档案馆 119 个，馆藏档案资料 765.78 万卷（册）、378.12 万件，其中省档案馆馆藏 67.54 万卷（册）、13.34 万件。共有省级广播电视台 1 座，市级广播电台 10 座，电视台 10 座（西安、咸阳、延安、榆林、安康、商洛 6 个市两台合并），县级广播电视台 88 座。

作为历史文化名城，西安市近年来登记备案的博物馆数量已达 113 座，比如举世闻名的秦始皇兵马俑博物馆、陕西历史博物馆、西安碑林博物馆等，古都西安已然成为名副其实的"博物馆之城"。西安博物院、曲江艺术博物馆、西安半坡博物馆等举办的《丰腴之美——唐代仕女生活展》《东波斋珍藏展》等展览不断走出省门、国门，引起广泛关注和赞誉。博物馆具有收集、保存文物标本，文物修复以及传播科学文化知识，提高公民科学文化素质等功能和作用。随着免费开放的博物馆越来越多,博物馆成为人们文化休闲娱乐的好去处,补充知识的好地方。

文化产业是西安市率先发展的五大主导产业之一。据统计,目前西安市建成国家级文化产业示范园区1个、国家级文化产业示范基地10个(文化部、新闻出版总署、国家工商总局授牌)、省级文化产业示范基地(单位)36个。

榆林市文化发展现状如下:

榆林不仅是正在加速建设的中国"能源航母",还是国家级历史文化名城,全市文化资源极其丰富。

在这块历史悠久、底蕴深厚的土地上,黄土文化、草原文化与革命文化汇聚交融,形成了众多风姿独特、雄奇壮美的自然景观和人文景观,除了绵延上千千米的长城以及万里长城第一台镇北台、匈奴留存世界的唯一都城统万城遗址、中国史前最大城址石峁遗址外,还有西北地区最大的道教建筑群白云山道观、陕西最大的摩崖石刻红石峡、北宋杨家将的老营盘杨家城,以及高家堡古镇、波罗古堡、吴堡石城、李自成行宫、秦始皇长子扶苏墓和秦大将蒙恬墓等数不胜数的历史文化古迹。

除了见证历史的古城古迹外,榆林的民间文化资源也极其丰富并有很高的知名度。热情奔放的大秧歌、高亢激昂的信天游、千姿百态的绥德石雕、细腻秀美的陕北剪纸等非物质文化遗产,构成了榆林独具特色的民间艺术。据资料统计显示,截至2016年8月,榆林市已有国家级非物质文化遗产代表性项目11个,国家级非物质文化遗产代表性传承人12人。

然而,遗憾的是,出于种种原因,近年来榆林市对煤炭等能源资源大力挖掘的同时,却没有对这些丰富独特的文化资源进行充分挖掘和利用,从而导致虽然文化资源的"面粉"很多,但文化产业的"蛋糕"却很小。

2016年全市有艺术表演团体16个,影剧院11个,文化艺术馆13个,艺术学校1个,公共图书馆12个,文化站222个,博物馆、纪念馆22处。全市广播、电视转播台20座。广播综合人口覆盖率97.29%;电视综合人口覆盖率97.33%。榆林市文化广电新闻出版局提供的数据显示,"十二五"期间,榆林市文化产业增加值从13.8亿元增加到32.1亿元,占GDP比重由0.6%增长到1.2%。2016年,全市文化产业规模以上企业20家,其中制造业3家,批发和零售业12家,服务业5家,实现营业收入5.52亿元,比2015年仅增长3.5%。榆林市文化产业增加值占GDP的比重,连续几年排名全省倒数第一。

4.4.2　甘肃省及兰州市

4.4.2.1　人口及民族

甘肃省是一个多民族聚居的地区，有汉族、回族、藏族、东乡族、裕固族、保安族、蒙古族、哈萨克族、土族、撒拉族等民族。其中，东乡族、裕固族、保安族是甘肃特有的少数民族。甘肃省现有 54 个少数民族成分，少数民族总人口219.9 万，占全省总人口的 8.7%。省内现有甘南、临夏两个民族自治州，有天祝、肃南、肃北、阿克塞、东乡、积石山、张家川 7 个民族自治县，有 39 个民族乡。回族主要聚居在临夏回族自治州和张家川回族自治县，散居在兰州、平凉、定西、白银等地市；藏族主要聚居在甘南藏族自治州和河西走廊祁连山的东、中段地区；东乡、保安、撒拉族主要分布在临夏回族自治州境内；裕固族、蒙古族、哈萨克族主要分布在河西走廊祁连山的中、西段地区。甘肃省 86 个县、市、区中，除少数民族聚居的 21 个县、市外，其余 65 个县、市、区中均有散居的少数民族。

2016 年末常住人口 2609.95 万人，比上年末增加 10.40 万人。其中，城镇人口 1166.39 万人，占常住人口比重为 44.69%，比上年末提高 1.50 个百分点。全年出生人口 31.79 万人，人口出生率为 12.18‰，比上年下降 0.18 个千分点；死亡人口 16.13 万人，人口死亡率为 6.18‰，比上年上升 0.03 个千分点；人口自然增长率为 6.00‰，比上年下降 0.21 个千分点，如表 4-7 所示。

表 4-7　2016 年末人口数及比重

指标	年末数（万人）	比重（%）
全省总人口	2609.95	100
其中：城镇	1166.39	44.69
乡村	1443.56	55.31
其中：男性	1331.86	51.03
女性	1278.09	48.97
其中：0~14 岁人口	455.18	17.44
15~64 岁人口	1884.12	72.19
65 岁及以上	270.65	10.37

兰州市人口及民族状况如下：

截至 2015 年，兰州市辖城关区、七里河区、西固区、安宁区、红古区 5 个区和永登县、榆中县、皋兰县 3 个县，市政府驻城关区南滨河东路 637 号。如图 4-17 所示。

区县	面积（平方千米）	人口（万人）	地区编码	邮编	地图
城关区	220	127.87	620102	730030	
七里河区	397	56.10	620103	730050	
西固区	385	32	620104	730060	
安宁区	86	28.85	620105	730070	兰州行政图
红古区	575	13.61	620111	730080	
永登县	6090	50	620121	730300	
皋兰县	2556	17.26	620122	730200	
榆中县	3362	43.71	620123	730100	
兰州新区	806	10	620105	730050	兰州在甘肃省的位置

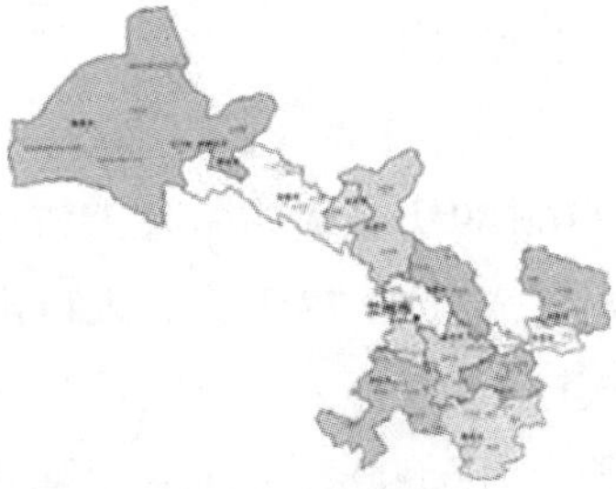

图 4-17 统计情况

截至 2015 年，兰州常住人口为 369.31 万人，比 2014 年末增加 2.82 万人。其中，城镇人口 298.96 万人，占 80.95%，比 2014 年提高 0.61 个百分点；乡村人口 70.35 万人，占 19.05%。按年龄分，0~14 岁人口 43.80 万人，占常住人口的 11.86%，比 2014 年末下降 0.08 个百分点；15~64 岁人口 291.94 万人，占常住人口的 79.05%，提高 0.06 个百分点；65 岁及以上人口 33.57 万人，占常住人口的 9.09%，提高 0.02 个百分点。按性别分，男性人口 188.93 万人，占常住人口的 51.16%；女性人口 180.38 万人，占常住人口的 48.84%。全年出生人口 3.62 万人，人口出生率为 9.79‰，比 2014 年上升 0.15 个千分点；死亡人口 1.74 万人，人口死亡率为 4.71‰，比上年上升 0.04 个千分点；人口自然增长率为 5.08‰，比上年上升 0.11 个千分点。

截至 2015 年，兰州有汉族、回族、蒙古族、壮族、苗族、瑶族、土家族、朝鲜族、藏族、彝族、裕固族、侗族、布依族、土族、满族、哈尼族等 36 个民族，除回族外，少数民族人口占总人口的 3.6%。

4.4.2.2　教育

甘肃省本科院校共有 17 所，专科院校 20 所。另有独立学院 5 所。全年研究生教育招生 1.07 万人，在学研究生 3.12 万人，毕业生 0.88 万人。普通本专科招生 13.07 万人，在校生 45.72 万人，毕业生 11.99 万人。中等职业教育招生 8.05 万人，在校生 21.07 万人，毕业生 7.46 万人。普通高中招生 19.34 万人，在校生 60.35 万人，毕业生 21.91 万人。初中招生 29.02 万人，在校生 87.62 万人，毕业生 31.24 万人。普通小学招生 32.67 万人，在校生 182.16 万人，毕业生 29.88 万人。特殊教育招生 0.22 万人，在校生 1.14 万人。幼儿园在园幼儿 89.21 万人。全省学龄儿童入学率 99.89%，比上年提高 0.06 个百分点。

兰州市教育发展状况如下：

2013 年，兰州有各类学校在校学生 92.4 万人。其中，高等学校 39.3 万人，中等专业学校 7.8 万人，普通中学 18.1 万人，小学 20.3 万人。学龄儿童入学率达 100%，普通初中升学率 99.15%。近郊四区高中阶段教育入学率达 100%。

4.4.2.3　科技

2014 年，甘肃省有研究与试验发展活动的单位数为 585 个，R&D 人员 41135 人，R&D 经费内部支出 768739 万元，R&D 经费内部支出相当于生产总值比例为 1.12%。发表的科技论文 26078 篇，出版科技著作为 919 种。专利申请受理数为 4408 件，专利申请授权数为 1018 件，有效发明专利数 3433 件，专利所有权转让及许可数 222 件。

全年全省共有国家工程研究中心 5 个。国家认定企业技术中心 22 家。省部级以上科技成果 1276 项，其中，基础理论成果 354 项，应用技术成果 899 项，软科学成果 23 项。获得奖励 149 项。受理专利申请 20276 件，比上年增长 39.0%；授予专利权 7975 件，增长 15.4%，其中授予发明专利权 1308 件，增长 5.7%。共签订技术合同 5252 项，增长 11.25%；技术合同成交金额 150.81 亿元，增长 15.7%。

4.4.2.4　卫生及社会保障

2016 年末全省共有卫生机构 28144 个，其中医院、卫生院 1822 个，妇幼保健院（所、站）103 个，专科疾病防治院（所、站）7 个，社区卫生服务中心

（站）582 个。医疗卫生机构拥有床位数 13.66 万张，其中医院、卫生院拥有床位 12.55 万张。卫生技术人员 13.52 万人，其中，执业医师和执业助理医师 5.32 万人，注册护士 5.07 万人。疾病预防控制中心（防疫站）103 个，疾病预防控制中心（防疫站）卫生技术人员 3472 人。卫生监督所（中心）92 个，卫生监督所（中心）卫生技术人员 1385 人。乡镇卫生院 1376 个，乡镇卫生院卫生技术人员 2.55 万人。

兰州市卫生及社会保障状况如下：

截至 2015 年末，兰州共有卫生机构 2391 个，其中医院、卫生院 164 个，妇幼保健院（所、站）10 个，专科疾病防治院（所、站）2 个，社区卫生服务中心（站）232 个。医院、卫生院拥有床位 2.9 万张，比 2014 年增长 16.54%。卫生技术人员 3.1 万人，比上年增长 0.34%。其中执业医师和执业助理医师 1.24 万人，比上年增长 0.83%；注册护士 1.31 万人，比上年增长 1.08%。

4.4.2.5 文化

2016 年末全省共有文化馆 103 个，公共图书馆 103 个，博物馆 152 个，艺术表演团体 69 个（不含民间职业剧团）。广播综合人口覆盖率 98.12%，比上年提高 0.11 个百分点。电视综合人口覆盖率 98.55%，比上年提高 0.08 个百分点。有线电视用户 206.14 万户，有线数字电视用户 171.37 万户。省级报纸出版 5.10 亿份，期刊出版 9713 万册，图书出版 6792 万册（张）。

兰州市文化发展状况如下：

截至 2015 年末，兰州有文化馆 9 个（不含省级），公共图书馆 8 个（不含省级），博物馆（含纪念馆）24 个（不含省级），国有艺术表演团体 1 个（不含省级）。广播和电视综合人口覆盖率分别为 99.65% 和 99.71%，分别比 2014 年提高 0.01 个和 0.01 个百分点。有线电视用户 59 万户，比上年增长 7.2%；有线数字电视用户 54 万户，比上年增长 9.3%。

4.4.3 青海省及西宁市

4.4.3.1 人口及民族

2016 年末全省常住人口 593.46 万人，比上年末增加 5.03 万人。按城乡分，城镇常住人口 306.40 万，占总人口的比重为 51.63%，比上年末提高 1.33 个百分点；乡村常住人口 287.06 万，占 48.37%。少数民族人口 283.14 万人，占 47.71%。全年人口出生率 14.70‰，比上年低 0.02 个千分点；人口死亡率

6.18‰，比上年高 0.01 个千分点。全年人口自然增长率 8.52‰，比上年低 0.03 个千分点。全省人户分离的人口为 100.73 万人，其中流动人口 83.81 万人。年末全省户籍人口 579.66 万人，其中城镇户籍人口 238.01 万人，占总户籍人口的 41.06%；乡村户籍人口 341.65 万人，占 58.94%。如表 4-8 所示。

表 4-8　2016 年末常住人口数及构成

指标名称	人口数（万人）	比重（%）
常住人口	593.46	100
其中：城镇	306.4	51.63
乡村	287.06	48.37
其中：男性	302.43	50.96
女性	291.03	49.04
其中：0~14 岁	117.5	19.8
15~64 岁	431.21	72.66
65 岁及以上	44.75	7.54
少数民族人口	283.14	47.71

　　青海的世居少数民族主要有藏族、回族、土族、撒拉族和蒙古族，其中土族和撒拉族为青海所独有。5 个世居少数民族聚居区均实行区域自治，先后成立了 6 个自治州、7 个自治县，其中有 5 个藏族自治州（玉树、果洛、海南、海北、黄南藏族自治州）、1 个蒙古族藏族自治州（海西蒙古族藏族自治州）、1 个土族自治县（互助土族自治县）、1 个撒拉族自治县（循化撒拉族自治县）、2 个回族自治县（化隆、门源回族自治县）、2 个回族土族自治县（民和、大通回族土族自治县）、1 个蒙古族自治县（河南蒙古族自治县）。自治地方面积占全省 72 万平方千米总面积的 98%，区域自治地方的少数民族人口占全省少数民族人口的 81.55%。此外，全省还有 28 个民族乡。

　　西宁市人口及民族状况如下：

　　西宁作为典型沙漠城市，是典型的移民城市，多民族聚集、多宗教并存，是青藏高原人口唯一超过百万的中心城市，移民人口达 100 万之多。

　　青海是中国多民族聚居地区之一，全省除汉族外，世居青海的主要有藏族、回族、土族、撒拉族和蒙古族，在长期的生产、生活过程中，各民族形成了自己独特的风情。西宁市少数民族人口为 58.81 万人，占常住人口的 25.9%，其中：

回族人口 36.87 万人，占 16.3%；藏族人口为 12.45 万人，占 5.5%；土族 5.86 万人，占 2.6%。西宁作为青海省省会城市，既是政治、经济、文化中心，又是青藏高原区域性中心城市，近十年来集聚效应明显，经济持续快速增长，社会和谐稳定发展，在经济社会持续稳定发展的基础上，常住人口亦呈快速增长态势。

根据官方数据统计，从 2004 年到 2014 年 10 年间，全市常住人口增加了 22.11 万人，平均每年净增 2.21 万人，据了解，近年来，西宁市以建设更加繁荣、更加美丽、更加宜居的青藏高原现代化中心城市和全面建成小康社会为指导思想和奋斗目标，全力打造"宜居、宜业、宜游、宜人的生活之城和充满活力、体现实力、彰显魅力、富有亲和力的幸福之城"。

4.4.3.2 教育

2016 年全省学龄儿童入学率 99.8%，与上年持平；普通初中毛入学率 110.6%，比上年提高 1.4 个百分点。全年全省研究生教育招生 1319 人，在校生 3508 人，毕业生 990 人。普通高等教育招生 2.48 万人，在校生 7.46 万人，毕业生 1.99 万人。中等职业教育招生 2.69 万人，在校生 7.41 万人，毕业生 1.93 万人。普通高中招生 4.26 万人，在校生 12.03 万人，毕业生 3.80 万人。初中学校招生 6.96 万人，在校生 20.79 万人，毕业生 6.97 万人。普通小学招生 8.18 万人，在校生 45.79 万人，毕业生 7.23 万人。特殊教育招生 694 人，在校生 3747 人，毕业生 349 人。幼儿园在园幼儿 19.98 万人。

西宁市教育发展状况如下：

截至 2013 年末，全市共有普通高校 9 所，在校学生 63918 人；普通中学 136 所，在校学生 118739 人；中等职业学校 19 所，在校学生 40425 人；小学 181 所，在校学生 153021 人；特殊教育学校 3 所，在校学生 553 人；幼儿园 359 所，在园幼儿 70392 人；学龄儿童入学率 100%，初中升学率 94.5%，高中阶段毛入学率 88.0%。其中，国家重点建设性 211 工程大学 1 所——青海大学，全国重点中学 3 所——青海湟川中学、西宁市第五中学、青海师范大学附属中学。如表 4-9 所示。

表 4-9　西宁主要院校

青海大学	青海师范大学	青海民族大学	青海大学昆仑学院
青海交通职业技术学院	青海卫生职业技术学院	青海建筑职业技术学院	青海警官职业学院
青海广播电视大学	中国人民武装警察部队西宁指挥学院		

4.4.3.3　科技

2016 年，全年全省取得省部级以上科技成果 470 项，比上年增加 25 项，其中，基础理论成果 80 项，应用技术成果 365 项，软科学成果 25 项。专利申请 3284 件，比上年增加 694 件，其中发明专利申请 1381 件，增加 278 件。专利授权 1357 件，比上年增加 140 件，其中发明专利授权 271 件，增加 64 件。签订技术合同 986 项，比上年增加 33 项；成交金额 56.9 亿元，比上年增长 21.3%。年末全省共有天气雷达观测站点 11 个，县级以上卫星云图接收站点 52 个，地震台站 122 个，地震遥测台网 3 个。

西宁市科技发展状况如下：

截至 2012 年，西宁地区有独立的科研院所 33 个，非独立院所 2 个，其中两所中国科学院院属科研院所：中科院青海盐湖研究所、中科院西北高原生物研究所。有科学技术学会 88 个，会员 43500 人；科技人员 21885 人，其中有高级专业技术职称 593 人，中级职称 6524 人。

改革开放以来，全市共获国家级科技进步奖 3 项，省部级 95 项，市级 433 项。先后接待 30 多个国家和地区的专家学者 89 人次来西宁进行科学考察、学术交流和合作攻关。组织 214 人次前往美、英、德、日等 8 个国家和地区学习考察及开展科技合作交流。先后争取到日本、联合国 UNDP 组织的科技援助项目 4 项，资助经费 50 多万美元，还组团参加了全国性星火、高新技术、"双新"等成果展览交流。

4.4.3.4　卫生及社会保障

2016 年末全省医疗机构 909 个，床位 3.44 万张。其中，医院 199 个，床位 2.86 万张；乡镇卫生院 405 个，床位 4106 张；社区卫生服务中心（站）235 个，采供血机构 9 个，妇幼保健机构 55 个。医疗卫生技术人员 3.44 万人，其中，执业（助理）医师 1.20 万人，注册护士 1.38 万人。

年末全省养老保险参保人数 367.52 万人，比上年末增加 33.97 万人。其中，城镇企业职工基本养老保险参保人数 103.13 万人，增加 3.06 万人；机关事业单位养老保险参保人数 29.18 万人；城乡居民基本养老保险参保人数 235.21 万人，增加 1.73 万人。全省医疗保险参保人数 552.49 万人，比上年末增加 1.71 万人。其中，城镇职工基本医疗保险参保人数 97.88 万人，增加 2.29 万人；城乡居民医疗保险参保人数 454.61 万人，减少 0.58 万人。全省失业保险参保人数 40.77 万人，比上年末增加 0.66 万人，其中农民工参保人数 0.18 万人。全省工伤保险参保人数 59.75 万人，比上年末增加 1.75 万人，其中农民工参保人数 8.62 万人。全省生育保险参保人数 49.65 万人，比上年末增加 1.68 万人。年末全省享受城镇最低生活保障人数 16 万人，享受农村最低生活保障人数 52 万人。全省年末实有贫困人口 42 万人，当年减少贫困人口 11.6 万人。

西宁市卫生及社会保障状况如下：

以高原医学、民族医药和地方病为重点，开展了各项科研活动，加强高原动植物及中藏药资源的开发力度。已整理出版藏医名著 11 部，许多藏医学科研成果达到国内领先或先进水平，有些藏医药已走向国际市场。现全市共有藏医院 1个，病床 150 多张，卫生技术人员和职工 238 人。

2013 年末，全市各类医疗卫生机构总数 1550 所，其中：医院 52 所，卫生技术人员 17054 人，其中：执业（助理）医师 6323 人；卫生机构床位数 14120张，每千人拥有卫生技术人员 7.55 人。如表 4-10 所示。

表 4-10　西宁市三甲医院

青海省人民医院	青海大学附属医院	青海省红十字医院	青海省中医院
青海省中西医结合医院	青海省第三人民医院	青海省藏医院	青海省妇女儿童医院
青海省心脑血管病专科医院	西宁市第一人民医院	人民解放军陆军第四医院	

4.4.3.5　文化

全年全省取得省部级以上科技成果 470 项，比上年增加 25 项，其中，基础理论成果 80 项，应用技术成果 365 项，软科学成果 25 项。专利申请 3284 件，比上年增加 694 件，其中发明专利申请 1381 件，增加 278 件。专利授权 1357件，比上年增加 140 件，其中发明专利授权 271 件，增加 64 件。签订技术合同986 项，比上年增加 33 项；成交金额 56.9 亿元，比上年增长 21.3%。年末全省共有天气雷达观测站点 11 个，县级以上卫星云图接收站点 52 个，地震台站 122个，地震遥测台网 3 个。

2016 年末，全省有艺术表演团体 12 个；文化馆 46 个，公共图书馆 49 个，博物馆 23 个；广播综合人口覆盖率 98.2%，比上年末提高 0.2 个百分点；电视综合人口覆盖率 98.2%，比上年末提高 0.2 个百分点。全年出版杂志 301 万册、报纸 9352 万份、图书 1128 万册（张），其中少数民族文字图书 307 万册（张）。

青海省不同的民族有不同的文化传统。青海有旧、中、新石器时代的古文化遗址；众多的宗教建筑群；历代的文物古迹；动物岩画和宗教岩画；悠扬的民歌

"花儿"，奔放的藏族歌舞，抒情优美的土族民间舞蹈《安昭》《纳顿》；民间佛教绘塑"热贡艺术"，藏族卷轴画"唐卡艺术"，酥油花艺术；独具特色的民间刺绣。

西宁市文化发展状况如下：

西宁地处黄土高原和青藏高原结合部，是一个多民族城市，其文化艺术的发展具有浓郁的民族特色和地方特色。藏传佛教圣地塔尔寺的酥油花、堆绣、壁画被誉为"艺术三绝"，黄南州的热贡艺术和湟中农民画也在国内外享有盛誉。

截至 2012 年，西宁现有专业文艺团体 5 个，演职人员 585 人，其中省级剧团 5 个，演职人员 362 人；市级剧团 3 个，演职人员 223 人。全市共有图书馆 6 个，博物馆 7 个。全市有广播电台 2 座，电视台 2 座，广播和电视人口覆盖率分别为 98.86% 和 99.5%，有线电视用户 35 万户。出版各类报纸 15 种，10345 万份；杂志 49 种，417 万册；图书 788 种，1114 万册。

截至 2012 年，西宁省级文物管理机构 1 个，省级博物馆 1 个，市、县文物管理机构 3 个，市、县博物馆 3 个，专业文博人员 28 人。青海境内已发现的文物点有 4300 余处（西宁为 705 处），其中，全国重点文物保护单位 6 处（塔尔寺和隆务寺、瞿昙寺、马厂垣遗址、西海郡故城、热水墓地），省级文物保护单位 224 处（西宁 64 处），县级文物保护单位 319 处（西宁 77 处）；馆藏文物 16 万余件，其中一级文物 205 件（西宁 14 件）。西宁大通上孙家寨出土的舞蹈纹彩陶盆，是中国最早的一件绘有舞蹈图形的彩陶。

4.4.4　宁夏回族自治区及银川市

4.4.4.1　人口及民族

根据《宁夏回族自治区 2010 年第六次中国人口普查主要数据公报》，宁夏回族自治区常住人口为 630 万人。其中，男性为 323 万人，占 51.24%；女性为 307 万人，占 48.76%。总人口性别比（以女性为 100，男性对女性的比例）为 105.09；0~14 岁人口为 135 万人，占 21.48%；15~64 岁人口为 454 万人，占 72.11%；65 岁及以上人口为 40 万人，占 6.41%。年末全区常住人口 674.90 万人，比上年末增加 7.02 万人。其中，城镇人口 379.87 万人，占常住人口比重 56.29%，比上年提高 1.07 个百分点。人口出生率为 13.69‰，死亡率为 4.72‰，人口自然增长率为 8.97‰，比上年上升 0.93 个千分点。

汉族人口为 407 万人，占 64.58%；各少数民族人口为 223 万人，占 35.42%，其中回族人口为 219 万人，占 34.77%。具有大学（指大专以上）文化程度的人口为 58 万人；具有高中（含中专）文化程度的人口为 78 万人；具有初中文化程度的人口为 212 万人；具有小学文化程度的人口为 188 万人（以上各种受教育程度的人包括各类学校的毕业生、肄业生和在校生）；居住在城镇的人口为 302 万，占 47.90%；居住在乡村的人口为 328 万人，占 52.10%。

其中，银川市人口及民族状况如下：

2016 年末，全市常住人口 219.11 万人，比上年末增加 2.7 万人。其中回族人口 56.37 万人，占总人口的比重为 25.7%。城镇人口 165.86 万人，乡村人口 53.25 万人；男性 110.33 万人，女性 108.78 万人。人口出生率为 12.90‰，死亡率为 4.79‰，人口自然增长率为 8.11‰。如表 4-11 所示。

表 4-11　数据统计

指标	年末数（人）	增速（%）	比重（%）
年末总人数	2191098	1.3	100
市区人口	1404070	1.1	64.1
城镇人口	1658570	1.1	75.7
乡村人口	532528	1.7	24.3
汉族人口	1587980	1.2	72.5
回族人口	563746	1.2	25.7
其他少数民族人口	39372	0.9	1.8
男性	1103320	-0.06	50.4
女性	1087778	2.6	49.7

银川市是一个多民族聚居地区。全市的人口中，汉族人口为 1504472 人，占 75.48%；各少数民族人口为 488616 人，占 24.52%，其中回族人口为 459647 人，占 23.06%。同 2000 年第五次全国人口普查相比，汉族人口增加 465072 人，增长 44.74%；各少数民族人口增加 128569 人，增长 35.71%，其中回族人口增加 118857 人，增长 34.88%。

4.4.4.2　教育

截至 2015 年，宁夏回族自治区普通高等学校 18 所，教职工数 11469 人，毕业生数 30968 人，招生数 35297 人。中等技术学校 16 所，教职工数 3314 人，毕业生数 25942 人，招生数 30832 人，在校学生数 82117 人。普通中学数为 299 所，教职工数 33850 人，其中专任教师数 29832 人，毕业生数 144253 人，招生数 144447 人，在校学生数 433996 人。小学数为 1536 所，教职工数 32448 人，其中专任教师数 33777 人，毕业生数 96119 人，招生数 94170 人，在校学生数 583509 人，如表 4–12 所示。

表 4–12　2016 年各级教育招生、在校、毕业人数

类别	学校数	招生数	在校人数	毕业人数
普通高校	18	35297	121799	30968
研究生	—	1573	4016	1366
成人高等学校	1	12057	26828	12441
中等职业教育学校	29	28088	78743	24379
普通中学	307	141886	426691	143768
高中	43	47703	151995	56075
初中	168	94183	274696	87693
普通小学	1536	96512	582883	96180
幼儿园	889	99141	206219	95623
特殊教育学校	12	709	4388	445

银川市教育发展状况如下：

2016 年末，全市有研究生培养单位 3 个，招生 1759 人，增长 5.2%；在学研究生 4539 人，增长 4.4%；毕业生 1507 人，增长 8.3%。普通高等院校 15 所，招生 2.77 万人，比上年下降 1.6%；在校生 9.89 万人，毕业生 2.51 万人，分别增长 0.9% 和 3.7%。成人高校 1 所，招生 1.15 万人，增长 6.6%；在校生 2.41 万人，下降 5.6%；毕业生 1.11 万人，增长 11.7%。中等职业学校 16 所，招生 1.40 万人，下降 20.1%；在校生 4.14 万人，下降 3.6%；毕业生 1.22 万人，下降 9.2%。普通高中 24 所，招生 1.79 万人，下降 5.1%；在校生 5.50 万人，下降 1.3%；毕业生 1.83 万人，增长 2.5%。初中学校 51 所，招生 2.56 万人，增长 5.9%；在校生 7.44 万人，下降 0.2%；毕业生 2.43 万人，增长 1.2%。普通小学 203 所，招生 2.93 万人，增长 6.0%；在校生 16.76 万人，增长 3.4%；毕业生 2.55 万人，增长 5.7%。特殊教育学校 2 所，招生 142 人，在校生 406 人。幼儿园 285 所，在园幼儿 6.83 万人，增长 7.0%。农村小学阶段适龄人口入学率达到 100%，农村初中阶段适龄人口入学率达到 98%。资助困难学生 24862 人次。

2016 年全年投入科技三项费用 3000 万元，比上年增长 12.8%；实施各类科

技计划项目 125 项。全年申请专利 3509 件,增长 6.1%。

4.4.4.3 文化

2016 年末,宁夏回族自治区全区共有博物馆 75 个,国家综合档案馆 27 个,公共图书馆 26 个,文化馆 26 个,各类艺术表演团体 13 个。全年地方出版报纸 19 种,出版期刊 37 种,出版图书 3098 种。数字电视实际用户 71.26 万户。年末广播节目综合人口覆盖率为 96.72%;电视节目综合人口覆盖率为 99.34%。

银川市文化发展状况如下:

年末全市拥有艺术表演团体 5 个,文化馆 8 个,公共图书馆 8 个,博物馆 9 个(其中 7 个国有行业博物馆),全国重点文物保护单位 11 处。广播电台 5 座,电视台 6 座,广播综合人口覆盖率、电视综合人口覆盖率均达到 100%,有线广播电视用户 55.80 万户。全年地方出版报纸 19 种、期刊 37 种、图书 3098 种。

4.4.5 新疆维吾尔自治区及乌鲁木齐市

4.4.5.1 人口及民族

2016 年末,常住总人口 2398.08 万人,其中,城镇人口 1159.47 万人,乡村人口 1238.61 万人。城镇人口占总人口比重(常住人口城镇化率)为 48.35%。全年人口出生率 15.34‰,死亡率 4.26‰,自然增长率 11.08‰,如表 4-13 所示。

表 4-13 1978~2012 年新疆年末总人口

单位:万人

年份	总人口	按性别分		按民族分					
		男	女	维吾尔族	汉族	哈萨克族	回族	柯尔克孜族	蒙古族
1978	1233.01	630.18	602.83	555.53	512.9	82.1	53.12	10.4	10.74
1980	1283.24	654.9	628.34	576.46	531.03	87.68	56.56	10.89	11.32
1985	1361.14	696.81	664.33	629.44	534.92	98.72	59.96	12.35	12.33
1990	1529.16	785.06	744.1	724.95	574.66	113.92	68.89	14.44	14.28
1995	1661.35	848.12	813.23	780	631.81	123.77	74.76	15.78	15.28
1996	1689.29	869.59	819.7	791.6	643.28	125.7	76.02	16.05	15.54
1997	1718.08	883.03	835.05	802	660.13	127.08	77.06	16.27	15.75
1998	1747.35	897.9	849.45	813.95	674.11	128.7	78.2	16.41	15.91
1999	1775	910.98	864.02	825.03	687.15	130.45	79.26	16.64	16.13

年份	总人口	按性别分		按民族分					
		男	女	维吾尔族	汉族	哈萨克族	回族	柯尔克孜族	蒙古族
2000	1849.41	957.07	892.34	852.33	725.08	131.87	83.93	16.47	16.2
2001	1876.19	954.23	921.96	860.56	742.2	131.92	84.42	17.01	16.19
2002	1905.19	975.46	929.73	869.23	759.57	133.35	85.46	17.13	16.38
2003	1933.95	994.24	939.71	882.35	771.1	135.21	86.67	17.37	16.69
2004	1963.11	1008.02	955.09	897.67	780.25	138.16	87.63	17.12	16.96
2005	2010.35	1029.7	980.65	923.5	795.66	141.39	89.35	17.15	17.17
2006	2050	1050.01	999.99	941.38	812.16	143.5	90.96	17.59	17.46
2007	2095.19	1072.53	1022.66	965.06	823.93	148.39	94.3	18.19	17.71
2008	2130.81	1083.94	1046.87	983.18	836.33	151.05	95.3	18.64	18.1
2009	2158.63	1098.31	1060.32	1001.98	841.69	151.48	98.04	18.93	17.96
2010	2181.58	1127.01	1054.57	1017.15	832.29	151.16	98.4	18.92	17.74
2011	2208.71	1128.75	1079.96	1037.04	844.42	154.26	100.34	19.4	17.89
2012	2232.78	1145.21	1087.57	1052.86	847.29	155.75	102.31	19.44	18.08

新疆维吾尔自治区是一个多民族聚居的地区，共有 47 个民族成分，其中世居民族有维吾尔族、哈萨克族、回族、柯尔克孜族、蒙古族、塔吉克族、锡伯族、满族、乌孜别克族、土库曼族、俄罗斯族、达斡尔族、塔塔尔族 13 个少数民族。

乌鲁木齐市人口及民族现状如下：

据第六次人口普查和 2016 年公安人口年报资料测算，年末全市常住人口 351.96 万人。据公安年报资料显示，2016 年末全市总人口 267.87 万人，其中，城镇人口 218.46 万人，乡村人口 49.41 万人。全年人口出生率 10.93‰，死亡率 3.35‰，自然增长率 7.58‰。

乌鲁木齐是一个多民族聚居的城市，世居民族 13 个。除维吾尔族、汉族外，世居的有回族、哈萨克族、满族、锡伯族、蒙古族、柯尔克孜族、塔吉克族、塔塔尔族、乌孜别克族、俄罗斯族、达斡尔族等。目前，乌鲁木齐市有少数民族 51 个。全市人口中，汉族人口 2331654 人，占总人口的 74.91%，各少数民族人口 780905 人，占总人口的 25.09%（第六次人口普查口径）。

4.4.5.2 教育

2016 年末，新疆维吾尔自治区共有普通高等学校 41 所。全年研究生教育招生 0.67 万人，增长 3.9%；在校研究生 1.92 万人，增长 6.7%；毕业研究生 0.56 万人，增长 2.2%。本专科招生 9.60 万人，增长 6.4%；在校生 31.99 万人，增长 5.0%；毕业生 7.37 万人，增长 5.8%。中等职业教育学校 167 所，全年招生 8.89 万人，下降 0.6%；在校生 23.51 万人，增长 6.1%；毕业生 5.49 万人，下降 15.7%。普通高中 354 所，全年招生 19.30 万人，增长 2.8%；在校生 53.77 万人，增长 8.0%；毕业生 14.43 万人，增长 3.8%。初中 1062 所，全年招生 29.59 万人，下降 1.1%；在校生 89.48 万人，下降 1.4%；毕业生 30.33 万人，增长 1.9%。小学 3526 所，全年招生 40.51 万人，增长 1.9%；在校生 215.94 万人，增长 5.4%；毕业生 29.71 万人，下降 1.1%。特殊教育学校 28 所，全年招生 582 人，下降 11.6%；在校生 3021 人，增长 6.2%；毕业生 350 人，增长 31.1%。幼儿园 4643 所，全年招生 46.79 万人，增长 20.0%；在园幼儿 91.96 万人，增长 13.5%；毕业幼儿 36.17 万人，增长 6.7%。小学学龄儿童净入学率 99.87%；小学毕业生升入初中升学率 99.60%；初中阶段适龄少年净入学率 98.84%；初中毕业升入高中阶段升学率 92.15%。

乌鲁木齐市教育发展状况如下：

2016 年末，共有普通高等学校 25 所；全年招生 5.16 万人，下降 1.6%；在校生 17.38 万人，下降 3.7%；毕业生 3.71 万人，下降 6.3%。中等职业教育学校 38 所；全年招生 2.61 万人，增长 4.6%；在校生 6.29 万人，增长 3.4%；毕业生 1.58 万人，下降 8.6%。普通高中 58 所；全年招生 2.19 万人，下降 6.3%；在校生 6.68 万人，下降 1.4%；毕业生 2.19 万人，增长 0.2%。初中 95 所；全年招生 3.38 万人，增长 1.8%；在校生 10.04 万人，下降 1.2%；毕业生 3.42 万人，增长 0.2%。小学 132 所；全年招生 3.98 万人，增长 1.9%；在校生 22.14 万人，增长 4.7%；毕业生 3.09 万人，增长 1.5%。特殊教育学校 4 所；全年招生 60 人，下降 38.1%；在校生 425 人，下降 13.4%；毕业生 122 人，增长 19.6%。幼儿园 400 所；全年招生 3.30 万人，增长 27.1%；在园幼儿 8.50 万人，增长 12.8%；毕业幼儿 2.63 万人，增长 5.2%。小学学龄儿童净入学率 100%；小学毕业升入初中升学率 100%；初中毕业升入高中阶段升学率 64.1%。全年投入市级教育经费 71.75 亿元，比上年增长 1.9%。其中，落实各类城乡义务教育保障资金 4.29 亿元，发放普惠性、公益性民办幼儿园奖补资金 3482 万元。新（改）建中小学校 21 所、城乡学校少年宫 64 个。新建公办幼儿园 5 所，实现农村适龄儿童免费入园。

4.4.5.3　科技

新疆维吾尔自治区 2016 年全年安排自治区级科技计划项目 1419 项，其中，自治区重大科技专项 7 项，自治区重点研发专项 56 项，自治区科技成果转化示范专项 465 项，自治区创新条件（人才、基地）建设专项 708 项，自治区区域协同创新专项 164 项，自治区科技成果转化引导基金 19 项。共获得省部级以上科技成果 182 项。

2016 年末，拥有县以上部门属研究与技术开发机构 120 个。其中，自然科学研究与技术开发机构 96 个，科技信息与文献机构 7 个，社会与人文科学领域研究与技术开发机构 6 个，转制科学研究与技术开发机构 11 个。重点实验室 53 个，其中，国家重点实验室 1 个。工程技术研究中心 20 个，其中，国家级 5 个，已挂牌的自治区级工程技术中心 15 个，组建期内的工程技术中心 109 个。高新技术企业 465 个。高新技术工业园区 18 个，其中，国家级 2 个，自治区级 16 个。星创天空 3 个，众创空间 16 个，科技新兴众创基地 7 个，科技企业孵化器 16 个，其中，国家级科技企业孵化器 8 个。

2016 年全年受理专利申请 14105 项，其中，受理发明专利申请 3598 项，占 25.5%；获得专利授权 7116 项，其中，获得发明专利授权 910 项，占 12.8%。登记技术合同 504 项，技术合同成交金额 3.99 亿元，其中，技术交易额 3.85 亿元。

乌鲁木齐市科技发展现状如下：

2016 年末，争取自治区各类科技计划项目支持 830 项，支持资金 1.3 亿元。拥有各类科研机构 78 个，各类重点实验室 72 个，其中，国家级重点实验室 1 个，自治区级重点实验室 47 个，市级重点实验室 24 个。批准成立的工程技术研究中心 70 个，其中国家级 3 个，自治区级 22 个，市级 45 个。组织实施 127 项重点产业关键技术研究和成果转化项目，新增高新技术企业 45 家、创新型（试点）企业 44 家，新建工程技术研究中心（重点实验室）6 家。

2016 年全年受理专利申请 5769 件，比上年增长 14.3%；专利授权总量 2926 件，其中，发明 483 件，占专利授权量的比重为 16.5%。登记技术合同 647 份，合同成交金额 3.86 亿元，其中，技术交易额 3.79 亿元。

4.4.5.4　文化

抗日战争时期以陈潭秋、毛泽民、林基路等革命烈士为代表的中国共产党人，在新疆维吾尔自治区各族人民中传播马克思列宁主义、宣传中国共产党关于建立抗日民族统一战线的正确主张，开展声势浩大的抗日救亡运动，推动新疆维吾尔自治区民族文化发展，与此同时，许多进步文化人士如茅盾、杜重远、张仲实、赵丹、王为一等在乌鲁木齐从事抗日进步的文化活动，组织各族工人、农民、教师、学生、职员、商人等广大民众创作演出抗战进步歌曲、话剧、秦腔、京剧、新疆曲子等剧节目。著名爱国主义诗人黎·穆特里夫以歌颂抗日救国的伟大斗争为主题，著有《中国》《给岁月的答复》等战斗诗篇。民族话剧《蕴倩姆》、维吾尔剧《艾里甫与赛乃姆》、杂技《达瓦孜》、哈萨克族阿肯弹唱《萨里哈与萨曼》《阿尔卡勒克》，柯尔克孜族"玛纳斯奇"弹唱《玛纳斯》等剧目相继搬上艺术舞台。民族传统文艺活动如维吾尔族"麦西来甫"、哈萨克族"阿肯弹唱会"、柯尔克孜族"库姆孜弹唱会"、蒙古族"那达慕大会"、锡伯族"西迁节"、汉族"元宵灯会"等久传不衰。

2016年末，共有文化馆119个，公共图书馆107个，博物馆90个，艺术表演团体110个。国家综合档案馆111个，开放档案62.75万卷。全区拥有广播电台6座，电视台8座，广播电视台91座，中、短波广播发射台和转播台68座。广播综合人口覆盖率96.82%。电视综合人口覆盖率97.25%。有线电视用户198.39万户，其中，有线数字电视用户193.16万户。广播电视农村直播卫星用户340.67万户。

乌鲁木齐市文化发展现状如下：

2016年末，共有文化馆10个，公共图书馆7个，博物馆2个。全市广播综合人口覆盖率92.1%。电视综合人口覆盖率93.9%。深入开展文化惠民活动，政府购买文化惠民演出280场次。开展"我们的中国梦"文化进万家惠民活动520余场次、百日广场文化活动3500余场次，放映公益电影1.13万场次。新增自治区级（市级）文化产业示范基地29个、特色文化街区4条。

4.5　我国沙漠城市生态环境现状分析

本书从生物、土地、水等资源方面对我国西北五省区沙漠城市生态现状进行分析。

4.5.1　生物

生态地理分区是通过对宏观生态系统的生物和非生物要素地理地带生物分异规律而划分成不同等级的区域系统。全球总共被分为 14 个生物群落（Biomes）和 8 个生物地理分区（Biogeographicrealm）。世界野生动物基金组织基于生物群落和生物地理分区这两个图层，将全球共划分为 867 个生态区。对西北五省区沙漠分布区域的 14 个生物群落和湖泊、岩石与冰等类别的分布斑块进行了数量统计，该经济带范围内共有 357 个生态区。我国西北五省区所在的生物地理分区主要是古北界全部（包括欧亚大陆绝大部分和非洲北部）和部分东洋界（包括印度次大陆、东南亚和附近的岛屿）。

4.5.1.1　陕西省及榆林市

陕西省拥有丰富的生物资源。全国第六次森林资源连续清查成果数据显示，陕西现有林地 670.39 万公顷，森林覆盖率 32.6%；天然林 467.59 万公顷，主要分布在秦巴山区、关山、黄龙山和桥山。秦岭巴山素有"生物基因库"之称，有野生种子植物 3300 余种，约占全国的 10%。珍稀植物 30 种，药用植物近 800 种。中华猕猴桃、沙棘、绞股蓝、富硒茶等资源极具开发价值。生漆产量和质量居全国之冠。红枣、核桃、桐油是传统的出口产品，药用植物天麻、杜仲、苦杏仁、甘草等在全国具有重要地位。省内草原属温带草原，主要分布在陕北，类型复杂，具有发展畜牧业的良好条件。另外，陕西野生陆生脊椎珍稀动物众多，现有野生动物 604 余种，鸟类 380 种，哺乳类 147 种，均占全国的 30%；两栖爬行类动物 77 种，占全国的 13%。其中珍稀动物 69 种，大熊猫、金丝猴、羚牛、朱鹮等被列为国家一级保护动物。其中，朱鹮、大熊猫、金丝猴和羚牛这四种珍稀动物被称为秦岭四宝。

4.5.1.2　甘肃省及兰州市

甘肃省是一个少林省区，第七次甘肃省森林资源清查成果数据显示，全省林地面积 1042.65 万公顷，全省森林面积 507.45 万公顷，森林覆盖率 11.28%；全省活立木总蓄积 24054.88 万立方米，森林蓄积 21453.97 万立方米。森林主要树种有冷杉、云杉、栎类、杨类以及华山松、桦类等。在全省活立木蓄积资源中，冷杉占 52.9%，云杉占 11.7%，栎类占 26.9%，杨类、华山松、桦类只占 8.5%。甘肃主要林区分布在白龙江、洮河、小陇山、祁连山、子午岭、康南、关山、大夏河、西秦岭、马山等处。

甘肃养殖的牲畜主要有马、驴、骡、牛、羊、骆驼等。甘肃养马历史悠久，在公元前 100 多年的汉武帝时期，西北边境设有官马场 36 处。民间养马亦较繁盛。自汉至今，一直是我国养马业的重地。新中国成立后，还先后引进和改良了阿尔登、卡拉巴依马等品种，养马、驴、牛等得到了发展。禽种，除对静宁鸡、太平鸡、临洮鸡等杂交改良外，现主要有来航鸡、澳洲黑、芦花洛克、洛岛红、科尼什、新汉、狼山鸡等优良品种。水禽有北京鸭、麻鸭、中国白鹅、灰鹅和狮头鹅等品种。

甘肃境内共有野生动物 650 多种。其中：两栖动物 24 种，爬行动物 57 种，鸟类 441 种，哺乳动物 137 种。这些野生动物主要分布在陇南市的文县、武都、康县、成县、两当等地。文县让水河、丹堡一带，已被列为全国第十三号自然保护区，出产大熊猫、金丝猴、麝、猞猁、扫雪等世界珍贵动物，并对梅花鹿、马鹿、麝进行人工饲养。野生动物中，属于国家保护的稀有珍贵动物有 90 多种，其中属一类保护的 24 种，二类保护的 24 种，三类保护的 4011 种。

截至 2014 年，兰州有林业用地 182550 公顷，占总面积的 13.46%，其中有林空地 90157 公顷，天然草场面积为 77 万公顷。野生植物总数约 20 种，有明显经济利用价值的种类占总数的 0.004%。

截至 2014 年，兰州境内的植物有甘草、当归、党参、麻黄、秦艽、鬼臼、祖师麻、玫瑰等中药材。野生动物有 187 种，珍稀动物有：黑鹳、藏雪鸡、金钱豹、蓝马鸡等。

4.5.1.3 青海省及西宁市

青海省陆栖脊椎动物就有 270 余种，经济兽类 110 种，鸟类 294 种，鱼类 40 余种。野生动植物中有许多是属于国家一、二类重点保护对象。珍贵的稀有动物有：棕熊、雪豹、野牦牛、野骆驼、野驴、藏羚羊、白唇鹿、黑颈鹤、天鹅、雪鸡、岩羊等。珍贵的皮毛兽有：水獭、旱獭、赤狐、猞猁、石貂、兔狲、香鼬等。

青海的野生植物有 2000 多种，其中经济植物 1000 余种，药用植物 680 余种，名贵药材 50 多种。主要有雪莲、冬虫夏草、甘草、秦艽、大黄、贝母、当归、麻黄等。食用野生植物有蘑菇、蕨菜、发菜、地衣、枸杞等。

青海水生野生生物资源分布情况。青海境内河流纵横、湖泊棋布，水体资源较为丰富，江河湖泊水域面积共有 136.7 万公顷，其中鱼类分布的水面有 106.7 万公顷。全省分布的各类水生野生动物中，哺乳类 1 种（水獭）、两栖类分属 2

目5科6属9种、鱼类分属3目5科18属51种。鱼类主要以裂腹鱼亚科和条鳅亚科为主，且多数种类为我国特有的高原珍稀物种。按省鱼类区系分布，境内产于长江水系的有21种、黄河水系22种，澜沧江水系8种，内陆水系19种。属国家二类保护水生生物有大鲵、水獭、川陕哲罗鲑3种，省内重点保护水生生物有青海湖裸鲤、齐口裂腹鱼等14种。省内水生维管束植物有19科55种，优势种类为轮藻、马来眼子菜和芦苇。此外，还有甲壳纲生物、经济藻类和光合细菌资源，其中具有代表意义的有盐湖卤虫、盐湖钩虾和螺旋藻等经济藻类，这些水生生物起着生态平衡核心链条的作用，具有很高的经济、生态、科研价值。

目前黄河鱼类1/3的种群面临生存危机，黄河雅罗鱼、黄河鮈、兰州鲶等鱼类已很难觅到；长江上游濒危鱼类川陕哲罗鲑，仅分布于川青交界不足70千米的玛可河流域，至今没有捕获到活体，已处于极度濒危境地。这些特殊种类的水生生物物种，在高原条件下生长普遍缓慢，补充群体少，生态结构简单，生态环境脆弱，一旦破坏很难恢复。

青海省作为国家重点自然保护区，有野生动物250多种，其中属国家一类保护动物有野骆驼、野牦牛、野驴、藏羚、盘羊、白唇鹿、雪豹、黑颈鹤、苏门羚、黑鹳10种，有牦牛500多万头。青海湖地区野生动物种类比较丰富，共录得243种。鸟岛自然保护区的成立在促进区域野生动物保护工作、发展旅游方面发挥了重要作用。当前，普氏原羚已成为极濒危物种，仅在青海湖地区分布，且总数不超过300只。普氏原羚（Procapraprzewalskii）、黑颈鹤（Grusnigricollis）、大天鹅（Gygnusgygnus）和青海湖裸鲤（Gprzwalskiiprzwalskii）等资源的保护迫在眉睫。尤其是它们的主要栖息地已受到无序的经济开发活动的威胁。青海湖地区为大通山、日月山、青海南山所环绕，近年来，青海省相继实施了一系列生态保护工程，使野生动物生存环境得到较大改善，青海湖地区鸟类数量稳中有增，达到15万只，越冬大天鹅数量有所恢复，过去一些不曾在青海湖畔栖息、逗留的鸟类开始在这里安家。过去被大肆猎杀几乎在人类视野中消失的狼，现在明显增多。另外，环湖43万亩耕地还实施了退耕还林还草，青海湖自然保护区的建设项目也逐步落实，开展了有关鸟类保护、湿地监测、环湖巡查、鸟类及野生动物救护等活动。同时，作为青海省的王牌旅游景点，注重发展生态旅游，建设了观鸟台，使用环保型电瓶车等措施，对鸟类保护起到了重要作用。现在，如果游客到鸟岛旅游，随处可以看到鸟儿和游人和谐共处、人鸟同乐的场景。

畜禽品种资源是生物多样性的重要组成部分，是畜牧业可持续发展的基础。

青海地域辽阔，自然条件独特、畜禽品种资源丰富，品种资源的保护和开发对于发挥本地畜禽遗传资源优势，实现畜牧业持续、稳定发展具有十分重要的意义，牦牛等成为主要的畜牧对象。

4.5.1.4 新疆维吾尔自治区及乌鲁木齐市

新疆维吾尔自治区的野生动物种类丰富，北疆和南疆各有不同的野生动物。全区野生动物共 500 多种，北疆兽类有雪豹、紫貂、棕熊、河狸、水獭、旱獭、松鼠、雪兔、北山羊、猞猁等，鸟类有天鹅、雷鸟、雪鸡、啄木鸟等，爬行类有花蛇、草原蝰、游蛇等。南疆兽类动物有骆驼、藏羚羊、野牦牛、野马、塔里木兔、鼠兔、高原兔、丛林猫、草原斑猫等，爬行类有沙蟒、蜥蜴等。

乌鲁木齐市位于天山以北，自然环境比较复杂，有着丰富的野生植物资源。现已查明，可供开发利用的野生食用植物有 40 余种，其中野蔷薇、沙棘、野苜蓿等在国内外已被开发利用成为饮料和保健品；野生油料植物有 50 余种；野生饲用植物有 29 科 140 多属 240 余种，其中如三叶草、草木樨、苜蓿、冰草、草地早熟禾、布顿大麦等世界上著名的豆科和禾本科牧草在本市均有生长，本地还有不少野生优良牧草有待进一步开发和利用；野生蜜源植物有 100 多种；农作物野生近缘种植物有 60 多种；野生药用植物资源有 390 余种，是我国医药宝库的一部分；野生工业用植物有 100 余种。

乌鲁木齐市所处的地理位置、地貌特征、气候条件等为各类动物提供了可供选择的生存条件，是动物繁衍生息的丰富资源。目前各类野生陆栖脊椎动物约 212 种，其中鸟兽资源丰富，约有 201 种。荒漠动物群分布于本市低山地荒漠和冲积平原地带，主要有沙鼠、跳鼠、鹅喉羚、沙狐、狼等动物；河流、湖沼动物群分布在本市的河流、湖泊等水域，代表种类有灰雁、绿头鸭、黑鹳等动物；森林草原动物群分布在南山山地的森林、草原，主要有马鹿、野猪、棕熊、灰旱獭、石貂、野兔等动物；高原寒漠动物群分布于南山和东山高山地带，主要有北山羊、雪豹、高山雪鸡等动物。目前，乌鲁木齐分布的野生动物被列入国家保护的珍稀动物有 24 种，其中一级保护动物 4 种，二级保护动物 20 种。

乌鲁木齐市的森林资源在全疆相对较优，相当于全疆平均森林覆盖率的 3 倍，但与全国相比差距甚大。森林资源可分为天然林和人工林两大类。天然林主要包括山地针叶林、河谷林和平原荒漠林；人工林主要包括以改造自然、保护农田、草场为主体的各种防护林、用材林、经济林和城市绿化林。现有林业用地面积 62477 公顷，有林地面积 35612 公顷，占林业用地面积的 57%；疏林地面积

18362 公顷，占林业用地面积的 29%；灌木林地面积 2782 公顷，占林地面积的 4%；育苗基地面积 264 公顷；城市园林及荒山绿化已达 3226 公顷。树种资源 90 余种，主要有雪岭云杉、天山桦、密叶杨、白榆等。

4.5.2　土地

根据世界粮农组织 2012 年发布的世界土壤数据库（分辨率为 1 千米）绘制的土壤类型图显示，我国沙漠地区包含 30 个土壤组类型。其中薄层土（Leptosol）占的面积最大，约占 12%，始成土（Cambisol）约占 9%，钙积土（Calcisol）和灰壤土（Gleysol）各占 8%。中国西北地区因沙漠戈壁和荒漠土地所占比重较大，土壤总体比较贫瘠。

4.5.2.1　陕西省及榆林市

陕西山地总面积 741 万公顷，占全省土地总面积的 36%，高原总面积 926 万公顷，占总面积的 45%，平原 391 万公顷，占总面积的 19%。耕地总面积 480 万公顷，占总面积的 23.3%，水田面积 20.4 万公顷，占总面积的 1%，旱地面积 369.2 万公顷，占总面积的 17.9%，水浇地 88.7 万公顷，占总面积的 4.3%，林地 962.6 万公顷，占总面积的 46.8%，草地 317.9 万公顷，占总面积的 15.4%，水域面积 40.3 万公顷，占总面积的 2%。

榆林市地域辽阔，处在陕北高原和毛乌素沙漠接壤的干旱半干旱地带。气候寒温，雨量稀少，日照充足，四季分明。天然植被以沙生和旱生灌丛为主，其次在局部地形部位分布有水生和盐生等植物群落。由于受 20 世以来以震荡式上升为主的新构造运动的影响，地面经受了反复的侵蚀、切割和堆积，形成了不同的地貌景观。按照不同地形的成因类型及形态性状，本市分成沙漠滩地、河谷阶地、黄土梁峁 3 个地形区。各区水文地质情况不同，成土母质不同（主体为风积物，即风成黄土和风积沙，其次尚有残积物、湖积物、坡积物、洪积物、冲积物等），人为影响不同，成土过程和土壤类型也不同。

4.5.2.2　甘肃省及兰州市

甘肃省总土地面积约为 45.44 万平方千米，居全国第 7 位，折合 6.8 亿亩。山地多，平地少，全省山地和丘陵占总土地面积的 78.2%。全省土地利用率为 56.93%，尚未利用的土地有 28681.4 万亩，占全省总土地面积的 42.05%，包括沙漠、戈壁、高寒石山、裸岩、低洼盐碱、沼泽等。总量为 4544.02 万多公顷，人均占有量 2 公顷，居全国第 5 位；除沙漠、戈壁、沼泽、石山裸岩、永久积雪和冰川等难以直接利用的土地外，尚有 2731.41 万公顷土地可用于生产建设，占土地总面积的 60.11%。各种林地资源面积 396.65 万公顷，有白龙江、洮河、祁连山脉、大夏河等地的成片原始森林，森林中的野生植物达 4000 余种，其中有连香树、水青树、杜仲、透骨草、五福花等珍贵植物；野生动物中列入国家稀有珍贵动物的达 54 种或亚种，如大熊猫、金丝猴、羚牛、野马、野骆驼、野驴、野牦牛、白唇鹿等。各类草地资源面积 1575.29 万公顷，占土地资源总面积的 34.67%，其中天然草地 1564.83 万公顷，占草地总面积的 99.34%，是中国主要的牧业基地之一。

截至 2014 年，兰州土地面积为 1399953 公顷。其中，耕地 210009 公顷，林地 7.6 万公顷，牧草地 76.5 万公顷，未利用的荒草地、盐碱地、沙地等近 23.5 万公顷。土地资源可分 3 个类型：中低山林牧区，位于兰州西部、西南部和南部；河谷川台蔬菜瓜果区，位于各河流的河谷阶地；低山丘陵粮油区，分布于榆中北山，皋兰县西北部，永登县秦王川等地带。复杂多样的土地类型，适宜发展农、林、牧、副、渔业，开发潜力较大。

4.5.2.3 青海省及西宁市

青海省土地总面积 71.75 万平方千米（0.7175 亿公顷），仅次于新疆维吾尔自治区、西藏自治区、内蒙古自治区三个自治区，居全国第四位；全省耕地面积 54.27 万公顷，包括新开荒地、休闲地、轮歇地与草田轮作地以及宽度小于 2 米的沟、渠、路、田埂等，耕地面积占全省土地面积的 0.76%；可利用牧草地面积 4033.33 万公顷，占 56.2%；林地面积 266.67 万公顷，占 3.71%，园地面积 0.74 万公顷；未利用地 2766.67 万公顷。全省宜农待垦土地 60 多万公顷，主要分布在东部农业区和海南台地、柴达木盆地等地区。青海的耕地分布极不平衡。农耕地除在西部柴达木盆地有一些小块绿洲农业以外，其他耕地主要分布在东经 99°以东、北纬 35°以北的低山丘陵区范围内，包括黄河中下段的河滩、谷地，湟水河流域与大通河流域，青海湖盆地与海南台地等。东部耕地约占全省总耕地面积的 63.96%（其中 75% 为山旱地，25% 为水浇地）；青南高原牧区的耕地面积约占 2.7%。从土地资源利用现状及类型结构特点看，青海省属于畜牧业用地面积大、农业耕地少、林地比重低的地区。除此以外，大半为尚难开发利用的石山、雪山、冰川、沙漠、戈壁、盐沼及自然条件恶劣的高海拔地区，主要分布于西部自然环境严酷的柴达木盆地和青南高原。

西宁市土地资源利用整体效益不高。由于西宁市地处高海拔地区，干旱少雨，土地的生态环境不利于农业生产。优质耕地及城镇用地都集中在湟水谷地，而北部中高山地带因高寒干旱，多为林业及牧业用地，生产效率不高，因而造成土地利用整体效益不高。

西宁市未利用土地可利用程度不高。2004 年末，全市未利用土地 74031.79 公顷，占土地总面积的 10%。其中荒草地占 70.20%，多分布在高山陡坡及石缝间隙地中，利用程度不高。而沼泽地、裸岩石砾地由于地质环境所限，较难利用，只有部分滩涂和苇地可供开发利用。

西宁市农用地集约利用程度不高。2004 年末，全市耕地拥有农业机械总动力 82.84 万千瓦，平均每亩拥有量为 0.23 千瓦，机耕面积 53599 公顷，农用化肥平均亩施量 11.92 公斤。集约化程度明显低于周边地区。

4.5.2.4　宁夏回族自治区及银川市

宁夏回族自治区地处黄土高原与内蒙古自治区高原的过渡地带，地势南高北低。从地貌类型看，南部以流水侵蚀的黄土地貌为主，中部和北部以干旱剥蚀、风蚀地貌为主，是内蒙古高原的一部分。境内有较为高峻的山地和广泛分布的丘陵，也有由于地层断陷又经黄河冲积而成的冲积平原，还有台地和沙丘。地表形态复杂多样，为经济发展提供了不同的条件。宁夏回族自治区地形中丘陵占38%，平原占 26.8%，山地占 15.8%，台地占 17.6%，沙漠占 1.8%。

银川市土壤类型分为 9 大类、28 个亚类、48 个土属及 500 多个土种或变种。贺兰山至西干渠之间主要为山地灰钙土、草甸土和灰褐土，东部冲积平原主要为长期引黄灌溉淤积和耕作交替而形成的灌淤土，局部低洼地区有湖土和盐土分布。灌淤土土质适中，理化性好，有机质含量高，保水保肥适种性广。土壤类型的多样性非常适合发展农业生产和多种经济作物生长。

4.5.2.5　新疆维吾尔自治区及乌鲁木齐市

新疆维吾尔自治区农林牧可直接利用土地面积 10.28 亿亩，占全国农林牧利用土地面积的 1/10 以上。后备耕地 2.23 亿亩，居全国首位。新疆维吾尔自治区是全国五大牧区之一，在"三山"和"两盆"周围有大量的优良牧场，牧草地总面积 7.7 亿亩，仅次于内蒙古自治区、西藏自治区，居全国第三位。太阳能理论蕴藏量 1450~1720 千瓦时/平方米·年，年日照总时数 2550~3500 小时，居全国第二位。

乌鲁木齐土地总面积为 12000 平方千米。现有耕地 65430 公顷，占土地总面积的 5.55%，其中水田 990 公顷，菜地 4618 公顷，水浇地 56872 公顷，山旱地

2950 公顷；现有园地 1007 公顷，占土地总面积的 0.09%；林地 57712 公顷，占土地总面积的 4.89%；牧草地 804679 公顷，占土地总面积的 68.23%；城、镇、村庄及工矿用地 30702 公顷，占土地总面积的 2.6%；水域总面积 36204 公顷，占土地总面积的 3.07%；未利用土地 178412 公顷，占土地总面积的 15.13%。

总体来看，我国沙漠地区耕地稀缺，耕地的总量和人均拥有量水平相对偏少，而耕地质量受气候、荒漠化及水土流失等因素的影响也越发贫瘠。

4.5.3 水资源

严峻的水环境问题和水资源匮乏已成为我国沙漠地区面临的重要环境资源问题之一。

4.5.3.1 陕西省及榆林市

陕西省黄河流域内主要河流有二级河流渭河，三级河流无定河、延河、洛河、泾河；长江流域内主要河流有二级河流汉江、嘉陵江，三级河流丹江、旬河、牧马河。汉江 61959 平方千米；无定河流域面积 30261 平方千米，河长 491.2 千米；延河 7687 平方千米，长 284.3 千米；泾河 45421 平方千米，长 455.1 千米；渭河 62440 平方千米，长 818 千米；北洛河 26905 平方千米，长 680.3 千米；嘉陵江 9930 平方千米，长 652 千米；丹江 7551 平方千米，长 244 千米。

榆林市境内有大小 53 条河流汇入黄河，均较短小，较大的河流主要是四川四河：皇甫川、清水川、孤山川、石马川、窟野河、秃尾河、佳芦河、无定河。汇入黄河的河流以黄河为侵蚀基准，流向由西北向东南（其中无定河上游流向三折），支流呈树枝状并从下游到上游增多。较大的河流下游为基岩峡谷，比降较大，支流少而短直；中游一般河谷宽阔，漫滩阶地发育，河道宽浅，较大的支流多在中游汇集。上游多发育在老谷洞上，河流深切成黄土（部分底部切入基岩）峡谷，比降大，多跌哨，流向受古地形的谷、洞走向控制，支流较多，但一般较直。

4.5.3.2 甘肃省及兰州市

甘肃省水资源主要分属黄河、长江、内陆河 3 个流域、9 个水系。黄河流域有洮河、湟水、黄河干流（包括大夏河、庄浪河、祖厉河及其他直接入黄河干流的小支流）、渭河、泾河 5 个水系；长江流域有嘉陵江水系；内陆河流域有石羊河、黑河、疏勒河（含苏干湖水系）3 个水系，15 条；年总地表径流量 174.5 亿立方米，流域面积 27 万平方千米。全省河流年总径流量 415.8 亿立方米，其中，

1 亿立方米以上的河流有 78 条。黄河流域除黄河干流纵贯省境中部外,支流就有 36 条。该流域面积大、水利条件优越。但流域内绝大部分地区为黄土覆盖,植被稀疏,水土流失严重,河流含沙量大。长江水系包括省境东南部嘉陵江上源支流的白龙江和西汉水,水源充足,年内变化稳定,冬季不封冻,河道坡降大,且多峡谷,蕴藏有丰富的水能资源。水力资源理论蕴藏量 1724.15 万千瓦,居全国第 10 位,可能利用开发容量 1068.89 万千瓦,年发电量为 492.98 亿度,水力发电量居全国第 4 位。

兰州市域内水资源低于中国平均水平,黄河及其支流湟水可满足城市工农业用水和生活用水。兰州市每年地下水 9.6 亿立方米。河川径流地表水资源总量 384 亿立方米,地下水总量 9.6 亿立方米。以兰州为中心的黄河上游干流段可建 25 座大中型水电站,总装机容量可达 1500 万千瓦,刘家峡、八盘峡、盐锅峡、大峡水电站与邻近地区的其他水电站构成中国最大的水力发电中心之一。

4.5.3.3　青海省及西宁市

青海全省有 270 多条较大的河流,水量丰沛,水能储量在 1 万千瓦以上的河流就有 108 条,流经之处,山大沟深,落差集中,有水电站坝址 178 处,总装机容量 2166 万千瓦,在国内居第 5 位,居西北之首。尤其是黄河上游从龙羊峡至寺沟峡的 276 千米河段上,水流落差大,地质条件好,淹没损失小,投资少,造价低,水电站单位造价比全国平均水平低 20%~40%,初步规划可建设 6 座大型电站和 7 座中型电站,总装机 1100 万千瓦,年发电量 368 亿千瓦时,是我国水能资源的“富矿”带。境内江河有流量在每秒 0.5 立方米以上的干支流 217 条,总长 1.9 万千米。较大的河流有黄河、通天河(长江上游)、扎曲(澜沧江上游)、湟水、大通河,全省水力资源十分丰富。省内有湖泊 230 多个,总面积约 7136 平方千米,其中咸水湖 50 多个,淡水湖面积在 1 平方千米以上的有 52 个。中国第一大内陆湖——青海湖,海拔 3200 米,是本省重要的渔业基地。察尔汗、茶卡、柯柯等盐湖蕴藏着极为丰富的盐化资源。

西宁市区海拔 2261 米,年平均降水量 380 毫米,蒸发量 1363.6 毫米,湟水及其支流南川河、北川河由西、南、北汇合于市区,向东流经全市。西宁地表水和地下水也十分丰富,湟水河贯穿市区,全年径流量 18.94 亿立方米,自产地表水资源量 7.01 亿立方米,地下水资源量 6.98 亿立方米,水资源总量 13.99 亿立方米。

4.5.3.4　宁夏回族自治区及银川市

宁夏回族自治区是中国水资源最少的省区，大气降水、地表水和地下水都十分贫乏，空间上下分布不均、时间上变化大是宁夏回族自治区水资源的突出特点。宁夏回族自治区水资源有黄河干流过境流量 325 亿立方米，可供宁夏回族自治区利用 40 亿立方米。水能理论蕴量 195.5 万千瓦。水利资源在地区上的分布是不平衡的，绝大部分在北部引黄灌区，水能也绝大多数蕴藏于黄河干流。而中部干旱高原丘陵区最为缺水，不仅地表水量小，且水质含盐量高，多属苦水或因地下水埋藏较深，灌溉利用价值较低。南部半干旱半湿润山区，河系较为发育，主要河流有清水河、苦水河、葫芦河、泾河、祖厉河等。

银川地表水水源充足，水质良好，富含泥沙，有肥田沃地之功。境内沟渠成网，湖泊湿地众多。黄河是银川的主要河流，流经银川 80 多千米，南北贯穿。银川平原引用黄河水自流灌溉已有两千多年的历史。引黄干渠有唐徕、汉延、惠农、西干等渠，年引水量数十亿立方米。配套排灌干支斗渠千余条，长数千千米，形成灌有渠、排有沟的完整的灌排水体系，保证了 13 万多公顷农田的灌溉。

银川历史上由于黄河不断改道，湖泊湿地众多，古有"七十二连湖"之说，现有"塞上湖城"之美称。全市有湿地面积 3.97 万公顷，主要为湖泊湿地和河流湿地，其中天然湿地占湿地面积的 60% 以上，自然湖泊近 200 处，面积 100 公顷以上的湖泊 20 多处，较著名的有鸣翠湖、阅海、鹤泉湖、宝湖、西湖等。

4.5.3.5　新疆维吾尔自治区及乌鲁木齐市

新疆维吾尔自治区三大山脉的积雪、冰川孕育汇集 500 多条河流，分布于天山南北的盆地，其中较大的有塔里木河（中国最大的内陆河）、伊犁河、额尔齐斯河（流入北冰洋）、玛纳斯河、乌伦古河、开都河等 20 多条。许多河流的两岸，都有无数的绿洲，颇富"十里桃花万杨柳"的塞外风光。新疆维吾尔自治区有许多自然景观优美的湖泊，总面积达 9700 平方千米，占全疆总面积的 0.6% 以上，其中著名的十大湖泊是：博斯腾湖、艾比湖、布伦托海、阿雅格库里湖、赛里木湖、阿其格库勒湖、鲸鱼湖、吉力湖、阿克萨依湖、艾西曼湖。新疆维吾尔自治区境内形成了独具特色的大冰川，共计 1.86 万余条，总面积 2.4 万多平方千米，占全国冰川面积的 42%，冰储量 2.58 亿立方米，是新疆维吾尔自治区的天然"固体水库"。新疆维吾尔自治区的水资源极为丰富，人均占有量居全国前列。

水资源是地处内陆干旱区的乌鲁木齐最宝贵的资源。乌鲁木齐存在着冰川融水、地表径流和地下径流等不同形态的水资源，降水是水资源的补给来源，降水的变化直接影响水资源的变化。2012 年，水资源总量为 9.969 亿立方米，其中地表水资源量为 9.198 亿立方米，地下水资源量为 0.771 亿立方米。

乌鲁木齐地表水水质较好，河流均系内陆河，河道短而分散，源于山区，以冰雪融水补给为主，水位季节变化大，散失于绿洲或平原水库中。乌鲁木齐地区共有河流 46 条，分别属于乌鲁木齐河、头屯河、白杨河、阿拉沟、柴窝堡湖 5 个水系。

乌鲁木齐市地下水资源比较丰富，按地质情况可划分为达坂城—柴窝堡洼地、乌鲁木齐河谷和北部倾斜平原三个区，形成地下水储存的良好环境。

乌鲁木齐市冰川资源丰富，冰川素有"高山固体水库"之称，主要分布在乌鲁木齐河和头屯河上游的天格尔山以及东部的博格达山，储量 73.9 亿立方米，平均消融量 1.23 亿立方米。

2014 年，我国西北五省区具体水资源情况如表 4-14 所示。

表 4-14　我国西北五省区水资源情况

	水资源总量 （亿立方米）	地表水资源量 （亿立方米）	地下水资源量 （亿立方米）	地表水与地下水 资源重复量 （亿立方米）	人均水资源量 （立方米）
陕西	351.6	325.8	124.1	98.3	932.8
甘肃	198.4	190.5	112.6	104.7	767.0
青海	793.9	776.0	349.4	331.5	13675.5
宁夏	10.1	8.2	21.3	19.4	153.0
新疆	726.9	686.6	443.9	403.6	3186.9

资料来源：《中国统计年鉴》（2015）。

由表 4-14 可以看出，陕西、甘肃、宁夏回族自治区水资源总量分别是 351.6 亿立方米、198.4 亿立方米和 10.1 亿立方米，人均水资源量分别为 932.8 立方米、767.0 立方米和 153.0 立方米。按照联合国 WSI（Water Stress Index）缺水线划分，陕西、甘肃已经属于水资源紧缺地区，而宁夏回族自治区仅为极度紧缺线的 1/3。同时，废水排放增加、水环境污染等问题使得部分水资源并不紧缺的城市陆续出现了水质型缺水问题，同样成为了影响地区经济发展的一大阻碍。因此，充分利用有限水资源、保护水环境、提高用水效率是促进我国沙漠地区经济带发展的重要举措。

4.5.4 矿产资源

4.5.4.1 陕西省及榆林市

陕西省已查明有资源储量的矿产 92 种，其中能源矿产 5 种，金属矿产 27 种，非金属矿产 57 种，水气矿产 3 种。陕西省矿产资源的主要特点是：资源分布广泛，金属、非金属矿产特大型、大型矿少，中小型矿多；富矿少，中低品位矿多；单一矿少，共伴生矿多。

陕西省矿产资源分布区域特色明显。陕北和渭北以优质煤、石油、天然气、水泥灰岩、粘土类及盐类矿产为主；关中以金、钼、建材矿产和地下热水、矿泉水为主；陕南秦岭巴山地区以黑色金属、有色金属、贵金属及各类非金属矿产为主。陕西省已查明矿产资源储量潜在总价值 42 万亿元，约占全国的 1/3，居全国之首。

陕西省保有资源储量居全国前列的重要矿产有：盐矿、煤、石油、天然气、钼、汞、金、石灰岩、玻璃石英岩、高岭土、石棉等，不仅资源储量可观，且品级、质量较好，在国内、省内市场具有明显的优势。但有些关系到国计民生的重要矿产，如铁、铜、锰、铝、锡、钨、铂族金属、萤石、钾盐、磷、金刚石等，或贫矿多，或探明储量少，无可供规划矿区，或开发利用条件差，少数矿种仍未探明储量。

榆林市矿产资源现状如下：

每平方千米拥有 10 亿元的地下财富，矿产资源潜在价值超过 46 万亿元，占全国的 1/3。每平方米土地下平均蕴藏着 6 吨煤、140 立方米天然气、40 吨盐、115 千克油。

煤炭：预测 6940 亿吨，探明储量 1500 亿吨。榆林市有 54% 的地下含煤，约占全国储量的 1/5。侏罗纪煤田是该市的主力煤田，探明储量 1388 亿吨，占榆林市已探明煤炭总量的 95.7%，埋藏浅，易开采，单层最大厚度 12.5 米，属特低灰（7%~9%）、特低硫（小于 1%）、特低磷（0.006%~0.35%）、中高发热（28.470~34.330mj/kg）的长烟煤、不粘煤和弱粘煤，是国内最优质环保动力煤和化工用煤。煤田主要分布在榆阳、神木、府谷、靖边、定边、横山六县区。石炭一二叠纪煤田是稀缺的焦煤和肥气煤，探明储量 54.74 亿吨，单层厚度 15.47 米，煤田主要分布在神木和府谷两县。

天然气：预测储量 6 万亿~8 万亿立方米，探明储量 1.18 万亿立方米，是迄今我国陆上探明的最大整装气田，气源中心主储区在该市靖边和横山两县。气田储量丰度 0.66 亿立方米/平方千米，属干气，甲烷含量 96%，乙烷含量 13%，有机硫极微，在燃烧中不产生灰渣。

石油：预测储量 6 亿吨，探明储量 3 亿吨，油源主储区在定边、靖边、横山、子洲四县。

岩盐：预测储量 6 万亿吨，约占全国总储量的 50%，其潜在价值达 33 万亿元。探明储量 8854 亿吨，主要分布在榆林、米脂、绥德、佳县、清涧、吴堡等地。

湖盐：预测储量 6000 万吨，探明储量 330 万吨。

此外，还有丰富的高岭土、铝土矿、石灰岩、石英砂等资源。

4.5.4.2　甘肃省及兰州市

甘肃省是矿产资源比较丰富的省份之一，矿业开发已成为甘肃的重要经济支柱。境内成矿地质条件优越，矿产资源较为丰富。目前已发现各类矿产 173 种（含亚矿种），占全国已发现矿种数的 74%。甘肃省查明矿产资源的矿种数有 97 种，其中能源矿产 7 种、金属矿产 35 种、非金属矿产 53 种、水气矿产 2 种。列入《甘肃省矿产资源储量表》的固体矿产地 891 处（含共伴生矿产），其中，大型矿床 77 个、中型 202 个、小型 612 个。

兰州市矿产资源现状如下：

截至 2014 年，兰州市境内已探明各类矿床、矿点 156 处 35 个矿种。主要有有色金属、贵金属、稀土和能源矿产等 9 大类、35 个矿种，邻近兰州的白银、金昌是中国镍、铅、锌、稀土和铂族贵金属的重要产地。非金属矿相对丰富，有石灰岩、熔剂白云岩、熔剂石英岩、硅铁石英岩、耐火粘土。其中石英岩储量集中，运量储量达 3 亿吨，为硅铁工业提供了充足的后备资源。煤炭保有储量为 9.05 亿吨。

4.5.4.3　青海省及西宁市

青海省地处欧亚板块与印度板块的衔接部位，区内地质构造复杂，成矿地质作用多样，全省主要成矿区（带）由北而南划分为：祁连成矿带、柴达木盆地北缘成矿带、柴达木盆地成矿区、东昆仑成矿带、"三江"（金沙江、澜沧江、怒江）北段成矿带等。其中祁连成矿带以有色金属、石棉、煤为主；柴达木盆地北缘成矿带以贵金属、有色金属、煤炭为主；柴达木盆地成矿区以石油、天然气、盐类矿产为主；东昆仑成矿带以有色金属、贵金属矿产为主；"三江"北段成矿带以铜、铅、锌、钼等有色金属矿产为主。按矿产种类的区域分布，大致有"北部煤，南部有色金属，西部盐类和油气，中部有色金属、贵金属，东部非金属"的特点；矿种上，有矿产种类多、共生伴生矿产多、小矿多，矿产地分布散，矿产资源储量相对集中的特点。

全省盐湖类矿产资源（钾、镁、钠、锂、锶、硼等）储量相对丰富。石油、天然气、钾盐、石棉及有色金属（铜、铅、锌、钴等）矿产品的供应已在全国占有重要地位。现已发现各类矿产 127 种，矿产总类 87 个，单矿种产地数 688 个，其中，大型 134 个，中型 174 个，小型 380 个。矿产保有储量潜在价值 17 万亿元，占全国的 13.6%。在已探明的矿藏保有储量中，有 58 个矿种居全国前十位，镁、钾、锂、锶、石棉、芒硝、电石用灰岩、化肥用蛇纹岩、冶金用石英岩、玻璃用石英岩 10 种矿产居全国第一位，有 26 种排在前三位。

西宁市矿产资源现状如下：

截至 2012 年，已发现各类矿产 123 种，探明储量的有 97 种。在全国的总储量中，有 51 种的储量居前 10 位，11 种居首位。已经国家审定上储量表的矿产有 70 多种，保有储量的潜在价值达 81200 亿元。

被誉为聚宝盆的柴达木盆地，共有 33 个盐湖，经济价值最大的是全国独一无二的锂矿区——东台吉乃尔湖和全国最大的钾镁盐矿区——察尔汗盐湖。已初步探明氯化钠储量 3263 亿吨，氯化钾 4.4 亿吨，镁盐 48.2 亿吨，氯化锂 1392 亿吨，锶矿 1592 万吨，芒硝 68.6 亿吨，上述储量均居全国第一位。其中，镁、钾、锂盐储量均占全国已探明储量的 90% 以上。而且，盐湖资源品位高、类型全、分布集中、组合好、开采条件优越。

4.5.4.4　宁夏回族自治区及银川市

宁夏回族自治区的矿产资源以煤和非金属为主，金属矿产较贫乏，已获探明储量的矿产种类达 34 种。人均自然资源潜在价值为中国平均值的 163.5%。煤炭探明储量 300 多亿吨，预测储量 2020 多亿吨，储量居全国第六位，人均占有量是全国平均水平的 10.6 倍，且煤种齐全、煤质优良、分布广泛，含煤地层分布面积约占宁夏回族自治区面积的 1/3，形成贺兰山、宁东、香山和固原四个含煤区。石油、天然气分布于灵武、盐池地区，属中小型油（气）田。非金属矿产主要有石膏、石灰岩、白云岩、石英岩（砂岩）、粘土、磷、铸型用砂、硫铁矿、铸石原料和膨润土等，其中石膏、石灰岩、石英岩及粘土为宁夏回族自治区优势矿产。

宁夏回族自治区的石膏矿藏量居全国第一，探明储量 45 亿吨以上，一级品占储量的一半以上。同心县贺家口子大型石膏矿床，石膏层多达 20 余层，总厚度为 100 米左右，储量达 20 亿吨，为我国罕见的大型石膏矿床。宁夏回族自治区石油、天然气有相当储量，具备发展大型石油天然气化工的良好条件。宁夏回族自治区的石英砂岩（硅石）潜在储量很可观，已探明储量在 1700 万吨以上。宁夏回族自治区的金属矿产较贫乏，除镁（炼镁白云岩）储量规模达中型外，铁、铜、铅、锌、金和银等矿产均属小型矿床和矿点。

银川市矿产资源现状如下：

银川市矿产资源有煤炭、赤铁矿、熔剂石灰岩、熔剂白云岩、熔剂硅石、磷块岩、水泥石灰岩、辉绿岩等。贺兰石"石质莹润，用以制砚，呵气生水，易发墨而护毫"，自古就有"一端二歙三贺兰"之盛誉，为中国"五大名砚"之一。灵武矿区的煤炭、石油、天然气储量丰富，特别是煤炭储量以及其具有的高发热量、低灰、低硫、低磷等品质，在全自治区乃至全国也占有十分重要的地位。

天然气资源共发现 16 个油田、6 个气田。石油资源达 12 亿多吨，已探明 2.08 亿吨；天然气资源 2937 亿立方米，已探明 663.29 亿立方米。

金属和黄金资源矿种多，品位高，产地遍布各地。有色金属矿产有铜（储量 180 万吨）、铅（110 万吨）、锌（153 万吨）、镍、钴、锡、钼、锑、汞等。黑色金属矿产有铁、锰、铬、钛、钒等。另有贵重金属矿产金、银、铂；稀有稀土金属和稀散元素矿产有锗、镓、铟、镉、锶、铍等，保有储量占全国的 63%。

非金属矿产资源共发现矿产 36 种，有 5 种列全国第一。主要有石棉、石墨、石膏、溶剂石英石、石灰岩、白云岩、耐火石英岩、硅石、耐火粘土等。

4.5.4.5　新疆维吾尔自治区及乌鲁木齐市

新疆维吾尔自治区矿产种类全、储量大，开发前景广阔。发现的矿产有 138 种，其中 9 种储量居全国首位，32 种居西北地区首位。石油、天然气、煤、金、铬、铜、镍、稀有金属、盐类矿产、建材非金属等蕴藏丰富。新疆维吾尔自治区石油资源量 208.6 亿吨，占全国陆上石油资源量的 30%；天然气资源量为 10.3 万亿立方米，占全国陆上天然气资源量的 34%。新疆维吾尔自治区油气勘探开发潜力巨大，远景十分可观。全疆煤炭预测资源量 2.19 万亿吨，占全国的 40%。黄金、宝石、玉石等资源种类繁多，古今驰名。

乌鲁木齐市矿产资源现状如下：

乌鲁木齐市北有准东油田，西有克拉玛依油田，南有塔里木油田，东有吐哈油田，且地处准噶尔储煤带煤的中部，市辖区内煤炭储量就达 100 亿吨以上，主要分布在雅玛里克山、水磨沟、芦草沟等地，约占全疆总储量的 1/4，故乌鲁木齐又被称为"煤海上的城市"。此外，还蕴藏丰富的各种有色、稀有的矿产资源。

截至 2012 年共发现各类矿产 29 种，129 处矿产地，大、中型矿床 30 多处。矿产资源主要有煤炭、石油、铜、锰、铁、黄金、石材、砂石、粘土、盐、芒硝、矿泉水等。盐储量 2.5 亿吨，芒硝储量 1.1 亿吨，盐和芒硝产于芒硝盐池，分东、西盐湖两部分；石灰岩储量 1.2 亿吨；锰矿储量 2.2 万吨。

4.6 小 结

根据本章对我国沙漠分布比较集中的西北地区沙漠生态城市社会、经济、生态的分析可以看出，研究区域拥有丰富的煤、石油、天然气、铁矿等自然资源，但其经济和社会的发展却并不理想，处于瓶颈期。为了解决这一问题，促进我国沙漠地区城市的可持续发展，本书提出了我国沙漠生态城市构建的理论，构建生态城市，转变我国沙漠城市的发展战略及模式，使各城市能够更快、更好、更健康地发展。

第5章 我国沙漠城市生态环境评价模型构建

我国沙漠城市生态环境的评价是沙漠生态城市建设的重要环节，它是决定建设方案"命运"的一步重要工作，是决策的直接依据和基础。本章从评价模型的构建原则、构建目标以及具体构建方案三个方面来进行具体阐述。

5.1 构建原则

构建我国沙漠城市生态环境评价模型，应遵循以下几个原则。

5.1.1 全面性原则

所选择的评价指标应该能够全面客观地反映出我国沙漠城市生态环境水平。沙漠城市是一个以人为主体、以自然环境为依托、以经济活动为基础，社会联系极为密切的有机整体。正是由于沙漠城市具有复杂性和综合性，用以评价沙漠城市生态环境的指标体系内容是否全面和完备，层次结构是否清晰合理，将直接关系到评估质量的好坏，对于城市的发展趋势和方向也会产生至关重要的影响。必须从多方面、多角度选择具有代表性的全面反映城市生态环境的指标，以满足评价和比较的科学性。

5.1.2 科学性原则

用来评价沙漠城市的生态环境指标体系一定要建立在科学分析的基础之上，能够较为客观地反映沙漠生态城市的本质特征和复杂性，能反映沙漠生态城市建设质量水平。而评价指标体系是否科学最主要的标准就是该指标是否可以实现量化。对一些更为理想的指标，如平均预期寿命、高新技术指标等，因为无稳定统计来源或无法进行量化计算而不能列入沙漠生态城市的评价指标体系，显然对于整个指标体系的完整性会产生一定影响。因此对于指标体系的编制这样一个系统工程来讲，需要严谨的、科学的、长期的反复修订和不断完善才能逐渐接近理想的效果，同时也要求在今后进一步加强和完善统计工作。并以此为基础，不断改进评价指标体系，提高其科学性。

5.1.3　实用性原则

实用性是城市生态环境评价模型构建的前提。城市生态环境评价模型的构建，只有满足实用性原则，才能被应用到具体的实践中，该模型才具有意义。在具体的操作中，应根据我国各沙漠城市的社会、经济、自然等的现状及特点，来构建该城市生态环境评价模型，在模型运用过程中，才能够兼顾各城市的共性和特性。

5.1.4　定性分析与定量研究相结合的原则

定性分析与定量研究是统一的，相互补充的，城市生态环境系统的定性分析可以对研究对象有一个宏观的了解，而缺少具有可比性的量化指标；定量研究则可以明确分析城市生态环境系统的具体状况，但缺少相应的总体观。因此，在构建我国经济带沙漠城市生态环境评价模型时，应将定性分析与定量研究相结合，既考虑人类生活的直观感受，又兼顾城市生态环境的具体状况，使得该模型更具有普遍适用性。

5.1.5　系统性原则

我国沙漠城市生态环境评价模型应该围绕城市生态系统来构建，该模型不但要包括环境因素，还要考虑经济和社会发展因素，并能够反映不同层次和不同子系统之间各要素的有机构成。同时，该模型通过定性和定量评价相结合的方式能够准确、充分、科学地反映沙漠生态城市可持续发展综合系统及各子系统的变化趋势。

5.1.6　前瞻性原则

建立我国沙漠城市生态环境评价模型，目的在于为沙漠城市的建设和发展提供判断和评价依据。不仅要反映沙漠城市的状况，也要能够通过表述该城市过去和现在经济、社会、人文、自然等众多要素之间的关系，反映沙漠生态城市发展演变的趋势，并为城市的改进提供支持和帮助。

5.2　构建目标

评价模型构建的目标离不开评价的目的。本课题我国沙漠城市生态环境评价模型的构建目的在于评价各城市生态环境的具体状况，并找出导致各城市生态环境恶化的原因，以便提出相应的改善措施，保证我国沙漠生态城市建设的可持续性。我国沙漠城市生态环境评价模型的构建目标为：

第一，该模型能够结合我国沙漠城市的特点，真实可靠地反映所研究城市的生态环境状况。构建该模型的目的在于能够真实地评价我国沙漠城市生态环境状况，如果脱离了这一目的，该模型将没有任何实践意义。

第二，该模型能够分析我国沙漠城市生态环境的影响因素。找出我国沙漠生态城市生态环境的影响因素，并对其进行分析，是该模型构建的又一目标。分析我国沙漠城市生态环境的影响因素，能够找出我国沙漠城市生态环境恶化的原因，并采取有效的措施对其进行改善，为各城市的相互协调发展提供建议。

5.3　具体构建方案

5.3.1　评价方法选取

5.3.1.1　生态环境常用评价方法介绍

沙漠城市生态环境评价的常用方法有：层次分析法、模糊综合评判法、生态足迹法、主成分分析法等。下面对每种方法的计算原理进行介绍。

（1）层次分析法。所谓层次分析法，是将一个复杂的多目标决策问题作为一个系统，将目标分解为多个目标或准则，进而分解为多指标（或准则、约束）的若干层次，通过定性指标模糊量化方法算出层次单排序（权数）和总排序，以作为目标（多指标）、多方案优化决策的系统方法。层次分析法是指将决策问题按总目标、各层子目标、评价准则直至具体的备投方案的顺序分解为不同的层次结构，然后用求解判断矩阵特征向量的办法，求得每一层次的各元素对上一层次某元素的优先权重，最后再用加权和的方法递阶归并各备择方案对总目标的最终权重，此最终权重最大者即为最优方案。这里所谓"优先权重"是一种相对的量度，它表明各备择方案在某一特点的评价准则或子目标，目标下优越程度的相对量度，以及各子目标对上一层目标而言重要程度的相对量度。层次分析法比较适合于具有分层交错评价指标的目标系统，而且目标值又难以定量描述的决策问题。其用法是构造判断矩阵，求出其最大特征值及其所对应的特征向量 W，归一化后，即为某一层次指标对于上一层次某相关指标的相对重要性权值。其具体步骤如下：

1）建立层次结构模型。在深入分析实际问题的基础上，将有关的各个因素按照不同属性自上而下地分解成若干层次，同一层的诸因素从属于上一层的因素或对上层因素有影响，同时又支配下一层的因素或受到下层因素的作用。最上层为目标层，通常只有 1 个因素，最下层通常为方案或对象层，中间可以有一个或几个层次，通常为准则或指标层。当准则过多时（譬如多于 9 个）应进一步分解出子准则层。

2）构造成对比较阵。从层次结构模型的第 2 层开始，对于从属于（或影响）上一层每个因素的同一层诸因素，用成对比较法和 1~9 比较尺度构造成对比较阵，直到最下层。

3）计算权向量并做一致性检验。对于每一个成对比较阵计算最大特征根及对应特征向量，利用一致性指标、随机一致性指标和一致性比率做一致性检验。若检验通过，特征向量（归一化后）即为权向量：若不通过，需重新构造成对比较阵。

4）计算组合权向量并做组合一致性检验。计算最下层对目标的组合权向量，并根据公式做组合一致性检验，若检验通过，则可按照组合权向量表示的结果进行决策，否则需要重新考虑模型或重新构造那些一致性比率较大的成对比较阵。

（2）模糊综合评判法。模糊综合评判法（Fuzzy Comprehensive Evaluation Method）是模糊数学中最基本的数学方法之一，该方法是以隶属度来描述模糊界限的。由于评价因素的复杂性、评价对象的层次性、评价标准中存在的模糊性以及评价影响因素的模糊性或不确定性、定性指标难以定量化等一系列问题，人们难以用绝对的"非此即彼"来准确地描述客观现实，经常存在着"亦此亦彼"的模糊现象，其描述也多用自然语言来表达，而自然语言最大的特点是它的模糊性，这种模糊性很难用经典数学模型加以统一量度。因此，建立在模糊集合基础上的模糊综合评判方法，从多个指标对被评价事物隶属等级状况进行综合性评判，它把被评判事物的变化区间做出划分，一方面可以顾及对象的层次性，使得评价标准、影响因素的模糊性得以体现；另一方面在评价中又可以充分发挥人的经验，使评价结果更客观，符合实际情况。模糊综合评判可以做到定性和定量因素相结合，扩大信息量，使评价数得以提高，评价结论可信。

模糊综合评判法的基本原理为，根据模糊数学理论，设 $U = \{u_1, u_2, \cdots, u_n\}$ 为 n 种因素（或指标），$V = \{v_1, v_2, \cdots, v_m\}$ 为 m 种评判，元素个数和名称都可以根据实际研究情况需要由研究人员主观规定。每个因素在特点研究中所处的地位不同，其作用也不一样，所以权重也不同，因而评判也就不同。人们对 m 种评判并不会绝对地肯定或否定，因此综合评判应该是 V 上的一个模糊子集 $B = (b_1, b_2, \cdots, b_m) \in V$。其中 $b_j(j = 1, 2, \cdots, m)$ 反映了第 j 种评判 b 在综合评判中所占的地位（即 v_j 对模糊集 B 的隶属度，$B(v_j) = b_j$）。综合评判 B 依赖于各个因素的权重，它应该是 U 上的模糊子集 $A = (a_1, a_2, \cdots, a_n) \in U$，且其中 n 表示第 i 种因素的权重。因此，一旦给定权重 A，相应地可得到一个综合评判结果 B。

其具体计算步骤如下：

1）模糊综合评价指标的构建。模糊综合评价指标体系是进行综合评价的基础，评价指标的选取是否适宜，将直接影响综合评价的准确性。进行评价指标的构建应广泛涉猎与该评价指标系统行业资料或者相关的法律法规。

2）构建权重向量。通过专家经验法或者 AHP 层次分析法构建好权重向量。

3）构建评价矩阵。建立适合的隶属函数从而构建好评价矩阵。

4）评价矩阵和权重的合成。采用适合的合成因子对其进行合成，并对结果向量进行解释。

（3）生态足迹法。

1）生态足迹的定义。生态足迹法（Ecological Footprint Analysis）是加拿大生态学家 William Ree 等在 1992 年提出并在 1996 年由其学生 Wackermagel 完善的一种衡量可持续发展程度的方法。生态足迹是指能够提供或消纳废物，具有一定生产能力的生物生产性土地面积。该方法从需求的角度计算人对自然的需求量，即生态足迹；从供给的角度计算自然提供给人的生态承载力，通过生态供需平衡的比较，判断该区域的发展是否处于生态承载力范围内，是一种度量可持续发展程度的生物物理方法。根据生态足迹法，各种物质与能源的消费均按一定的换算比例折算成相应的生物生产性土地面积。生物生产性土地主要分为六种类型：耕地、林地、草地、化石燃料土地、建筑用地和水域。由于不同类型土地单位面积生物生产能力差异很大，为使计算结果转化为一个可比较的标准，有必要用每种生物生产面积乘以均衡因子（权重），以转化为统一的、可比较的生物生产面积。均衡因子的选取来自世界各国生态足迹报告。

人类生产、生活活动需要的食物、水、原材料、能源等都来自于自然生态系统，与此同时，自然生态系统还负责吸收人类生产、生活活动所排放的废弃物，并提供其他功能。也就是说，人类的生存依赖于自然生态系统，并且人类活动也影响自然生态系统，而自然生态系统的生态承载力和生态容量是有限的。显而易见，人类为了持续地生存发展，消耗自然资源和生态系统所提供的服务的速度不能超过自然生态系统更新的速度，而且排放的废弃物的数量必须在自然生态系统能够吸收的范围内。但是目前的实际情况并非如此。人类的需求及其消耗活动正危害着自然生态系统的安全，导致生态系统的服务功能及其健康水平持续下降。许多证据表明，人类正在远离可持续发展。如何判断人类是否在自然生态系统承载力的范围内？Wackemagel 提出的生态足迹的概念回答了这个问题。生态足迹模型是基于两个基本事实和一条最基本假设而提出的。

两个基本事实：a. 人类可以确定自身消费的绝大多数资源及其产生的废弃物的数量；b. 这些资源和废弃物能转换成相应的生物生产面积（所谓的生物生产面积是指具有生态生产能力的土地和近海海域面积的大小）。

一条最基本假设：不同类型的生态生产性土地在空间上是互斥的。譬如，当一块地被用作建设用地（厂房、居民楼、电厂等）时，这块地就不可能是耕地、牧草地、林地等，也就是说，这块地不能同时具有其他类型土地的生态服务功能，这样就使得我们能够加和各类生物生产面积。

因此，生态足迹的定义是：任何已知人口、一座城市、一个国家或地区、全球的生态足迹是生产这些人口所消费的资源和吸纳这些人口所产生的废弃物所需要的生物生产面积（陆地和近海海域）的总和。

2）生态足迹模型。生态足迹的计算公式为：

$$EF = N \cdot e_f = N \cdot \sum (aa_i) = \sum r_j A_i = \sum (c_i/p_i) \tag{5-1}$$

式中，EF 为总的生态足迹；N 为人口数；e_f 为人均生态足迹；c_i 为 i 种商品的人均消费量；p_i 为 i 种消费商品的平均生产能力；aa_i 为人均 i 种交易商品折算的生物生产面积，i 为所消费商品和投入的类型；A_i 为第 i 种消费项目折算的人均占有的生物生产面积；r_j 为均衡因子。

（4）主成分分析法。主成分分析（Principal Components Analysis，PCA）也称主分量分析，旨在利用降维的思想，把多指标转化为少数几个综合指标（即主成分），其中每个主成分都能够反映原始变量的大部分信息，且所含信息互不重复。这种方法在引进多方面变量的同时将复杂因素归结为几个主成分，使问题简单化，同时得到结果更加科学有效的数据信息。在实际问题研究中，为了全面、系统地分析问题，我们必须考虑众多影响因素。这些涉及的因素一般称为指标，在多元统计分析中也称为变量。因为每个变量都在不同程度上反映了所研究问题的某些信息，并且指标之间彼此有一定的相关性，因而所得的统计数据反映的信息在一定程度上有重叠。主成分分析法是一种数学变换的方法，它把给定的一组相关变量通过线性变换转成另一组不相关的变量，这些新的变量按照方差依次递减的顺序排列。具体原理如下：

主成分分析，旨在通过降维思想，将多个指标简化为几个综合指标，也被称为主分量分析。该方法将含有冗余的相关的指标转化为少数几个不相关的综合指标，但这些综合指标可以反映以前多个指标的大部分信息，为数据处理和研究带来极大方便。

主成分分析数学模型：

假设有 m 个样本，每个样本观测 n 项指标：X_1，X_2，$\cdots$，X_n，原始数据为：

$$X = \begin{bmatrix} x_{11} & x_{12} & \cdots & x_{1n} \\ x_{21} & x_{22} & \cdots & x_{2n} \\ \vdots & \vdots & \ddots & \vdots \\ x_{m1} & x_{m2} & \cdots & x_{mn} \end{bmatrix} = (X_1, \ X_2, \ \cdots, \ X_n)$$

$X = (X_1, \ X_2, \ \cdots, \ X_n)$ 的协方差矩阵为 Σ，则 Σ 的 n 个特征值为 λ_1，λ_2，$\cdots$，λ_n（$\lambda_1 \geqslant \lambda_2 \geqslant \cdots \geqslant \lambda_n \geqslant 0$），将其单位化，对应 n 个单位特征向量，即为主成分的系数。其主成分为：

$$\begin{cases} F_1 = a_{11}X_1 + a_{21}X_2 + \cdots + a_{n1}X_n \\ F_2 = a_{12}X_1 + a_{22}X_2 + \cdots + a_{n2}X_n \\ \vdots \\ F_n = a_{1n}X_1 + a_{2n}X_2 + \cdots + a_{nn}X_n \end{cases}$$

式中，①$a_{1i}^2 + a_{2i}^2 + \cdots + a_{ni}^2 = 1$，$i = 1, 2, \cdots, n$；②$F_i$ 与 F_j（$i \neq j$；$i, j = 1, 2, \cdots, n$）不相关；③F_1 是 $X_1, X_2, \cdots, X_n$ 的一切线性组合中方差最大的；F_2 与 F_1 不相关，且是 $X_1, X_2, \cdots, X_n$ 的一切线性组合中方差最大的；F_n 与 $F_1, F_2, \cdots, F_{n-1}$ 都不相关，且是 $X_1, X_2, \cdots, X_n$ 的一切线性组合中方差最大的。

最终，根据实际需要选取适当数量的 m 个主成分，一般要求选取的主成分累计贡献率 $\geq 85\%$。

5.3.1.2 评价方法的确定

对上述常用的城市生态环境评价方法进行比较，其结果如表 5-1 所示。

基于上述对各种方法的分析及比较，本书选择主成分分析法对我国沙漠城市生态环境进行评价。具体模型如下：

基于主成分分析法原理，本书设置了我国沙漠城市生态环境综合评价的模型，具体过程如图 5-1 所示。

具体过程为：

（1）从原始数据矩阵出发，先将原始变量进行标准化变换，得到 X。

$$X = \begin{bmatrix} x_{11} & x_{12} & \cdots & x_{1n} \\ x_{21} & x_{22} & \cdots & x_{2n} \\ \vdots & \vdots & \ddots & \vdots \\ x_{m1} & x_{m2} & \cdots & x_{mn} \end{bmatrix} = (X_1, X_2, \cdots, X_n) \tag{5-2}$$

（2）在 X 的基础上，求协方差矩阵 Σ。

$$\Sigma = \begin{bmatrix} Var(X_1) & Cov(X_1, X_2) & \cdots & Cov(X_1, X_n) \\ Cov(X_2, X_1) & Var(X_2) & \cdots & Cov(X_2, X_n) \\ \vdots & \vdots & \ddots & \vdots \\ Cov(X_n, X_1) & Cov(X_n, X_2) & \cdots & Var(X_n) \end{bmatrix} \tag{5-3}$$

（3）再从协方差矩阵 Σ 出发，求 Σ 的 n 个非零特征根。

由矩阵的性质可得，Σ 的 n 个特征值为 $\lambda_1, \lambda_2, \cdots, \lambda_n (\lambda_1 \geq \lambda_2 \geq \cdots \geq \lambda_n \geq 0)$，与 n 个单位特征向量相对应。根据向量 X 的协方差矩阵 Σ 的特征值求出其单位特征向量，就可以得到主成分的系数向量，因此，对于 $X_1, X_2, \cdots, X_n$ 的主

表 5-1　城市生态环境评价方法比较

方法名称	优点	缺点
层次分析法	①层次分析法是系统性的分析方法，它把研究对象作为一个系统，按照分解、比较判断、综合分析的思维方式进行决策，成为继机理分析、统计分析之后发展起来的系统分析的重要工具。系统的思想在于不割断各个因素对结果的直接或间接影响，而且在每一层次中的每个因素对结果的影响程度都会量化的，非常清晰，明确。这种方法尤其适用于对无结构特性的系统评价以及多目标、多准则、多时期等的系统评价 ②层次分析法是简洁实用的决策方法。这种方法既不单追求高深数学，又不片面地注重行为、逻辑、推理，而是把定性方法与定量方法有机地结合起来，使复杂的系统分解，能将人们的思维过程数学化、系统化，便于人们接受，且能把多目标、多准则又难以全部量化处理的决策为多层次单目标问题，通过两两比较确定同一层次元素相对上一层次元素的数量关系后，最后进行简单的数学运算。即使是具有中等文化程度的人也可了解层次分析的基本原理和掌握它的基本步骤，计算也非常简便，并且所得结果简单明确，容易为决策者了解和掌握 ③层次分析法所需定量数据信息较少。层次分析法主要是从评价者对评价问题的本质、要素的理解出发，比一般的定量方法更讲求定性的分析和判断。由于层次分析法是一种模拟人们决策过程的思维方式的一种方法，它把判断各要素的相对重要性的步骤留给了大脑，只保留人脑对各要素相对重要性的印象，化为简单的权重进行计算。这种思想能处理许多想能处理许多用传统的最优化技术无法着手的实际问题	①层次分析不能为决策提供新方案。层次分析法的作用是从备选方案中选择较优者。这个作用正好说明了层次分析法只能从原有方案中进行选取，而不能为决策者提供解决问题的新方案。这样，在应用层次分析法时，可能就会出现这样一个情况，就是自身的创造能力不够，造成了尽管在我们所想出来的众多方案里选了一个最好的出来，但其效果仍然不如企业所做出来的效果好。而对于大部分决策者来说，如果一种分析工具能替他自己分析出在自己已经知道的方案里的最优者，然后指出已知方案中的不足，又或者甚至再提出改进方案的话，这种分析工具才是比较完美的。但显然，层次分析法还没能做到这点 ②层次分析法定量数据较少，定性成分多，不易令人信服。在一门科学需要比较严格的今希望能解决较数学论证和完善的定量方法的评价中，一般都认为一门科学需要比较严格的数学论证和完善的定量方法。但现实世界的问题和人脑考虑问题的很多时候并不是能简单地用数字来说明一切的。层次分析法是一种带有模拟人脑的决策方式的方法，因此必然带有较多的定性色彩。这样，当一个人应用层次分析法来做决策时，其他人会说：为什么公式是这样，能不能用数学方法来解释 ③指标过多时数据统计量大，且权重难以确定。当希望能解决较普遍的问题时，指标的选取数量很可能就随之增加。这就像系统的结构，要搞清楚关系时，要确定系统各层次之间的相互关系就更复杂了，而要分析到基层次上的相互关系，数量更多、规模非常多了。指标的增加意味着我们要构造层次更深、数量更多、规模更庞大的判断矩阵。那么就需要对层次分析的指标进行两两比较。由于一般情况下对层次分析的指标是用 1 至 9 来两两比较，说明其相对重要性，对每两个指标之间的判断都很明确，如果有越来越多的指标，就可能出现困难了，其实会对层次分析单排序和总的判断可能产生影响，使分析的一致性检验不能通过

续表

方法名称	优点	缺点
模糊综合评判法	①模糊评价通过精确的数字手段做出处理模糊的评价对象，能对蕴藏信息呈现模糊性的资料做出比较科学、合理、贴近实际的量化评价 ②评价结果是一个矢量，而不是一个点值，包含的信息比较丰富，既可以进一步加工，得到参考信息 ③可以克服传统数学方法中"唯一解"的弊端，根据不同可能性得出多个层次的问题解，具备可扩展性，符合现代管理中"柔性管理"的思想	①计算复杂，对指标权重矢量的确定主观性较强 ②当指标集U较大，即指标集个数较大时，在权矢量和为1的条件约束下，相对隶属度权系数数值往往偏小，分辨率很差，甚至造成评判失败，此时可用分层模糊评估法加以改进 ③不能解决评价指标间相关造成的信息重复问题，求隶属函数、模糊相关矩阵等的确定方法有待进一步研究
生态足迹	①生态足迹是基于土地面积的量化指标，直观明了，形象地反映了人类对地球的影响，且资料相对容易获取，计算方法的可操作性和可重复性强，并可进行横向和纵向对比，可以较好地揭示出自然资本和经济发展之间的互补关系 ②生态足迹方法提出了生物生产性土地的概念，对各种人类消费和自然资源进行了标准化的处理，生态生产性土地的概念有效地表达了支持人类生活所必需自然资源和土地面积的有限性 ③生态足迹方法通过引入平衡因子和产出因子进一步实现了各国各地区各类生物生产性土地的可加性和可比性。它通过测量人类对自然的需求与自然所能提供的生态服务之间的差距，提供了一个核算个人、企业、地区、国家和全球自然资本利用状况和自然资本的承载量，可以使政策制定者和公众知晓人类对生态系统的利用状况和可持续发展对自然资本的偏离程度 ④生态足迹突出了人类消费的增加及其后果，可持续发展所依赖的关键资源，贸易对可持续发展的影响以及环境压力下区域资源的重新分配等与可持续发展有关的主题。这使得将生态足迹的普及作成一个软件包成为可能，从而可以推动该指标及方法的普及	①生态足迹的计算结果只能反映经济决策对环境的影响，也就是说，只注意了经济产品和社会服务的耗费，而未注意生态产品和生态服务的耗费 ②在考虑资源的消费时，同时也忽略了资源开发利用中其他的重要影响因素，如加工、消费，对资源的直接消费而未考虑间接消费，如侵蚀等造成的土地退化、业城市化的推进挤占耕地，由于污染情况 ③生态足迹方法并没有设计成一个预测模型，是一种基于现状静态的分析方法，其计算结果不能反映未来的发展趋势，其所得结论具有明显时代性

续表

方法名称	优点	缺点
主成分分析法	①可消除评价指标之间的相关影响。因为主成分分析在对原指标变量进行变换后形成了彼此相互独立的主成分，而且实践证明指标之间相关程度越高，主成分分析效果越好 ②可减少指标选择的工作量。对于其他评价方法，由于难以消除评价指标间的相关影响，所以选择指标时要花费不少精力，而主成分分析由于可以消除这种相关影响，所以在指标选择上相对容易些 ③当评级指标较多时还可以在保留大部分信息的情况下用少数几个综合指标代替原指标进行分析。主成分分析中各主成分是按方差大小依次排列的，在分析问题时，可以舍弃一部分主成分，只取前后方差较大的几个主成分来代表原变量，从而减少了计算工作量 ④在综合评价函数中，各主成分的权数为其贡献率，它反映了该主成分包含原始数据信息量占全部信息量的比重，这样确定权数是客观的、合理的，克服了某些评价方法中人为确定权数的缺陷 ⑤这种方法的计算比较规范，便于在计算机上实现，还可以利用专门的软件	①在主成分分析中，我们首先应保证所提取的前几个主成分的累计贡献率达到一个较高的水平（即变量降维后的信息须保持在一个较高水平上），其次对这些被提取的主成分须能够给出符合实际背景和意义的解释（否则主成分将空有信息量而无实际含义） ②主成分的含义一般多少带有模糊性，不像原始变量的含义那么清楚、确切，这是变量降维过程中不得不付出的代价。因此，提取的主成分个数 m 通常应明显小于原始变量个数 p（除非 p 本身较小），否则维数降低的"利"可能抵不过主成分含义不如原始变量清楚的"弊"

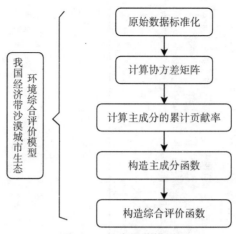

图 5-1　综合评价模型

成分就是求取以∑的单位特征向量为系数的线性组合，其方差为∑且互不相关的特征根。

（4）求出 n 个特征根所对应的特征向量，并将其单位化，得到单位特征向量：

$$\alpha_1 = \begin{bmatrix} a_{11} \\ a_{21} \\ \vdots \\ a_{n1} \end{bmatrix}, \ \alpha_2 = \begin{bmatrix} a_{12} \\ a_{22} \\ \vdots \\ a_{n2} \end{bmatrix}, \ \cdots, \ \alpha_n = \begin{bmatrix} a_{1n} \\ a_{2n} \\ \vdots \\ a_{nn} \end{bmatrix} \tag{5-4}$$

（5）根据以上的特征值计算累计贡献率：

$$\sum_{k=1}^{i} \lambda_k / \sum_{k=1}^{n} \lambda_k \tag{5-5}$$

（6）选取 m 个主成分 F_i：

选取的少数主成分的累计贡献率应≥85%，这样少数主成分就包含了原来数据的大部分信息，且减少了变量的个数。

$$F_i = a_{1i}X_1 + a_{2i}X_2 + \cdots + a_{ni}X_n \quad i = 1, \ 2, \ \cdots, \ m \tag{5-6}$$

除此以外，利用 F_1, F_2, $\cdots$, F_m 做线性组合，并以每个主成分 F_i 的方差贡献率做权重系数构造一个综合评价函数，即评价模型。

综合评价函数为：

$$F = \frac{\lambda_1}{\sum_{k=1}^{m} \lambda_k} F_1 + \frac{\lambda_2}{\sum_{k=1}^{m} \lambda_k} F_2 + \cdots + \frac{\lambda_m}{\sum_{k=1}^{m} \lambda_k} F_m \tag{5-7}$$

式中，$\dfrac{\lambda_i}{\sum_{k=1}^{m} \lambda_k}$（$i = 1, 2, \cdots, m$）为方差贡献率与累计方差贡献率的比值。

5.3.2　指标体系的建立

5.3.2.1　指标体系建立的原则

（1）科学性原则。沙漠城市生态环境评价指标体系必须遵循经济规律和生态规律，采用科学的方法和手段，确立的指标必须是能够通过观察、测试、评议等方式得出明确结论的定性或定量指标，结合沙漠城市生态环境定量和定性调查研究，指标体系较为客观和真实地反映所研究系统发展演化的状态，从不同角度和侧面对沙漠城市生态环境进行衡量，都应坚持科学发展的原则，统筹兼顾，指标体系过大或过小都不利于做出正确的评价，因此，必须以科学的态度选取指标，把握科学发展规律，提高发展质量和效益，以便做出真实有效的评价。

（2）系统性原则。"系统性"要求坚持全局意识、整体观念，把生态环境看成人与自然这个大系统中的一个子系统来对待，指标体系要综合反映城市生态环境系统中各子系统、各要素相互作用的方式、强度和方向等各方面的内容，是一个受多种因素相互作用、相互制约的系统的量。因此，必须把生态环境视为一个系统问题，并基于多因素来进行综合评估。

（3）综合性原则。任何整体都是由一些要素为特定目的综合而成的，这些要素多种结构联系、领域交叉、跨学科综合，仅仅根据某一单要素进行分析判断，很可能做出不正确甚至错误的判断，因此，构建沙漠城市生态环境评价指标体系应综合平衡各要素，要考虑周全、统筹兼顾，通过多参数、多标准、多尺度分析、衡量，从整体的联系出发，注重多因素的综合性分析，求得一个最佳的综合效果。

（4）层次性原则。层次性是指标体系自身的多重性。各个要素相互联系构成一个有机整体，沙漠城市生态环境是多层次、多因素综合影响和作用的结果，评价体系也应具有层次性，能从不同方面、不同层次反映沙漠城市生态环境的实际情况。一是指标体系应选择一些指标从整体层次上把握评价目标的协调程序，以保证评价的全面性和可信度。二是在指标设置上按照指标间的层次递进关系，尽可能体现层次分明，通过一定的梯度，能准确反映指标间的支配关系，充分落实分层次评价原则，这样既能消除指标间的相容性，又能保证指标体系的全面性、科学性。

（5）区域性原则。任何区域系统的系统结构都是一致的，构建的指标体系应在不同区域间具有相同的结构。不同区域之间城市生态环境在不同空间、时间上具有较大的差异性，地域性很明显，这种差异很大程度上决定了区域间在沙漠城市生态环境的不同，建立指标体系时应包含反映这种区域特色的指标。在沙漠城市生态环境评价中要坚持区域性原则，因为用统一的标准衡量区域之间沙漠城市生态环境难以充分发挥各地优势，达到资源的节约集约利用，环境的有效保护。即使在相同层次的指标体系中，沙漠城市生态环境指标体系也应尽可能反映区域间的差异。

（6）动态性原则。整体性的相互联系是在动态中表现出来的。作为现实存在的系统、联系和有序性是变化的，不变的东西是不存在的。沙漠城市生态环境系统是一种地域性很强的系统，生态系统由于自身动因和人的作用在发生着变化，环境因子限值不断被打破，沙漠城市生态环境就是一个动态发展的变量，由于影响区域和城市地质环境容量的因素始终随时间及周围条件的变化而随机变化，并具有非线性变化规律，沙漠城市生态环境评价指标应反映出评价目标的动态性特点，作为反映系统特征的指标体系须因时因地制宜地反映这种动态性变化。

5.3.2.2　指标筛选的方法

首先，以联合国可持续发展委员会、世界银行、中国科学院等权威机构发布的生态环境评价经典、高频指标为基础，梳理生态环境相关文献，海选指标。

其次，对指标进行定性初选。根据代表性原则、可行性原则和可观测性原则对上述选出的影响因素进行初选，选出具有代表性、含义清晰且能够被获取的指标。

再次，对指标进行定量筛选。运用聚类分析法将同一系统下信息含量相同的指标聚为一类，再用变异系数法选取同一类中信息含量最大的指标。

定量筛选的具体过程如下：

（1）数据标准化。为了消除数据量纲对定量筛选结果的影响，对指标数据进行标准化处理，使原始数据转化为 $[0, 1]$ 之间的数。数据标准化原理如下：

$$x_i^* = \frac{x_i - \bar{x}_i}{s_j} \tag{5-8}$$

$$\bar{x}_i = \frac{1}{n} \sum_{i=1}^{n} x_i \tag{5-9}$$

$$s_j = \sqrt{\frac{1}{n} \sum_{i=1}^{n} (x_i - \bar{x}_i)} \tag{5-10}$$

式中，x_i^* 表示第 i 个指标标准化后的数据；x_i 表示第 i 个指标的原始数据；s_j 表示第 j 个指标的标准差；$\bar{x}_i$ 表示第 i 个指标的均值；n 表示指标的个数。

（2）R 聚类分析。通过 R 聚类分析将反映信息相同的指标聚为一类，使不同类别的指标反映不同的数据特征，保证了从不同类筛选出的指标反映的信息不重复。对准则层内的指标聚类而不对整个海选指标聚类的原因：R 聚类分析是根据数据关系对指标进行分类的，它无法考虑指标的实际含义，按准则层聚类保证了聚为一类的指标在含义、数据上均显著相关，避免将数据相关但含义无关的指标聚为一类。

其运算步骤如下：

1）计算聚类统计量。聚类统计量是根据变换以后的数据计算得到的一个新数据。它用于反映各样品或变量间的关系密切程度。常用的统计量有距离和相似系数两种，一般的规则是将距离较小的个体或相似系数较大的个体归为同一类，将距离较大的个体或相似系数较小的个体归为不同的类。根据变量的测量尺度不同，所采用的统计量也就不同，本书采用距离统计量作为分类依据。距离的计算方法主要有三种，即绝对值距离（Block 距离）、欧氏距离（Euclidean 距离）、切比雪夫距离（Chebychev 距离），本书采用应用最广泛的欧氏距离作为计算方法。

2）选择聚类方法。通过离差平方和法对指标的标准化数据进行聚类。

假设：将 m 个评价指标看成 l 类，第 i 类的离差平方和 s_j（i = 1，2，3，…，l）为：

$$s_i = \sum_{j=1}^{n_i} (x_i^{(j)} - \bar{x}_i)(x_i^{(j)} - \bar{x}_i) \tag{5-11}$$

式中，n_i 为第 i 类指标的个数；$x_i^{(j)}$ 为第 i 类中的第 j 个指标标准化后的样本值向量（j = 1，2，3，…，n_i）；$\bar{x}_i$ 表示第 i 类指标的样本平均值向量。

根据式（5-11）的第 i 类的离差平方和 s_j 可以计算所有 k 个类的总离差平方和 s：

$$s = \sum_{i=1}^{k} \sum_{j=1}^{n_i} (x_i^{(j)} - \bar{x}_i)(x_i^{(j)} - \bar{x}_i) \tag{5-12}$$

离差平方和聚类的具体步骤：

第一，将 m 个指标看成 m 类。

第二，将 m 类指标中任意两个合并成一类而其他类保持不变，共有 m(m -

1)/2 种方案，根据式（5–12）计算每种合并方案的总离差平方和，按总离差平方和最小的原则进行新的分类。

第三，重复步骤二，直到最后分类数目为 l。

3）聚类数目合理性的判定。R 聚类的分类数 l 一般是人为给定的，为了避免确定分类数目的主观随意性，对聚类后的每一类指标进行非参数 K–W 检验，判断分类数目的合理性。

非参数 K–W 检验的原始假设为，H_0：不同的指标在数值特征上无显著差异。其判断标准：若每一类指标的显著性水平 Sig > 0.05，则接受原假设，认为聚类后同类指标在数值上不存在显著差异，聚类数 l 合理，否则，聚类数不合理，需重新聚类。

用 Spss17.0 对指标的原始数据进行标准化处理，并对标准化后的数据进行 R 聚类，用非参数 K–W 检验对聚类结果进行合理性判断。

由计算结果可以看出，每一类指标的非参数 K–W 检验的显著性水平 Sig 都明显大于临界值 0.05，各因素层内指标的分类数目是合理的。

（3）变异系数分析。变异系数是衡量一组数据中各观测值之间离散程度的统计量，可以用来反映指标在生态安全评价中的鉴别能力。通过对变异系数的计算，可以选择出指标中信息含量最大的指标，保证了筛选出的指标对西安市生态安全的影响最大。变异系数法的原理是：

$$cv_i = \frac{s_i}{\bar{x}_i} \tag{5-13}$$

式中，cv_i 为第 i 个指标的变异系数；s_i 为第 i 个指标的总体标准差；$\bar{x}_i$ 为第 i 个指标的总体均值。$\bar{x}_i$、s_i 可以通过式（5–9）和式（5–10）计算。

变异系数越大，表明该指标的鉴别能力越强，信息含量越大，其对生态安全的影响越大，应当保留；反之，变异系数越小，表明该指标的鉴别能力越差，信息含量越少，其影响就越小，应当删除。

最后，用指标方差原理对得到的指标进行合理性检验。

指标体系合理性判定标准：用 30% 以下的指标反映 95% 以上的原始信息，则认为指标体系构建合理。根据指标数据方差反映指标信息含量的原理，用最终指标体系原始数据的方差比海选指标体系原始数据的方差即为指标体系的信息含量。

设：S 为指标数据的协方差矩阵；trS 为协方差矩阵的迹；s 为筛选后指标个数；h 为海选指标个数，则筛选后的指标对海选指标的信息贡献率 In 为：

$$\ln = \frac{\mathrm{tr} S_s}{\mathrm{tr} S_h} \qquad (5\text{-}14)$$

式（5-14）表示筛选后 s 个指标的方差之和 $\mathrm{tr} S_s$ 与海选的 h 个指标的方差之和 $\mathrm{tr} S_h$ 的比值，表示筛选后的 s 个指标所反映的 h 个海选指标的信息。

上述原理最终将确定我国沙漠城市生态环境评价指标体系。

5.3.3　指标权重确定

我国沙漠城市生态环境评价指标体系权重的确定用熵值法和层次分析法组合赋权。既能够包含客观因素的影响，又能考虑人类的主观感受。

5.3.3.1　熵值法

熵值法为客观确定权重的方法，客观权重的确定相较于主观权重的确定，排除了主观人为的因素，比如个人偏好、选择随意、差异性较大等问题，它是依据指标与目标的关系，对指标的客观数据进行分析，通过客观数据之间的关系决定权重的，更具科学性，但是也因此具有缺陷，如其过分依赖于客观数据间的关系，没有对实际问题实际分析，且计算较为复杂。熵值法是在没有专家评价的情况下，根据评价指标的判断矩阵来确定权重的方法。设有 m 个待评方案，n 项评价指标的指标判断矩阵为 $X = (x_{ij})_{mn}$，如果指标值的差距越大代表指标在评价中的作用越大。如果某指标值全部相等，则该指标在评价中的作用为零。

（1）第 j 项指标的熵值为：

$$e_j = \frac{1}{\ln m} \sum_{i=1}^{m} P_{ij} \ln P_{ij} \qquad (5\text{-}15)$$

式中，P_{ij} 为第 j 项指标下第 i 个方案的指标值比重，且

$$P_{ij} = \frac{x_{ij}}{\sum\limits_{i=1}^{m} x_{ij}} \qquad (5\text{-}16)$$

（2）计算第 j 项指标的差异性系数：

$$g_j = 1 - e_j \qquad (5\text{-}17)$$

对于给定的指标项 j，x_{ij} 的差异越小，则指标的熵值 e_j 就越大，该指标对方案比较所起的作用就越小；反之，差异性系数 g_j 越大，对评价方案越重要。

（3）定义权数：

$$w_j = \frac{g_j}{\sum\limits_{j=1}^{n} g_j} \tag{5-18}$$

5.3.3.2　层次分析法

层次分析法是一种主观确定权重的方法，是专家学者根据多年的经验对指标进行打分，进而把定性的问题转化为定量的问题，综合人们主观判断，进而在分析中对评价指标的权重值做出判断，判定不同要素对总体目标的重要性程度，是一种简便可靠的有效量化方法。层次分析法是对所需评价的对象进行分析，将评价对象层层分解，将各层间的指标相互进行对比、计算，从而得出各个指标相对于评价体系的重要性，即权重。

（1）建立各阶层的判断矩阵，即为了确定下一层因素对上一层因素的重要性贡献程度，由专家对同层的各个因子进行打分，从而确定了其对上一层的重要性的评分，判断矩阵标度定义如表 5-2 所示。

表 5-2　判断矩阵标度定义

标度	含义
1	两个要素相比，具有同样重要的意义
3	两个要素相比，前者比后者稍重要
5	两个要素相比，前者比后者明显重要
7	两个要素相比，前者比后者强烈重要
9	两个要素相比，前者比后者极端重要
2，4，6，8	上述相邻判断的中间值
倒数	两个要素相比，后者比前者的重要性标度

（2）计算各要素相对于上层某要素的归一化相对重要程度向量 W_i^0，公式如下：

$$W_i = \left(\prod_{j=1}^{n} x_{ij} \right)^{\frac{1}{n}} \tag{5-19}$$

$$W_i^0 = \frac{W_i}{\sum\limits_i W_i} \tag{5-20}$$

解出的特征向量 $W(W_1, W_2, \cdots, W_n)$ 即是下一层次相对于上一层次的重要性的权重值。利用下面公式进行一致性检验。

（3）一致性检验。

首先，计算一致性指标 C.I.。

$$C.I. = \frac{\lambda_{max} - n}{n - 1} \qquad (5-21)$$

$$\lambda_{max} = \frac{1}{n} \sum_{i=1}^{n} \frac{\sum_{j=1}^{n} x_{ij} W_j}{W_i} \qquad (5-22)$$

其次，计算一致性比例 C.R.。

$$C.R. = \frac{C.I.}{R.I.} \qquad (5-23)$$

式中，n 是判断矩阵的维数，R.I.是同阶随机判断矩阵的一致性指标的平均值，具体数值见表 5-3。

表 5-3　平均随机一致性指标

n	1	2	3	4	5	6	7	8	9	10
R.I.	0	0	0.52	0.89	1.12	1.26	1.36	1.41	1.46	1.49

利用上述公式检验时，当 C.R. = 0 时，表明权重比矩阵具有完全一致性；C.R.的数值越小，说明判断矩阵的一致性越好；反之，则越差。当 C.R. ≤ 0.1 时，说明判断矩阵的一致性是令人满意的，否则就需要专家重置权重比值来调整。

（4）层次总排序。利用同一层次中所有的本层次对应从属因子的权重值 W_i^0 以及上一层的各因子的权重值 $W_i^0(G)$，从而确定最后的权重值 V_i。

$$V_i = W_i^0 \cdot W_i^0(G) \qquad (5-24)$$

5.3.3.3　综合集成赋权法

综合集成赋权法是将主观赋权法与客观赋权法相结合的一种方法，它集成了两种方法的优点，相互补充。本书采取加法集成法，确定每种方法权重在整个综合集成过程中所占的比重，即对由客观方法熵值法确定的指标权重 W_j 赋予系数 a，由主观方法层次分析法得到的指标权重 V_j 赋予系数 b，通过每种方法所得的权重与相应系数的乘积的和，得到最终的权重 p_j，然而不论是主观方法还是客观方法都具有其自身的特点，有优点也有缺点，因此，本书从公平的角度出发，确定两种方法的重要性程度一致，即 a = b = 0.5。

$$p_j = aW_j + bV_j = 0.5(W_j + V_j) \qquad (5-25)$$

第6章　我国沙漠生态城市建设战略制定及模式选择

6.1　我国沙漠生态城市的战略选择

6.1.1　沙漠生态城市发展战略类型

沙漠生态城市的发展战略类型可以分为非均衡发展战略、多点推动均衡型发展战略和区域合作型发展战略。

6.1.1.1　非均衡发展战略

有限的资源首先投向效益较高的区域和产业，促进一些沙漠生态城市的高速发展，同时带动其他区域、产业一同发展的战略。由于不同国家的自然资源、生态环境和社会资源均存在一定的差异性，发展的区域空间差异也因此存在。区域沙漠生态城市发展的非均衡性是经济发展的普遍规律，西方经济学家在研究区域经济发展规律时提出了许多有关区域经济非均衡发展的理论，主要有循环积累因果原理、增长极理论以及区域经济梯度推移理论。循环积累因果原理、增长极理论、区域经济梯度推移理论是非均衡发展战略的基础，根据上述理论，将非均衡发展战略分为梯度发展战略和中心点带动型发展战略。

（1）梯度发展战略。区域经济发展梯度理论是由企业家弗农等在产业和产品的生命周期理论基础上提出的。弗农等认为在产业和产品的生命周期中会经历创新阶段、发展阶段、成熟阶段以及衰老阶段，不同的产业和产物都将经历成熟、发达、衰退阶段。区域经济发展是不平衡的，不同的区域处于不同的阶梯上，高收入地区处于高梯度，低收入地区处于低梯度，在两者之间存在着中间梯度。弗农等认为在区域经济发展过程中，新产业、新技术等都将从经济发达地区向经济不发达的地区转移，即从经济高梯度区域转移到经济低梯度区域。随着经济发展，梯度推移加快，区域间差距可以逐步缩小，最后实现经济分布的相对均衡。

梯度发展战略是一种以"效率优先"为基本指导思想的区域发展战略。沙漠生态城市推行该发展战略从理论上讲有以下两点突破：其一，冲破了单方面强调"均衡布局"的守旧布局模式，承认了我国沙漠生态城市存在不均衡发展的现状，强调经济的发展要逐渐从不均衡向均衡发展，遵循经济发展的客观规律，以客观规律和实事求是为基础，制定经济发展战略。其二，它强调将资金和资源集中起来，以此作为发展的重中之重，同时在地区间将产业结构的转换连接起来，从而使产业空间分布与地区经济发展相联系，有效地结合产业结构与产业布局，让经济发展与产业政策更加适应，较好地反映了沙漠生态城市特定经济发展阶段的发展要求。

高梯度沙漠生态城市区域要采取创新型经济发展战略，因为其在技术和经济上具有优势，建立了一个以技术密集型产业和商贸发达的银行、信息、科研等第三产业为主体的经济结构。高梯度沙漠生态城市地区要维持现状，就必须防止经济结构的退化，不断创新，建立新行业、新企业，创造新产品，保持技术上的领先地位。同时要及时地、有步骤地逐步淘汰那些已经进入成熟和衰退期的老产业。中梯度上的沙漠生态城市应推行改造型发展战略，改革地区产业结构，可从大力改造旧部门、创建新部门入手。低梯度沙漠生态城市应实行渐进型发展战略。这些地区，以初级产业和一些衰退部门为主。由于扩展效应只给该地区带来了一些由发达地区淘汰的产业，若任其自由发展，则永无出头之日。低梯度沙漠生态城市要改变这种处境，就必须采取一系列措施，集中力量实现经济起飞。首先要找出占有较大优势的初级产业、简单劳动密集型产业与资源密集型产业，并重点发展。依靠这些产业的发展来替代进口、扩大出口，创造利润，为地区的发展积累资金；还可通过它们的发展来总结发展经验，加大人才培训力度，为地区进一步发展输送人才。在有了一定的基础之后，加大对教育的投资力度，灵活地引进外资，促进这些地区的发展，从最低梯度向上攀登，进入先进行列。

（2）中心点带动型发展战略。中心点带动型发展战略包括三个方面的内容：一是联结沙漠生态城市的主要城镇、工矿区、旅游区以及附近具有较好的资源、农业条件的交通干线所经过的地带，以此作为发展轴并重点开发。二是在沙漠生态城市各个发展轴上确定重点发展的中心城市或中心地区，规定各沙漠生态城市的发展方向和服务、吸引区。三是较高级的中心城镇和发展轴线影响较大的地区，应当集中精力进行开发。随着国家和地区经济实力的不断加强，经济开发的关注点愈来愈多地放在较低的发展轴和发展中心上。与此同时，发展轴线逐渐向较不发达地区延伸，包括发达沙漠生态城市的发展轴和离中心沙漠生态城市较远的地区，将以往不作为中心城市的点确定为初级发展中心。

6.1.1.2　多点推动均衡型发展战略

多点推动均衡型发展战略是指工业体系或国民经济各部门、各地区按同一比率保持同步、全面均衡发展的策略。均衡型发展理论也称为平衡理论，平衡理论按照均衡型发展的类型可以分为以下三类：

（1）罗森斯坦·罗丹的大推进论，是极端的平衡理论。

（2）纳克斯的平衡增长论，是温和的平衡理论。

（3）斯特里顿的平衡增长论，是完善的平衡增长理论。

基于以上理论制定的沙漠生态城市均衡发展战略主要内容是：全面、灵活地运用各种区域经济非均衡发展理论，充分发挥沙漠生态城市经济区域的比较优势，从经济发展的整体和全局出发统筹各沙漠生态城市特点并使它们相互协调、共同发展，实现各沙漠生态城市之间优势互补、相互关联、整体推进、布局合理的地区经济结构。

均衡发展战略是不同沙漠生态城市之间或沙漠生态城市内部主要产业之间保持相对均衡发展比例关系的重大举措，它要求资源配置合理化、经济布局科学化、收入分配公平化。该战略主张生产力空间布局应以"均衡"为主，提升不发达地区的发展水平，缩短沙漠生态城市地区发展差距。

6.1.1.3　区域合作型发展战略

区域合作战略即合纵连横战略，"合纵"偏重于宏观区域间的经济联系；"连横"偏重于中微观区域的空间联系。新疆维吾尔自治区、甘肃、青海、宁夏回族自治区及内蒙古自治区西部相距近、联系密切，同时，内蒙古自治区东部、陕西北部以及辽宁、吉林和黑龙江三省的西部在区位上关系紧密，区域合作次数较多，具有独特的区位特征，有利于加强与周边城市的联系与合作，通过与区域的"合纵"以及自身区域的整合"连横"，实现自身城市生态绿色发展。

区域经济合作客观上可以将地区要素资源整合起来，它对快速构建和完善沙漠生态城市区域市场体系，转变地方政府职能，优化区域资源配置方式，构建地区经济增长和社会发展的协调机制，兼顾沙漠生态城市不同地区的均衡发展等，都提出了新的要求。另外，沙漠生态城市区域经济合作使地区经济增长的空间日益扩大，已经成为宏观经济调控在不同区域以及经济微观层面产生实际效果而无法超越的一个中间环节和层次。

6.1.2 战略选择影响因素与因素权重的确定

根据对建设我国沙漠生态城市的外部机遇与挑战以及内部优势与劣势的分析，总结归纳得到建设我国沙漠生态城市战略选择的内、外部影响因素。

6.1.2.1 外部影响因素

我国沙漠生态城市建设战略选择外部影响因素如图6-1所示：

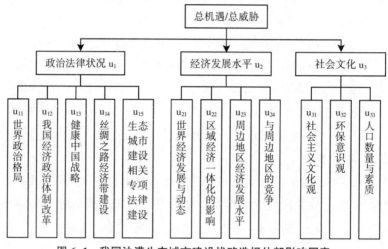

图6-1 我国沙漠生态城市建设战略选择外部影响因素

6.1.2.2 内部影响因素（略）

6.1.2.3 外部机遇与威胁单因素评价权重的确定

根据所建立的外部影响因素指标体系，对外部环境的三个单因素：政治法律状况、经济发展水平、社会文化的评价权重分别进行计算。

政治法律状况权重计算。

（1）形成判断矩阵。通过专家调查法得出以下结果（见表6-1）：

第1个专家对第1个单因素（u_1 政治法律状况）下第1个子因素（u_{11} 世界政治格局）的评价值为 $t_{11}^1 = \dfrac{d_{11}^{1(L)} + d_{11}^{1(U)}}{2} \times \dfrac{f_{11}^{1(L)} + f_{11}^{1(U)}}{2} = 4.55$；同理，第2个专家的评

表6-1 政治法律状况专家评价结果

因素	子因素	专家1		......	专家10	
		打分	自信度		打分	自信度
u_1 政治法律状况	u_{11} 世界政治格局	6~8	60~70	......	6~8	60~70
	u_{12} 我国经济政治体制改革	8~10	70~80	......	6~8	80~90
	u_{13} 健康中国战略	8~10	80~90	......	8~10	80~90
	u_{14} 丝绸之路经济带建设	8~10	80~90	......	8~10	70~80
	u_{15} 生态城市建设相关专项法律建设	6~8	70~80	......	8~10	70~80

价值为 $t_{11}^2 = \dfrac{d_{11}^{2(L)} + d_{11}^{2(U)}}{2} \times \dfrac{f_{11}^{2(L)} + f_{11}^{2(U)}}{2} = 5.72$；类似地，$t_{11}^3 = 6.75$，$t_{11}^4 = 5.25$，$t_{11}^5 = 4.55$，$t_{11}^6 = 5.95$，$t_{11}^7 = 5.95$，$t_{11}^8 = 5.25$，$t_{11}^9 = 5.95$，$t_{11}^{10} = 4.55$。

根据划分标准：当 $t_{pi} \in [0, 4.0)$ 时，为"有威胁（或劣势）"；当 $t_{pi} \in [4.0, 5.6)$ 时，为"非机会非威胁（或无优势无劣势）"；当 $t_{pi} \in [5.6, 12)$ 时，为"有机会（或优势）"。

则对于第1个单因素（u_1 政治法律状况）下第1个子因素（u_{11} 世界政治格局），有机会的隶属度为 $r_{111} = 0.4$；非机会非威胁的隶属度为 $r_{112} = 0.6$；有威胁的隶属度为 $r_{113} = 0.8$。

得，$R_{11} = (r_{111}, r_{112}, r_{113}) = (0.4, 0.6, 0.8)$

类似地，对于 u_{12} 我国经济政治体制改革、u_{13} 西部大开发战略、u_{14} 绿色陕西建设和 u_{15} 生态城市建设相关专项法律建设有：

$R_{12} = (r_{121}, r_{122}, r_{123}) = (1, 0, 0)$

$R_{13} = (r_{131}, r_{132}, r_{133}) = (0.5, 0.3, 0.2)$

$R_{14} = (r_{141}, r_{142}, r_{143}) = (0.6, 0.3, 0.1)$

$R_{15} = (r_{151}, r_{152}, r_{153}) = (0.3, 0.5, 0.2)$

（2）计算子因素权重集。运用层次分析法计算得三个单因素下所属四个子因素的权重，结果如表6-2~表6-4所示。

用层次分析法计算得外部机遇与威胁中各单因素的权重，结果如表6-5所示。

表 6-2   政治法律状况中所属子因素权重

因素	子因素	权重
u_1 政治法律状况	u_{11} 世界政治格局	0.0610
	u_{12} 我国经济政治体制改革	0.2012
	u_{13} 健康中国战略	0.2700
	u_{14} 丝绸之路经济带建设	0.2474
	u_{15} 生态城市建设相关专项法律建设	0.2204
	合计	1

表 6-3   经济发展水平中所属子因素权重

因素	子因素	权重
u_2 经济发展水平	u_{21} 世界经济发展与动态	0.1824
	u_{22} 区域经济一体化的影响	0.2416
	u_{23} 周边地区经济发展水平	0.3132
	u_{24} 与周边地区的竞争	0.2628
	合计	1

表 6-4   社会文化权重

因素	子因素	权重
u_3 社会文化	u_{31} 社会主义文化观	0.2856
	u_{32} 环保意识观	0.3658
	u_{33} 人口数量与素质	0.3486
	合计	1

表 6-5   外部环境中各单因素权重

因素 u_p	u_1 政治法律状况	u_2 经济发展水平	u_3 社会文化	合计
权重 z_p	0.2532	0.6333	0.1035	1

6.1.2.4   内部优势与劣势单因素评价权重的确定

根据所建立的内部影响因素指标体系，对内部资源条件的四个单因素：产业发展前景、地方经济发展水平、生态资源实力、生态经济建设能力的评价权重分别进行计算。

产业发展前景权重计算。

（1）形成判断矩阵。通过专家调查法得到产业发展前景的判断矩阵如表 6-6 所示。

表 6-6　产业发展前景专家评价结果

因素	子因素	专家 1		……	专家 10	
		打分	自信度		打分	自信度
u₄ 产业发展前景	u₄₁ 市场结构	4~6	70~80	……	2~4	60~70
	u₄₂ 产业寿命	8~10	80~90	……	10~12	80~90
	u₄₃ 市场需求	8~10	80~90	……	8~10	80~90

（2）计算子因素权重集。运用层次分析法计算得四个单因素（u_4 产业发展前景、u_5 地方经济发展水平、u_6 生态资源实力、u_7 生态经济建设能力）下所属各个子因素的权重，结果如表 6-7~表 6-10 所示。

表 6-7　产业发展前景中所属子因素权重

因素	子因素	权重
u_4 产业发展前景	u_{41} 市场结构	0.1818
	u_{42} 产业寿命	0.7272
	u_{43} 市场需求	0.0910
	合计	1

表 6-8　地方经济发展水平各因素权重

因素	子因素	权重
u_5 地方经济发展水平	u_{51} 人均 GDP 水平	0.2842
	u_{52} 人均地方财政收入水平	0.2121
	u_{53} 交通运输条件	0.2464
	u_{54} 地方能源开发业发展水平	0.2573
	合计	1

表 6-9　生态资源实力

因素	子因素	权重
u_6 生态资源实力	u_{61} 人均绿地面积	0.2436
	u_{62} 特色生态资源	0.2327

续表

因素	子因素	权重
u_6 生态资源实力	u_{63} 地方水资源储量	0.2556
	u_{64} 地方绿色产业发展	0.2681
合计		1

表 6-10 生态经济建设能力

因素	子因素	权重
u_7 生态经济建设能力	u_{71} 开发成本	0.2128
	u_{72} 低碳环保产业建设水平	0.2522
	u_{73} 投资资金规模	0.1986
	u_{74} 榆林市政府的支持力度	0.3364
合计		1

用层次分析法计算得内部优势与劣势中各单因素的权重，结果如表 6-11 所示。

表 6-11 内部资源条件中各单因素权重

因素 u_p	u_4 产业发展前景	u_5 地方经济发展水平	u_6 生态资源实力	u_7 生态经济建设能力	合计
权重 z_p	0.1878	0.2734	0.0789	0.4599	1

6.1.3 沙漠生态城市的发展战略

6.1.3.1 综合评价

（1）隶属函数与因素隶属度的确定。本研究采用模糊统计方法确定各因素的隶属度，以人均 GDP 水平为例，其具体操作过程描述如下：对于人均 GDP 对四种备选战略的适合程度给定一个评语集（很符合、符合、一般、不符合），让被调查对象根据自己的感觉来对人均 GDP 的每一种情况进行判断选择，并给定评语集合的一个加权因子 $P = [0.95, 0.7, 0.5, 0.05]$。定义频数为公众选择该项评语的人数，若战略 F_i 的评语频数为 $F = [a_1, a_2, a_3, a_4]^T$，则人均 GDP 对于某一战略 F_i 的隶属度为：

$$\omega(F_i) = \frac{0.95a_1 + 0.7a_2 + 0.5a_3 + 0.05a_4}{a_1 + a_2 + a_3 + a_4}$$

（2）战略评价。本研究使用战略选择工具——定量战略计划矩阵（Quantitative Strategic Planing Matrix，QSPM）进行战略选择，它是确定各种可行战略行动的相对吸引力的方法，能客观地显示出哪一种备选战略是最佳战略。

以公式 F（战略 i）=（$\sum\limits_{\text{机会}}\mu_i\omega_i$）+（$\underset{\text{威胁}}{\cdots}$）+（$\underset{\text{优势}}{\cdots}$）+（$\underset{\text{劣势}}{\cdots}$）（其中 u_i 表示因素权重，w_i 表示各因素隶属于各发展战略的隶属度）计算各备选战略的评价值。

6.1.3.2　战略选择

根据定量战略计划矩阵评价结果，综合评价值最高的就是首先需要考虑的建设战略，再结合地区具体特点，最终确立针对研究地区的发展战略。

6.2　我国沙漠生态城市发展模式选择

6.2.1　可选择的发展模式

我国沙漠生态城市大多地处西部，其生态城市的发展可选择以下模式。

6.2.1.1　以人居环境理论为基础的沙漠生态城市发展模式

人居环境理论是一门以人类聚居为研究对象，着重探讨人与环境之间相互关系的科学。人的各种活动离不开创建的人居环境，人居环境是人类利用自然、改造自然的主要基地，是人类赖以生存的地方。人居环境包括自然系统、社会系统、支撑系统三个子系统。沙漠生态城市的发展需要与环境、自然和谐相处，加强城市生态环境保护和建设要完善我国沙漠城市生态环境与经济社会发展综合决策机制，区域开发、行业发展和城市建设。为实现我国沙漠生态城市的协调发展，以人居环境理论为基础，从以下几点入手：

（1）建立健全相关法制体系。与人居环境有关的立法是人居环境发展战略具体化、法制化的路线，可持续发展战略的付诸实施，离不开与人居环境发展有关的立法的实施。因此，建立人居环境发展的法制体系是人居环境发展能力建设的重要方面。人居环境要求通过法制体系的建立与实施，实现自然资源的合理利用，使生态破坏与环境污染得到减缓，保障经济、社会、生态的可持续发展。所以，政府应注重人居环境的可持续发展，从法律法规方面入手，不断完善关于城市人居环境方面的法律制度。按照国家法律法规，结合沙漠生态城市当地的实际情况，制定实施一些地方性保护人居环境的法规，促进发展人居环境的建设。

（2）发展循环经济。传统产业的发展方式消耗高、利用率低，使沙漠生态城市发展向自然过度攫取，令城市生态环境恶化，城市经济发展的可持续性能力逐渐变差。对于矿产资源型城市而言，发展循环经济，可促进资源永续利用、防治工业污染、有利于保护沙漠生态城市生态环境。发展循环经济，需要对传统产业的技术进行改造、更新以往设备，广泛推行清洁生产，发展无废、少废工艺和资源综合利用技术，延长产业链条，提高资源的利用率，延长矿产资源型城市的生命周期，走环境与产业协调发展的道路。

（3）加强基础设施建设，提高服务配套水平。生态沙漠城市基础设施建设是一项任重而道远的事业，需要一个合理的长期总体规划，以最大限度地减少重复建设、资源浪费现象的产生，提高资源的利用率和建设的整体效率。同时，城市总体规划的公共决策应由封闭和半封闭状态转为公开透明状态。当地政府应当积极采纳城市居民和专家的意见，同时组织规划修编有关专题研究，邀请相关领域的资源专家进行指导。

（4）加强城市生态环境保护和建设。要完善我国沙漠城市生态环境与经济社会发展综合决策机制，区域开发、行业发展和城市建设，第一步就是要对沙漠城市生态环境的影响进行评价，对所有的项目从严评审，凡是可能造成生态环境严重破坏的项目，坚决不予通过。运用经济手段来吸引有投资及经营管理能力的国内外投资者，鼓励他们积极参与城镇沙漠生态环境保护和建设项目的投资，如加强城市水资源的保护工作，推进污水治理工作步伐，加大宣传力度，让居民养成节水意识，把节约用水贯穿于城市经济发展和居民生活的全过程。

6.2.1.2 以增长极理论为基础的沙漠生态城市发展模式

增长极理论的主要观点是经济发展不是均衡地发生在地理空间内，而是以不同的强度呈点状分布，按不同结果对整个区域发生的作用，将某些主导部门或企业、行业在一定区域内集中起来并且进行技术创新与扩散，资本的集中与输出，产生规模经济效益，形成对外部经济效益的吸引和扩散作用，从而形成所谓的增长极。由此我们可以看出，增长极作为一个增长中心，可以充分推动区域内经济的增长，这便是增长极理论的核心所在。为实现我国沙漠生态城市的发展，一定要实事求是地对各个沙漠城市情况进行动态的、客观的把握，对当地的自然条件、资源优势、经济环境条件及民族特色进行定量和定性分析，从而制定出培育有沙漠生态城市特色的适合本地、本区域经济协调发展的增长极的战略和策略。具有沙漠生态城市特色的经济增长极主要有以下几种类型：

（1）城市依托型增长极。这种类型的经济增长极是把原有城市作为基础，调整产业结构来实现经济增长，从粗放型向集约型转变，将适合本地实际情况的主导产业和骨干型企业作为发展的重点，通过企业的重组、联合以及以市场为主导的经营策略的转变，把它们建设成为国家某种工业基地和拉动地区经济发展的增长极或增长中心。此种增长极瞄准国内与国际两个市场，适应经济全球化这个大趋势，根据市场的导向和需求制定出具有前瞻性的经营战略和策略，从而扩大增长极的极化效应和扩散效应，以推动我国沙漠生态城市区域经济的发展。

（2）资源综合开发利用型增长极。这种类型的增长极的宗旨是综合、合理地利用区域内的各种优势资源。沙漠地区自然资源、矿产资源、旅游资源比较丰富，各地可以根据实际情况来开发这些资源，充分挖掘资源潜力，兴办一些农产品、矿产品的深加工中心、制造中心。尤其在生产中注意生产高附加值、高科技含量的产品，创造出品牌效应，同时大力发展旅游业，深挖旅游资源的潜力，提高旅游业的规模和档次，从另一个侧面带动和促进相关产业的发展。通过以上几种优势资源的互相作用，互相整合，共同促进沙漠生态城市经济的持续协调发展，并让它们成为推动西部经济增长的具有西部特色的经济增长极。

（3）外向型增长极。主要依靠引进外资和国内外先进技术、设备及科学的管理经验来发展外向型工业、农业而建成的增长极。该种增长极是把对外开放和地区经济的开发有机结合为一体。沙漠地区缺乏充足的资金，外向型增长极则是通过引进外资来弥补资金缺口。通过技术创新和出口创汇来提高落后地区、经济不发达地区的经济实力，并逐步将其培育成推动沙漠生态城市经济发展的具有沙漠生态城市特色的增长极。

（4）科技创新型增长极。随着现代信息技术及其产业的发展，降低了信息处理和传输的成本，提高了传输的效率，令大规模生产与共享知识有了坚实的基础，并且改变了因信息传输效率低下所造成的知识稀缺现状，提高了知识的商品化能力。这种科技创新型增长极就是指在经济开发与布局的实践活动中，加大科技创新、科技成果转化为生产力方面的投入力度，加快科技成果直接向现实生产力方面转化的速度，让其成为沙漠生态城市经济发展的新的增长点。同时组建科技园区、科技示范区、高新技术产业开发区，着重发挥它们的极化效应和扩散效应，让它们成为拉动沙漠生态城市经济增长的增长极。

（5）教育产业化增长极。这种类型的增长极就是要改革教育模式，加大对教育和科研经费的投入。改革的关键在于教育结构的优化，让基础教育、职业教育、培训与高等教育的比例更加合理，走教育产业化道路，让教育产业持续、健康、协调发展，成为推动沙漠生态城市经济发展的经济增长极。沙漠生态城市的发展离不开教育，一方面，不同梯度、不同层次的人才对于沙漠生态城市发展中产业结构的调整和新兴行业的崛起至关重要，而人才的培养需要教育的投入；另一方面，教育又必须产业化、规模化、市场化，以培养大批面向沙漠生态城市的发展市场紧缺人才为根本办学宗旨，让教育成为促进和推进沙漠生态城市经济持续、协调发展的基础。

（6）人力资源增长极。"推动现代经济增长和未来经济发展的最为重要的因素是人力资本或人力资源，人力资本积累或人力资源开发不仅是经济增长方式转变的基础，更是推动经济持续增长的源泉。"因此，在实行沙漠生态城市的发展战略中，开发沙漠生态城市的人力资源是最为根本性的策略。沙漠生态城市要大力开发本区域的丰富人力资源，同时吸引一大批高素质的人才为沙漠生态城市所用。沙漠生态城市应树立人力资本运营观念，以制度创新、技术创新、经营创新、管理创新为关键点，积极推行人力资源开发的产业化，并给大批高、精、尖人才营造良好的成才环境，以实用技术培训为切入点，重点开发少数民族和农村的人力资源，并以此为基点，积极推进沙漠生态城市社会经济的协调发展，充分发挥人力资源在沙漠生态城市经济发展中的增长极作用。

6.2.1.3 以"点—轴"渐进扩散理论为基础的沙漠生态城市发展模式

"点—轴"渐进扩散理论将核心节点城市、交通干线、市场作用范围等统一在一个增长模式之中。三者互相作用，将核心节点置于主要地位，轴作为多层次中心点间沟通联结的通道，是点与点之间、点与轴之间发生联系的根本动因。"点—轴"渐进扩散理论以现实世界中经济要素的作用完全是在一种非均衡条件下发生为条件，揭示了区域经济发展的不均衡性，有效地结合了增长极理论聚点突破与梯度推移理论线性推进的各自优势，即将资源要素通过点与点之间跳跃式进行配置，利用轴带的作用，牵动整个经济区域的发展。

对沙漠生态城市中的一些经济比较不发达和落后的地区或者尚未充分开发的区域来说，"点—轴"开发模式的作用更为突出。由点到轴，轴到集聚区的空间结构是地域经济组织变化的客观趋势。"点—轴"开发中的"点"是指沙漠生态城市中的各级中心城市，是一定沙漠生态城市内人口和产业集中的地方，经济吸引力和凝聚力较强。"轴"作为联结点的基础设施束，将各个沙漠生态中心城市、中心城镇的公路、铁路和水路等交通干线连接在一起。线状基础设施经过的地带称为"轴带"，简称为"轴"。沙漠生态城市虽然地域面积较为广阔，但绿地较少，大部分人口主要居住在绿洲，总体上人口密度较低，城市化水平不高，各城市由公路铁路相连接。沙漠生态中心城市和交通干线在空间上组成了"点—轴"形式的网络形态。整个区域空间结构上完全具备合适的应用"点—轴"开发模式的条件。在绿洲"点—轴"开发模式的应用有利于突出城镇的地位和作用，对绿洲经济增长的推动作用也比单一的点状开发方式要强得多。此外，该模式不仅能够突出城镇在地带上的作用，较好地转化城乡经济二元结构，还可以使整个区域通过轴线逐步向网络系统发展。具体来说，以"点—轴"渐进扩散理论为基础形成的沙漠生态城市发展模式，可以从以下几点入手：

（1）以小城镇建设为切入点，促进周边的亚中心发展。要加快沙漠生态城市经济整体发展的步伐，应当从小城镇入手，有重点地进行建设，加大对周边地区小城镇建设的力度，提高小城镇的经济发展水平，使之成为周边的亚中心，从而让周边地区再次形成亚"中心—周边"结构。这样，周边小范围的亚中心会带动亚周边的发展，此外，大中心也会辐射到大周边，从而形成"里应外合"的作用机制，提高整个周边地区经济的发展水平，缩短与中心地的差距，逐步联系周边地区、促进经济的均衡发展，实现沙漠生态城市经济发展的目标。

（2）对周边地区采取"生态移民"与产业结构调整相结合的措施。将生态恶劣的贫困地区人口迁移至资源较丰富、人口密度低的地区，可通过计划性生态移民和非计划性生态移民两种途径来完成。在移民迁入区，除发展劳动密集型的特色农业外，还可通过深加工来实现农产品的增值效应。同时，要大力发展第二、第三产业，鼓励移民积极参与到产业的发展中去，努力促进剩余劳动力的转移，提高劳动力产值。同时，在移民迁出区，大力发展有利于生态保护的林草业和各种特色产业，结合退耕还林，在减少粮食播种面积的同时，努力促进迁出区的生态环境建设和经济发展，实现迁出区生态效益和经济效益"双赢"的目标。

（3）政府对周边地区给予优惠政策。政府必须长期树立"可持续发展"及"科学发展"的思想观念，按照"兼顾公平，效率优先"的原则，采取有效政策措施扶持周边地区发展。扶贫的对象至少应包括：少数民族地区、特困区等生存条件差、经济持续走低的贫困区等，对周边地区的亚中心地、中间地带及近外围也应采取相关的优惠政策，如有计划地增加资金投入量。此外，还可实行对口援助措施，将中心地与边缘地相联结，实行"一帮一"负责制，让中心地在资金、技术、人才等方面对边缘区给予较大的支持与帮助，以此带动边缘区迅速发展，从而加快整个周边区的经济增长速度，缩短边缘地与中心地的差距，促使我国沙漠生态城市经济协调发展。最终为实现沙漠生态城市的长期稳定和经济再上新台阶的宏伟目标奠定坚实基础。

6.2.1.4 可持续发展理论为基础的沙漠生态城市发展模式

可持续发展理论是指既满足当代人的需要，又不对后代人满足其需要的能力构成危害的发展，以公平性、持续性、共同性为三大基本原则。沙漠生态城市发展要坚持可持续发展理论，走科学发展道路，需要做到以下几点：

（1）改革资源税收制度，设立可持续发展基金。长期以来，资源和资源性产品的价格较低，导致了资源浪费严重、资源输出收益微薄、资源开发强度过大等问题。改革资源税收制度，对资源进行合理的定价，一方面，可以合理地开发利用资源，有助于沙漠城市的可持续发展；另一方面，能够合理地分配地区间经济收益，以增强地方社会经济发展实力。此外，积极推进建立可持续发展基金，可效仿山西省推出的煤炭可持续发展基金，在沙漠城市开征煤炭、石油、天然气等资源的可持续发展基金，并根据"专款专用"原则，专门用于解决资源开发带来的城市生态环境修复、矿产资源型城市转型、重点接替产业发展等问题。

沙漠城市农牧业的发展受城市化的影响不大，城市的发展与周边农村地区农牧业的发展没有联结起来。农牧业的发展关系到广大农牧民的经济利益，对于沙漠城市的全面发展来说至关重要。沙漠生态城市的建设需要将生态建设和综合发展相结合。对于农牧业型城市而言，就是要将生态城市建设与区域特色经济的发展、农牧业特色产业的发展相结合，扩大城市对周边农村地区的经济、社会和文化的辐射作用，实现城乡协调发展。

（2）对旅游资源进行保护性开发，带动相关服务业的发展。旅游型城市是我国沙漠城市旅游业发展的重要组成部分，新疆维吾尔自治区、甘肃、青海、宁夏回族自治区及内蒙古自治区等旅游资源十分丰富。建设旅游型生态城市，应注重保护现有的特色自然资源和人文环境。旅游型城市发展的关键便是保持优良的生态和人文环境。要科学地利用生态旅游资源，并加强对其管理，确定合理的保护措施和开发序位，坚持先保护、后开发，建立科学、严格的管理制度和相应保护开发机制，是保障旅游型城市生态旅游资源永续利用的关键。旅游景区的管理者要以提高资源利用效率为目标,降低景区污染物排放。充分考虑景区的生态承载能力,合理规划旅游线路。此外,游客的行为对景区旅游资源的管理也至关重要,景区应当加强宣传教育,正确地规范和引导游客的行为,让游客树立起保护环境、保护资源的观念,让旅游资源能够永续利用。不仅要巩固传统的旅游品牌,还要推出新兴的旅游品牌,除传统的观光旅游外,还要设计开发休闲旅游、度假旅游、商务旅游等现代旅游产品,丰富旅游市场。此外,要增加人力资本的投入,旅游形象的创立和品牌塑造、旅游产品的开发、宣传促销、旅游设施及设备技术的应用、旅游服务的提供,都需要大量的人力资源。构建系统的旅游人才培养体系,提升旅游人才的素质,是提高城市旅游服务水平、做大做强旅游品牌的重要战略内容。

(3)合理规划城市土地,提高土地资源利用效率。转变传统的用地观念,坚持科学发展观。政府应当承担起引导作用,大力宣传节约用地、集约用地的政策,引导全社会积极参与到提高土地资源利用效率上来。加强对耕地、林地、生态湿地、城市绿化用地的开发占用管理,严格控制建设用地规模,控制工业园区数量,建立工业用地、物流用地的标准,并督促该标准的实施,园区内工业用地要遵循高密度、高容积率的使用原则,提高土地单位面积的投入产出效益。因地制宜,制定盘活闲置土地和高效利用土地的政策措施,提高土地资源的利用效率。

(4)合理规划产业布局,优化农牧业生产环境。由于城市中心区域的人地关系紧张,城市的发展空间逐渐向城郊区域扩张,众多产业的聚集,使得城市布局混乱,需要科学合理地规划产业布局,才能让产业蓬勃发展。因此,农牧业型城市的建设,需要对农业用地、畜牧业用地进行合理的规划。构建城市农业保护区,将城郊较为肥沃的土地或草场提供给农牧业,为特色农牧业的发展提供充足的耕地、草场等,将征收的环境税用于支援农牧业生产环境的建设。严格控制工业企业污染物的排放,或建立绿化带进行隔离,让农牧业用地远离工业污染源,缓解城市化的发展对农牧业的冲击,优化农业生产环境。

6.2.2　发展模式指标的确立

6.2.2.1　指标选择的原则

我国沙漠生态城镇群发展的评价指标体系的设计是评价研究的核心内容之一,也是反映沙漠地区经济发展水平的依据。为了客观、全面、科学地衡量沙漠城市经济发展水平，研究和确定指标体系和设定具体指标时应遵循以下各项基本原则：

（1）科学性和实用性相统一的原则。沙漠生态城市经济发展水平评价是一项复杂的系统工程，评价指标体系必须能够全面地反映区域经济发展水平的各个方面，具有层次高、涵盖广、系统性强的特点。在对其评价时，要从不同侧面反映经济、社会、环境效益的内在联系。准确地确定指标，既要全面，又要避免过于复杂，通过系统分析方法，将总指标逐层分解，达到系统最优化。在充分认识、系统研究的科学基础上选取具体的指标，指标体系应能全面涵盖循环经济发展水平的内涵和实现程度。同时指标的设置要简单明了，容易理解，要考虑数据取得的难易程度和可靠性，最好是利用现有统计资料，尽可能选择那些有代表性的综合指标和重点指标。

（2）系统性和层次性相统一的原则。层次性是指指标体系自身的多重性。由于沙漠城市生态环境有多层次性，指标体系也是由多层次结构组成，不同的层次反映出不同的特征。同时各个要素相互联系构成一个有机整体，沙漠城市生态环境是多层次、多因素综合影响和作用的结果，评价体系应当能够从不同的方面反映出沙漠生态城市的真实情况，也应具有层次性和系统性。一方面，指标体系的选择要从整体上把握评价的目标，保证评价的全面性和可信度。另一方面，指标体系的设置应当层次分明，能够把握住指标间的层次递进关系，通过一定的梯度，准确反映指标间的支配关系。充分落实分层次评价原则，这样既能消除指标间的相容性，又能保证指标体系的全面性、科学性。

（3）全面性和代表性相统一的原则。指标体系作为一个有机整体是多种因素综合作用的结果。因此，指标体系应从不同角度反映出被评价系统的主要特征和状况，能够反映影响我国沙漠生态城市经济发展的各个方面。同时对于各个体系的设置，指标选取应具有代表性、典型性，避免选择意义相近、重复的指标，使指标体系简洁易用。

（4）可比性和可靠性相统一的原则。评价指标体系应具有可比性，不仅可以动态相比，也可以横向相比。动态可比是指我国沙漠生态城市经济发展水平在时间序列上的动态比较；横向可比是指对我国沙漠生态城市经济在同一时间上综合评价指标数值的排序比较，说明各区域经济发展的不平衡程度。在可比性原则要求下，统计指标的选取应符合国际规范和国内现行统计制度要求，以保证统计数据的可靠性。

（5）区域性原则。不同的区域之间有很大的差异，各个区域的生态环境在时间和空间上都有所不同，呈现出明显的地域性。因此指标的确定应当能够反映出不同区域的特色。在沙漠城市生态环境评价中要坚持区域性原则，因为用统一的标准衡量各沙漠城市生态环境无法充分发挥各地优势，达不到资源节约的利用效果，令环境得不到有效的保护。即使在相同层次的指标中，我国沙漠城市生态环境评价指标也应尽可能反映区域间的差异。

（6）动态性与稳定性相统一的原则。评价指标中的指标内容，在一定时期内应保持相对稳定。但作为现实存在的系统、联系和有序性是变化的，东西不是一成不变的，资源环境系统具有较强的地域性，自然资源系统由于自身动因和人的作用无时无刻不在发生着变化，资源环境因子限值不断被打破，资源环境承载力就是一个动态发展的变量，由于影响区域和城市地质环境容量的因素始终随时间及周围条件的变化而随机变化，其变化规律不一，资源环境承载力评价指标应反映出评价目标的动态性特点，作为反映系统特征的指标体系须因时因地制宜地反映这种动态性变化。

（7）简明性与可操作性原则。指标系统并非越大越好，指标越多，收集数据花费的人力、物力也越大，给数据处理带来麻烦。因此，选取指标时，应当充分考虑指标的量化及数据取得的难易程度和可靠性，尽量选取有代表性的综合性指标和主要指标，减少工作量。

（8）定性与定量相统一的原则。选择我国沙漠城市生态环境评价指标时，应该尽可能选用容易量化的指标，从而能够定量表现沙漠城市生态环境指标体系的合理性、可行性或不完善的方面，而对一些难以量化且意义重大的指标，可用定性指标来描述。

6.2.2.2　指标体系的构建框架

城镇发展模式的指标体系具有复杂性，因此指标体系应该分为若干子系统和若干个层次，再讨论各子系统所包含的要素，分层次地进行评价指标体系的构建，将榆林生态城镇群的可持续发展评价指标体系设计为四个纵向层：目标层—准则层—要素层—指标层，三个横向层：经济—环境—社会，具体如表6-12所示。

表 6-12　我国生态城市的可持续发展评价指标体系

要素层	指标层	指标名称	指标类别
经济发展	人均 GDP	X_a	正指标
	人均财政收入	X_b	正指标
	人均财政支出	X_c	正指标
	职工平均工资	X_d	正指标
	人均消费零售额	X_e	正指标
经济结构	第二产业产值占总产值的比重	X_f	正指标
	第三产业产值占总产值的比重	X_g	正指标
	人均工业总产值	X_h	正指标
	人均农业总产值	X_i	正指标
资源利用	单位土地面积 GDP	X_j	正指标
	单位 GDP 能源消耗量	X_k	逆指标
	工业固废综合利用率	X_l	正指标
污染减排	万元工业产值废水排放量	X_m	逆指标
	万元工业产值废气排放量	X_n	逆指标
环境治理	废水治理设施处理能力	X_o	正指标
	造林面积	X_p	正指标
人民生活	人均收入	X_q	正指标
	每万人拥有病床数	X_r	正指标
	每万人医生数	X_s	正指标
	人均住房面积	X_t	正指标
科学进步	人均科技支出	X_u	正指标
	信息化指数	X_v	正指标
	每万人在校大学生数	X_w	正指标
	文教体卫增加值占 GDP 的比重	X_x	正指标

第 7 章　我国沙漠生态城市建设的内容

7.1　建设的基本内容

生态城市建设的目标是满足人与自然的协调发展。应综合考虑城市周边地区乃至所在区域生态环境的影响因素，将城市用地布局、环境资源保护和污染控制、园林绿化建设、城市基础设施建设等与城市发展环境密切相关的各个方面均纳入生态城市建设的范畴。因此，生态城市建设的基本内容应涵盖如下几个方面。

7.1.1　城市用地布局

生态环境质量的优劣与土地利用的空间配置息息相关，对于城市生态系统的建设而言，土地利用的空间配置也异常重要，因此在建设新城、改造旧城时都必须因地制宜地进行城市土地利用布局的研究，除应考虑城市的性质、规模和产业结构外，还应综合考虑用地面积、地形地貌、山脉、河流、气候、水文及工程地质等自然要素的制约。

城市用地构成一般可分为居住用地（R）、公共设施用地（C）、工业用地（M）、仓储用地（W）、对外交通用地（T）、道路广场用地（S）、市政公用设施用地（U）、绿地（G）、特殊用地（P）、水域和其他用地（E）十大类。它们会给环境带来不同程度的影响，对各自的环境也有所要求。因此，建设沙漠生态城市时，应充分考虑城市生态规划对城市用地状况与环境条件的相互关系，按照城市的性质、规模、产业结构和城市总体规划及环境保护的要求，给出调整用地结构的建议和科学依据，使土地利用布局趋于合理。

（1）各类用地的选择。根据生态适宜度分析的结果，确定选择的标准，同时还应考虑国家有关政策、法规是否允许，技术是否可行。在适当的标准指导下，参考生态适宜度、土地条件等评价结果，规划出各类用地的范围、位置和大小。

（2）各类用地的开发次序。以土地条件为前提，生态适宜度的等级以经济技术水平为参考，确定用地开发次序的标准；根据拟定的标准，确定土地开发的次序。

（3）现有土地利用状况的调整。在城市近、远期总体规划指导下，合理调整城市现有土地利用状况，实现城市圈层结构模式中各功能区的有序排列布局，具体表现在：

首先，生活居住用地的安排：现有的城市住房用地大部分是历史上自发形成的，长期以来并未进行统一管理，造成了布局混乱的情况，严重地浪费了土地资源。因此，要对沙漠城市的土地资源进行整改，合理规划用地，应考虑以下三个方面：第一，将居住用地集中起来，以便建设公共服务设施，方便人们的生活；第二，有利于工厂企业等单位的生产与管理；第三，打破传统的用地模式，对单位用地界限不做严格规定，综合利用城市土地，以提高土地的使用效益。

其次，农副产业发展用地：将农副业发展用地设至城市外围（郊）区域，因地制宜，充分利用当地的自然资源及高新技术，发展生态农副产业，在乡镇企业向独立的工业小区集中和农村居民点归并小城镇的基础上，调整用地结构，将农业产业聚集在一起，集中经营，形成规模效应，以此来节约用地、减少环境的污染、提高土地资源的利用率。

再次，城市工业发展用地：利用级差地租导向规律对现存土地资源进行重新配置，可通过以下措施来完成：将城市中破产的企业迁出，对于有污染的企业，建议其迁出城区或是转产；划定城市工业用地范围，在该范围内大力发展能耗少、排污少、附加值高的产业，提高土地利用率；鼓励工业企业进行技术改造，摒弃传统的高消耗、低生产的模式，调整产业结构，利用高新技术和可再生能源走"节约资源、降低能耗、增加效益"的发展道路，从而促进城市社会经济功能的快速、合理重组和战略性结构调整。

最后，城市第三产业发展用地：大力发展第三产业，发挥其在经济中的作用，让第三产业成为城市经济发展中的中坚力量，形成科学合理的有利于环境保护的第三产业用地结构。在中心城市实施"退二进三"的策略，合理地规划土地资源、充分发挥土地存量的优势，优化城市用地结构。充分利用城市在信息、规模以及技术方面的优势，大力发展具有高附加值的金融、保险、房地产、信息业等专业化第三产业服务体系。在郊区和广大农村，充分利用山水林业资源，并结合生态农业，大力发展生态观光农业、生态旅游及配套服务业，以形成有机有序的城市第三产业用地结构框架。

此外，应在城市产业用地结构布局中，遵循各产业生态发展的客观规律，甄选出哪些产业可以综合利用现有的资源，并进行适当的集中设置和排列，以保证各产业在运营中形成相辅相成的良性循环，形成相关产业综合作用的有序投入、产出的"产品产业生态链"。

7.1.2　城市绿地系统建设

城市建成区的绿地面积小，又非常分散，主要包括公共绿地、居民区绿地、交通绿地、单位绿地以及一些零星的植物种植，难以形成一个统一的整体，无法为各种生物提供一个栖息的大环境。绿地生态系统的建设与生物的多样性、改善城市大环境、改善人们的生活环境以及防震减灾等事宜有重要关联。作为提高人类生存能力和改善人类生活质量的物质基础，生物多样性与人类的生存和发展息息相关。就城市而言，生物多样性的丧失越来越影响着人类社会的可持续发展，并且这种趋势日益严峻。在城市建设的过程中，人为的过多干预改变了原有地域的生境，造成自然生境的片断化，降低了生物的多样性，使得保护生物多样性的任务更加艰巨。目前，我国城市规划区居住着大约30%的人口，人们的生活仍在高度地消费自然资源，城区原有物种资源的流失以及绿地面积的减少，将使城市逐步处于人口高度集中、自然资源匮乏的困难境地，直接威胁到城市的可持续发展。因此生态城市的建设，首先要加强城市绿地系统的建设。

园林部门与规划部门应该细致地编制好绿地系统规划，科学合理地安排绿地布局，为城市留下足够的绿地，为城市的可持续发展打下良好的基础。绿地系统规划应该作为一个整体，在整个城市行政辖区内执行。在城市的规划建设中，我们要注意把自然生境的各个片断尽量地联系在一起，并将城市郊区与大自然相连接，形成一个整体的自然生境，为各种生物提供一个自由发展的空间，减少人为的干扰。要做好这一点，就应该在城市绿地系统规划和建设中，坚持生态优先和整体优先的原则，强调人与自然的和谐共处，将保护生物多样性纳入城市绿地系统规划和建设的基本内容之中，将城市绿化与郊区林业视为一个整体的绿地建设系统进行治理，建立城乡一体化的大绿化格局；同时，要着力弥补城市景观生态结构脆弱和薄弱的环节。以整个城市辖区为造园空间，将城市中一些片断的隔离的绿地串联起来，同时与城市建成区周围的大环境绿化组成一个完整的绿地系统。

在城市建成区，合理规划布局城市绿地系统，通过绿地点、线、面、垂、嵌、环相结合，充分利用河流、高压输电线路、铁路、道路和楔形绿地等，在城市各绿地板块之间以及与城外自然环境之间，尤其在影响生物群体的重要地段和关键点修建绿色廊道和公园，构造城市生态绿色网络。尽量减少"岛屿状"生态环境的孤立状态，让开敞空间和各生态板块更加连通，合理确定绿带宽度，不同地区和不同结构的绿带宽度对生物多样性的影响不一样。总之，绿地系统应保证城市自然生态过程的整体性和连续性，减少城市生物生存、迁移和分布的阻力，给生物提供更多的栖息地和更便利的生境空间，让生物群体的遗传交换条件得以改善，为生物群体的发展创造更好的生存和繁衍环境。

7.1.3 城市的自然保护系统

自然保护系统作为城市生态建设的重点，对于在高度工业化的城市地区保持水土、生物等自然资源和自然环境，维护生态平衡发挥着重要的作用，同时也是开展科研、科普教育、旅游活动的重要基地。

城市自然保护的主要内容包括自然资源和自然环境的保护，土地、矿产、水资源、自然历史遗迹和人文景观的保护和管理。

（1）生物资源的保护。城市生物资源（包括动物、植物、微生物）是城市自然保护的重点对象。随着人类活动的加剧，以及工业、农业、交通、城市建设发展的需要，导致生态破坏和环境污染日益加剧，许多物种赖以生存的自然环境生态系统遭到严重破坏，物种处于濒危灭绝状态，甚至一些物种已经灭绝。因此，生物资源的保护对城市生态系统的可持续发展尤为重要。

（2）土地资源的保护。土地是城市生产、生活的必要保证，是人类生存不可缺少的环境要素的物质基础。合理开发、利用城市土地资源，有助于提高社会经济效益、促进生态良性循环，保证城市健康发展。

（3）地质矿产资源和自然历史遗迹的保护。城市的地质矿产资源包括地下矿产和岩石资源，均属于不可更新资源，同时地质矿产资源的开采会严重地破坏地表植被，影响城市生态系统的自然景观，因此必须严加保护和合理利用。

城市范围内的地质层型剖面、古生物化石、火山遗迹等自然历史遗迹和人文景观是人类宝贵的文化财富，一旦破坏则无法恢复。因此，上述资源属于绝对保护的对象，必须加以严格保护。

（4）水资源保护。城市发展史表明，水是城市发展中不可或缺的一部分。安全用水关乎人民的生计，在城区内建立水资源保护区，远离严重污染性企业，并加强对企业用水排放的管控，对有污染的企业进行整改或拆迁。我国已先后颁布了《水土保护工作条例》《水污染防治法》和《中华人民共和国水法》，为加强城市水资源保护提供了"法治"依据。

（5）自然资源保护。城市自然环境保护的内容主要包括：有价值的生态环境的保护，改善现有开阔地上野生生物生存条件，在有特定需要的地区创造新的生态环境，为城市规划提供生态数据库，等等。上述内容通常是制定城市自然保护政策的主要依据。

7.1.4　城市基础工程建设

城市基础设施是社会化生产和专业化协作的产物。随着社会生产的发展，科学技术的进步和人民生活水平的不断提高，水、气、热等各种服务逐渐形成了新的城市专业化部门。这些专业部门将水、气、热等资源进行集中管理，对城市的建设有重要的意义，是城市得以维持和进一步发展的基础。这些专业部门被总称为城市基础设施，其作用非常大：可以有效地排除城市集聚的障碍，满足市民生活的需求，加快城市社会化的步伐等；它是建设城市物质文明和精神文明的最重要的物质基础，是保证城市生存、持续发展的支撑体系，是保障优良的生活质量、高效的工作效率、优美的城市环境所必备的条件。当前，人们对城市基础设施的需求日益强烈，且主要集中在交通、水、能源、通信、防灾、环卫等系统，对其建设的具体要求如下：

第一，建设快速、完善、绿色的综合交通系统。交通系统可以为城市居民的日常出行提供便利，同时也可以满足交通运输的需要。随着城市化进程的不断加快，人们的收入普遍增长，消费水平提高，车辆数呈现出快速增长的局面，由此带来的环境污染也日益严重。所以对于生态城市，建设快速、完善、绿色的综合交通系统是首先要解决的问题。这包括建设大容量、高效率的航空港、铁路和公路交通枢纽，水上客运站；建设通畅、准时、安全、换乘便利的城市道路系统、轨道交通、公共交通；建设停车场、加油站、车辆清洗场等各类静态交通设施；还包括城市地面的建设，地下和架空交通的空间组合，形成城市内部的立体交通系统，与城市的对外交通设施有机联系，形成一个快速、完善的综合交通系统城市。

第二，一方面，建设水质良好、供水充足、水压强的供水系统，以满足城市居民生活、生产和消防的需要；另一方面，要建立有效的雨污水分流排水系统，快速收集城区降水，减少或避免城市积水，有效抵御洪水入侵，保证城市安全。此外，还应建立高效的污水收集处理系统，使污水处理系统达到高效、经济、合理、回报良好的标准。

第三，建立一个高效清洁的能源体系。这不仅包括建设满足负荷要求的大容量供配电设施和电力线路，热值高、不凝水、来源稳定的煤气气源，性能强大、压力稳定的输气配电设施和管道系统，灵活布局的液化石油气站、仓储设施，大容量的城市热电厂、区域锅炉房、调压站和供热管道系统，还包括从城市自身和区域范围综合协调布局城市发电厂、气源、区域变电所等设施。

第四，建立高效完整的通信系统。目前，城市通信类型不断增加，信息量大、速度快，因此需要扩大广播电视台的频道和节目，提高电信的电话普及率和接入率，扩大电信类型服务，并提高移动通信的覆盖范围和通话质量。同时，要加强广播电视台和电信局的能力和力量，建立合理的分配网络和安全可靠的通信网络体系。特别要加快居住区智能生活服务和物业管理方面的建设。

第五，建设安全可靠的综合防灾体系。近年来，各界人士对城市安全有着深刻认识，安全意识不断提高，不仅要求加强城市消防、防洪（防汛、防潮）、地震、防空袭等专业防灾能力建设，同时也要求提高城市综合防灾能力，保证城市防灾救生系统安全，提高防空等设施的利用率，平战结合，有利于合理利用各种防灾设施和空间。要妥善处理防灾设施与城市空间和景观特色的关系。同时，防洪（防汛、防潮）需要在工程设施建设范围内的一个地区进行协调和实施。对居住区安全保卫要求其治安监控系统逐渐向智能化发展。

第六，建立一个与城市规模相匹配的环境健康体系。目前，城市里的各种废弃物逐渐增多。城市垃圾处理已成为城市环境卫生中的焦点。需要建设大容量、综合利用高、选址合理科学的城市垃圾处理场。同时，建立符合城市规模的环境卫生设施，建设数量适当、布局合理的公共厕所。

7.1.5 环境污染控制工程建设

从本质上来说，能源和资源的流失与浪费导致了城市的生态与环境问题，因此，最基本的对策应该是改变能源结构，更新技术和改造设备，提高能源的利用率，建立一套完整的环境保护体系，加强城市中"三废"综合治理和噪声污染治理，着重建设绿地系统。

（1）城市大气污染控制工程。在大气污染防治工程建设中，首先应当紧抓污染源的治理，这是治理城市大气环境的关键。改变城市以煤为主的能源结构，提高水电在一次性能源中的比重，大力发展石油和天然气等可再生清洁能源（如太阳能、风能和潮汐能），改善工矿企业的工艺流程，提高能源的利用效率，强调科学生产，关闭高能耗、重污染的"夕阳"企业。其次可以通过增加绿地面积、调整建筑结构布局、控制人口数量来改善城市大气环境。

（2）城市水污染控制工程。城市的水环境包括空气中的水、土壤水、生活与生产用水三个主要组分。越来越多的数据表明，水环境问题将成为城市环境最重要的问题。因此，城市水环境的调控便成为一项重要的任务。城市空气中的水分调节可通过增加城市绿地面积和增加城市人造水面积来间接改变城市空气的含水量；城市土壤水分控制的主要措施是减少或阻止过度开采城市地下水，适当增加地下水补给量，以保证城市土壤水分的相对平衡。为规范城市生活和生产用水，一方面，要节约用水、保护水资源，加强城市水源和水系的综合治理，对城市水资源做出功能区划，确定适当的水质控制目标和污染物削减计划，鼓励污水处理和污水资源的事业的发展，以便实现工业用水的再利用，真正做到对城市水源的统一开发、统一利用、统一规划、统一管理；另一方面，参考城市工矿企业对水质的不同要求，采取循环分类水、多用水、废水回用以及改造用水技术等措施来达到目的。

（3）城市的噪声控制工程。首先要加强对噪声源的控制，将一些嘈杂的工厂企业与居民公共生活和工作场所分开；严格控制汽车鸣笛，减少城市建筑噪声；民航路线必须避开城市；非特殊情况，军用飞机不能在城市上空做训练飞行。其次要建立一定宽度和高度的隔离林带，起到隔音的作用。最后可通过人工建筑、隔音墙（材料）切断或减少噪声。

（4）废弃物控制工程。建立危险废弃物处置系统，布局合理，加强工业废渣、粉煤灰和生活垃圾的无害化、减量化、资源化处理，变废为宝，让废弃物再度得到有效的利用，坚决禁止乱倒垃圾、乱放废弃物、侵占耕地现象。废物控制工程主要包括两个方面：一是城市生活垃圾处理。将垃圾进行分类包装、分类存储、统一回收，再交由特定的工厂进行加工。对于一些有机废物（如垃圾食品和废弃蔬菜等）应有计划地回归农业生态系统。二是处理工厂加工的废物，加强对源头的管理，减少废弃物。

7.2   建设的重点内容

我国沙漠生态城市建设内容虽然涉及的范围广泛，但建设的重点还应结合经济带沿线沙漠城市具体实际，以突出"生态性"为目标，将提高城市绿化水平、改善城市生态环境、优化产业结构升级，实现地区低碳发展以及在城市建设中结合现代科技创新成果提升城市生态承载力作为重点，把我国西部地区沙漠城市建设成为可持续发展的环境友好型沙漠生态城市，具体的建设内容可从以下几个方面入手。

7.2.1   以治沙造林为重点，加强经济带沙漠城市绿化建设

沙漠生态城市建设面临的最大问题就是土地沙漠化问题，土地沙漠化带来的水土流失、植被减少等环境问题会严重威胁到一个地区的生态平衡和经济社会的可持续发展。我国的西北地区，特别是甘肃、宁夏回族自治区、青海以及新疆维吾尔自治区的戈壁地区普遍受到土地沙漠化带来的环境问题的困扰。因此沙漠生态城市的建设首先要从沙漠治理、提升绿化覆盖率、改善地区生态环境入手。具体来说可以从以下几方面进行。

7.2.1.1   生物治沙

生物措施的主要思路是通过在沙漠地区进行各种林草培育，从而达到涵养水源、改善地质、绿化沙漠的效果。我国沙漠城市分布范围较广，各地自然环境和外部条件都不同，因此可以根据自身环境条件灵活采取如下生物措施：

（1）封沙育林草。封禁有天然下种或有残株萌蘖苗、根茎苗的沙地，采取一系列措施，将异性面积的地段封禁起来，减少人畜的破坏，并逐渐恢复自然植被。

（2）防风固沙林。建造防风林，降低风速，防止或减缓风蚀林木，以达到保护沙地和保护农田的目的。

（3）农田防护林。在农田周围种植有一定宽度、结构、走向的林带，通过气流、温度、水分、土壤等环境因素的影响，来改善农田小气候，缓解和预防各种自然灾害。

（4）水灌阻沙林。在沙漠边缘和农田过渡区，选择适生乔、灌木树种，通过人工供水措施，建立生物活体沙障，防止对农田、道路和村庄的侵蚀和危害。

（5）经济林草。通过人工栽培，选择耗水少、高经济价值的草本植物，来获得生态防护效益和经济效益。

（6）人工促进天然更新。对灌草植物有较充足下种能力，因植被覆盖度较大而影响种子触土的地块，进行带状和块状平茬、除草、松土，促进天然更新。

7.2.1.2 工程治沙

通过借鉴国外经验及治沙实践，应用 1 米 × 1 米的草方格沙障，在方格里面种植旱生灌木，这种做法比较符合干旱区生态恢复学的原理，固沙效果快且明显，保墒蓄墒能力强，有助于恢复天然植被，还可以截流降水，减少水分的蒸发，促进植物的成活和生长。

7.2.1.3 开发沙产业

以往的经验告诉我们，没有经济效益的单纯治沙是缺乏效率和生命力的。我国西部地区的沙漠城市经济发展大都相对落后，当地政府能够分配到沙漠治理上的财政资金极为有限，甚至远远达不到治沙所需资金的基本要求。这就需要经济带上各沙漠城市根据当地环境气候特点和自然资源条件，充分利用沙区动植物资源，积极开展沙产业。对具有观赏价值和一些特殊地貌类型的沙漠地带，可以将其开发成为沙漠公园，打造成为当地特色旅游景点；此外，还可以通过现代科技选育出一批适宜在沙区种植的经济作物，建立沙漠生态经济圈，修建日光温室；种植高效蔬菜、种苗、肉苁蓉、葡萄、枣树、甘草等；发展暖棚养殖、土鸡散养等畜禽养殖业。沙产业的发展能够在治沙的同时带来可观的经济效益，有效缓解政府治沙资金压力，能提高社会各界的治沙积极性，从而实现经济和生态的双赢。

7.2.1.4 突出政府在治理过程中的主导作用

从当前的形势看，政府依旧是沙漠化治理过程中的主要力量，具有主导全局的作用。各沙漠城市的相关政府部门在主导工作的时候，应该要有全局意识，要做好统筹规划，加强对全境内的调度管理。在治理的过程中，应该加强对各种先进的治沙理念的应用，参照其他地区或者其他国家的沙漠化防治经验，并且有效地结合当地的实际情况，不断推进沙漠治理工作。在治沙理念上，要本着生态治理的原则，将生态环境的修复与沙漠治理工作兼顾并行，使得沙漠治理的过程中也能做到生态保护，借助各种生态手段进行治理。

7.2.2 以产业生态化为核心，推进经济带沙漠城市产业升级

我国沙漠城市主要集中在我国的西北五省区地区，即陕西、甘肃、宁夏回族自治区、青海以及新疆维吾尔自治区，从资源禀赋上看，这些地区拥有丰富的石油、天然气、煤炭和金属矿产资源，是我国的重要能源基地。西北五省区的工业体系主要以资源开发和原材料生产加工为主，产品结构较为单一。其中，煤炭、有色金属、石油、天然气等重工业构成了西北五省区的支柱性产业，但由于现代化水平低，科技含量不足，企业竞争力、产品附加值仍有待提高。从产业结构分布来看，这些地区的第一产业、第二产业生产总值所占比重较大，以 2015 年为例，甘肃、青海、新疆维吾尔自治区第一产业比重超过了全国平均水平，陕西、青海第二产业比重超过全国平均水平 10 多个百分点。在第三产业上，西北五省区比例都远远低于国家水平。根据霍夫曼比例、库兹涅茨定理等产业结构演变的规律来看，目前西北五省区呈现出"二、一、三"的产业结构格局；由此可见，我国沙漠城市普遍经济发展水平落后，主要依靠传统产业带动经济发展，产业结构严重失衡，发展模式粗放，发展水平较低，整体发展仍处于工业化初级阶段，产业结构仍以资源开采利用、初级产品生产等为主，产业链条短、产品附加值低、资源环境承载压力大。因此，进行产业生态化发展，推进产业升级也是建设丝绸之路经济带沙漠生态城市的重要一环。具体可以从以下几个方面入手。

7.2.2.1 农业生态化建设

对城市而言，生态农业不仅是一个产业，为城市居民提供各种农副产品，还是城市生态环境建设的需要，是维护城市生态平衡、实现城市生态化的重要手段。生态农业是在传统农业的基础上，利用现代科学技术进行改造的一种新型农业生产的产业形式。生态农业的发展对改善城市功能、改善城市生态环境、建设生态城市具有不可替代的作用。

我国沙漠城市农业生态化建设的基本思路是：专注于提高农业可持续发展能力，减少农业资源的消耗，尤其是水资源的消耗，提高农业的整体质量和水平，增加农民的收入，通过调整农业结构、发展现代农业、建设生态农业示范区，逐步发展精细种植业、精品水产养殖和深加工产业，鼓励农业废弃物无害化、资源化处理技术的推广，促进传统农业生态的转型和现代化。

7.2.2.2 工业生态化建设

工业的发展影响着城市社会的发展和环境的质量，工业污染是城市中最重要

的污染源。我国沙漠城市拥有着丰富的自然资源。工业发展主要以自然资源的开采、运输以及初加工为主，由于技术手段的落后，在资源的开采和生产过程中对生态环境造成了严重的破坏。因此，工业生态化建设对于我国沙漠生态城市的建设是必不可少的。生态工业以生态经济理论为指导，运用各种先进的科学技术，尊重经济规律和自然生态规律，能够充分合理地利用自然资源，对生态环境无污染或少污染的一种现代工业生产形式。发展生态工业是产业生态化的核心内容。

我国沙漠城市的工业生态建设应从宏观、中观、微观三个层面实现产业经济、社会和生态效益的同步提升。在宏观上，我们应该协调工业经济系统的结构和功能，以及工业体系与生态、经济和技术之间的关系，促进工业经济系统的各要素合理运转，实现系统的稳定、有序和协调发展；在中观上，建立生态产业共生系统，实现资源的多层次循环利用和综合利用，提高各个子系统的物质循环效率；微观上，实现清洁的企业生产、管理和运营模式，促进生态产品和服务的生产。

7.2.2.3　服务业生态化建设

生态化的第三产业就是生态服务业。服务业由于其产业性质的特殊性，在促进产业生态化方面起着重要的作用。第三产业往往反映了城市经济和社会的活力，同时也反映了整个城市生态系统的运作状况。第三产业主要是餐饮、零售、旅游、金融、保险、商贸、会展、环卫、物流、文化、体育等行业，它们直接向居民提供服务，与市民的生活有着紧密的关系，并构成直接的影响。

我国沙漠城市构建生态服务业发展模式旨在提高资源回收率，专注于促进节能、减少消费、减少污染和提高效率，在整个服务周期过程中使服务业的发展对城市生态环境的影响降低到最小的程度，为生态农业和生态工业的发展创造良好的信息条件和市场环境。

7.2.2.4　将生态保护纳入产业政策制定系统

在发展生态产业的同时，我国沙漠城市还要注意将生态保护纳入产业政策制定系统，从政策层面为沙漠城市产业的生态化建设提供保障。在以往的产业政策制定过程中，决策者更多的是考虑如何推动产业的快速发展和经济利益的增长，即使有对环境上的考量，如通过制定相关政策加快对产业结构的调整，逐步淘汰高耗能、高污染产业，但并没有将生态保护理念真正融入到整个政策制定思维中。更多时候，关于产业发展和生态保护相关方面的政策是独立存在的。例如，为了响应国家"一带一路"倡议，积极承接中东部产业转移和打造"丝绸之路经济带"甘肃黄金段,甘肃省工信厅印发了《关于 2014 年全省承接产业转移工作要点及落实责任分工方案的通知》,通知中详细说明了甘肃省承接产业转移的指导思想、总体要求、年度目标及任务分解,但整个通知中并没有反映出甘肃省在承接产业转移、推动产业转型升级过程中实现产业和生态协调发展的理念。实际上,甘肃省近年来由于经济增长主要得益于石油化工、钢铁、有色金属等重工业的发展,空气、水、土壤污染严重,环境形势不容乐观。

鉴于这种情况,我国沙漠城市的产业政策制定者要切实重视对生态环境的保护和建设,最终走"以环境承载经济发展、以经济推动生态建设"的发展道路。在产业政策制定系统中,融入生态保护的理念,将生态效益的实现作为产业政策的价值取向和主要政策目标。为避免政策在实际执行中仅仅热衷于眼前的经济利益,应当建立一套新的政策评估体系,将生态保护作为一项重要的评估指标,从而激励政策执行者能够真正改变原有观念,将环保意识融入产业发展中的方方面面。

7.2.3 以科技创新为抓手,提升经济带沙漠城市生态承载力

在我国沙漠生态城市的建设过程中,要善于利用各种科技创新成果,将其运用到沙漠生态城市从城市规划到具体建设的每个环节中,改善城市的资源调控能力,合理分配各种资源,提升城市资源利用率,从而提升城市的整体生态承载能力。海绵城市的出现就是现代科技与城市建设相结合的典型代表,同时建设海绵城市对于提高城市水资源利用率,提升城市生态承载力也具有重要意义,因此在我国沙漠生态城市的建设过程中,应融入海绵城市的建设内容。

我国沙漠城市大多地处干旱地区,水资源匮乏,降水稀少,这使得本就恶劣的生态环境变得更加脆弱并且严重制约着城市的生态建设和经济发展。2013 年 12 月 12 日,习近平总书记在中央城镇化工作会议上做出了建设海绵城市的指示;2014 年 11 月 2 日,住房和城乡建设部发布《海绵城市建设技术指南——低影响开发雨水系统构建(试行)》文件。2015 年 3 月,住建部牵头评审出了 16 个首批海绵城市试点城市,自此,全国范围内掀起了建设海绵城市的热潮。海绵城市是一种形象的比喻,简言之,是指城市能够像海绵一样,在适应环境变化和应对自然灾害时,具有良好的"灵活性"。我们现在所说的海绵城市特指雨水的综合管理,其本质是要科学地考虑城市生态需求并改善城市的水循环过程,就是要让水在城市的迁移、转化和转换等活动中更加"自然",充分发挥原始地形地

貌对降雨的积存作用，自然下垫面和生态本底对雨水的渗透作用，植被、土壤、湿地等对水质的自然净化作用，通过自然和人工手段的结合，使城市对雨水具有吸收和释放功能。

　　建设具有自然积存、自然渗透、自然净化功能的海绵城市是生态文明建设的重要内容，有助于实现城市和环境资源协调发展，是建设美丽中国的重要方式。通过建设海绵城市从而充分发挥其在社会、生态、环境、资源、防灾等方面的效益，对于我国沙漠城市修复城市水生态、涵养水资源，提高雨水资源利用量和效率、改善沙漠城市水资源缺乏状况以及生态城市的建设能够起到很好的作用。此外，由于海绵城市的建设具有较强的公益性及非营利性，现阶段私人企业与投资者参与建设的积极性较低，因此我国沙漠城市在海绵城市的建设过程中，各地政府需要加大政策引导以及对企业与投资者加大补贴优惠政策的支持。

第8章　我国沙漠生态城市建设的实证研究

8.1　研究对象的选取

我国沙漠生态城市建设在区域分布上主要集中于西北五省区，建设重点应当是提高城市绿化水平、改善城市生态环境、优化产业结构升级，实现地区低碳发展以及在城市建设中结合现代科技创新成果提升城市生态承载力，同时应结合经济带沿线沙漠城市具体实际。本书选取我国沙漠生态城市实证研究对象过程中，着重考虑了以上因素，充分分析了当前学术界已有研究成果，并且深入实地进行了扎实的系统性跨省域调研，综合考虑多种因素，最终在西北五省区空间地域范围内选取榆林市作为实证研究对象。实证对象选取具体分析如下：

榆林位于陕西省最北部，地处黄土高原和毛乌素沙漠交界处，是黄土高原的过渡区。东临黄河与山西省隔河相望，西连宁夏回族自治区、甘肃，南接延安，北与鄂尔多斯相连，系陕、甘、宁、内蒙古、晋五省区交界地，自古就是兵家必争之地。榆林管辖榆阳区、横山区、神木县、府谷县、定边县、靖边县、绥德县、米脂县、佳县、吴堡县、子洲县、清涧县等2区10县，总人口375万人。位于陕西省榆林市和内蒙古自治区鄂尔多斯（伊克昭盟）之间的毛乌素沙漠面积达4.22万平方千米，由于陕北长城沿线的风沙带与内蒙古自治区鄂尔多斯（伊克昭盟）南部的沙地是连续分布在一起的，因而将鄂尔多斯高原东南部和陕北长城沿线的沙地统称为"毛乌素沙漠"。榆林市，大体以长城为界，北部就是毛乌素沙漠南缘风沙草滩区，面积约15813平方千米，占全市面积的36.7%。

榆林地处鄂尔多斯盆地的核心区，目前已发现8大类48种矿产，拥有世界七大煤田之一的陕北侏罗纪煤田，我国陆上已探明的最大整装气田的核心组成部分，国内最大的内陆盐矿，还有比较丰富的煤层气和石油资源。截至 2013 年，榆林已发现 8 大类 48 种矿产，以煤、气、油、盐最为丰富。煤炭预测资源量 2720 亿吨，探明储量 1460 亿吨；天然气预测资源量 4.18 万亿立方米，已探明气田 4 个，探明储量 1.18 万亿立方米；石油预测资源量 6 亿吨，探明储量 3.6 亿吨；岩盐预测资源量 6 万亿吨，探明储量 8857 亿吨，约占全国岩盐总量的 26%，湖盐探明储量 1794 万吨。此外，还有比较丰富的煤层气、高岭土、铝土矿、石灰岩、石英砂等资源。榆林每平方千米土地拥有 10 亿元的地下财富，矿产资源潜在价值达 43 万亿元，占全省的 95%。作为西北地区重要的经济支撑点，长期以来一直面临着土地荒漠化、土地沙漠化的困扰。在相当长的一段时期内，由于土地荒漠化和沙漠化、植被减少等环境问题，榆林市的生态平衡和经济社会的可持续发展受到了严重威胁。

面临如此严峻的生态问题，在政府的主导下，榆林市以治沙造林为重点，加强经济带沙漠城市绿化建设，长期以来综合运用生物治沙、工程治沙、开发沙产业、城市生态规划等手段，提高区域绿化水平。与此同时，榆林市政府以产业生态化为核心，不断推进经济带沙漠城市产业升级，近年来不断优化政策推动农业生态化建设、工业生态化建设和服务业生态化建设，将生态保护纳入产业政策制定系统。当前，榆林市正尝试以科技创新为抓手，提升自身作为经济带沙漠城市的生态承载力。经过多年的努力，整个榆林的生态状况正在由"整体恶化"向"整体好转、沙退人进、局部良性循环"转变，有望实现并强化经济、生态的协调发展，是沙漠生态城市建设的典范。基于榆林地区地域特征、生态特征、社会经济重要性和沙漠生态城市建设的既有经验，本书选取榆林地区作为我国沙漠城市建设的实证研究对象。

8.2　榆林生态现状分析

8.2.1　生态环境现状分析

新中国成立前，榆林全市森林覆盖率仅为 0.9%，而到了 2015 年，榆林市整个造林保存面积已达到 2157 万亩，相当于 665243 个足球场的面积，林木覆盖率也达到了 33%，风沙有效地得到了遏制。所以，整个榆林的生态状况实现了由"整体恶化"向"整体好转、沙退人进、局部良性循环"的转变，实现了经济、生态的协调发展。表 8-1 中的数据是 2015 年陕西城市绿化统计情况，榆林市的园林绿化覆盖面积在全省 13 个市中排名第三，为 2779 公顷，其中园林绿地面积 2199 公顷，公园绿地面积 682 公顷，公园面积 531 公顷。可以看出，经过多年的努力，榆林的生态环境已有了明显改善。

表 8-1 2015 年陕西城市绿化统计情况

	园林绿化覆盖面积（公顷）	建成区面积（公顷）	园林绿地面积（公顷）	公园绿地面积（公顷）	公园个数（个）	公园面积（公顷）
全省	67334	43551	56108	11714	209	5877
西安市	23824	21334	19047	4947	85	2489
铜川市	2067	1919	1893	473	14	70
宝鸡市	4701	3603	4017	1027	26	852
咸阳市	21017	3629	18760	1617	5	490
兴平市	844	773	672	249	2	143
渭南市	2921	2426	2228	663	6	461
韩城市	924	701	682	158	7	36
华阴市	708	594	514	107	8	49
延安市	1510	1501	1444	354	12	259
汉中市	2157	1544	1667	576	3	78
榆林市	2779	2396	2199	682	5	531
安康市	2101	1743	1622	452	25	301
商洛市	753	571	521	163	6	109

2016 年榆林城区二级以上天数 296 天，其中达到一级标准天数为 42 天。市城区集中式饮用水源地水质达标率为 100%。全年二氧化硫排放量 21.75 万吨，比上年削减 1.3%。氮氧化物排放量 18.86 万吨，削减 8.1%。其中，机动车排放量 4.06 万吨，削减 2.6%。化学需氧量排放量 5.00 万吨，削减 1.6%。氨氮排放量 0.59 万吨，削减 1.6%。但是，工业固体废物产生量较大，处置率较低。这些固体废弃物未得到全面及时的处理，容易造成二次污染，因污染而产生的废气、淋

溶水等对所在区域的空气、土壤与地下水都造成严重的污染，并通过空气等媒介对人类的健康造成严重威胁。

8.2.2 生态经济现状分析

2016 年，榆林地区实现生产总值 2773.05 亿元，比上年增长 6.5%。其中，第一产业增加值 162.44 亿元，增长 4.8%；第二产业增加值 1689.70 亿元，增长 4.1%；第三产业增加值 929.91 亿元，增长 11.1%。第一、第二和第三产业增加值占生产总值的比重分别为 5.9%、60.6% 和 33.5%。2016 年，西安地区生产总值 6257.18 亿元，占全省的 32.6%，位居陕西第一；榆林地区生产总值 2773.05 亿元，占全省的 14.44%，位居陕西第二。榆林经济总量连续十年位居全省第二位。2016 年全社会固定资产投资 1467.45 亿元，比上年增长 6.0%。其中，固定资产投资 1257.98 亿元，增长 11.0%；项目投资 1217.44 亿元，增长 12.0%；房地产投资 40.55 亿元，下降 13.7%；民间投资 389.19 亿元，下降 9.4%。分产业看，第一产业投资 53.88 亿元，比上年增长 82.0%，占固定资产投资的比重为 4.3%。第二产业投资 773.75 亿元，增长 8.8%，占比为 61.5%。其中，能源化工工业投资 669.79 亿元，增长 8.9%；非能源化工工业投资 105.86 亿元，增长 13.3%。第三产业投资 430.36 亿元，增长 9.6%，占比为 34.2%。

近年来，榆林市 GDP 年均增长 18%，财政收入年均增长 42.95%，固定资产投资年均增长 39%，不仅创造了"陕北速度"，也令陕西成为最近受到热议的"金砖四省"之一。图 8-1 是 2007~2016 年榆林市 GDP 总值。

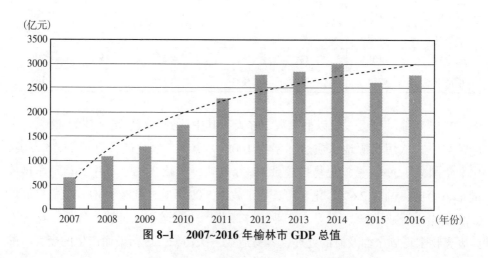

图 8-1　2007~2016 年榆林市 GDP 总值

8.2.3　生态社会现状分析

根据《榆林市 2015 年全国 1% 人口抽样调查主要数据公报》的数据，榆林市全市常住人口为 339.82 万人，比 2010 年第六次人口普查增加 4.68 万人，增长 1.4%。全市常住人口中，男性为 178.75 万人，占 52.60%；女性为 161.07 万人，占 47.40%。总人口性别比（以女性为 100，男性对女性的比例）由 2010 年第六次全国人口普查的 111.88 下降为 110.98。全市常住人口中，具有大学（指大专以上）教育程度人口为 40.04 万人；具有高中（含中专）教育程度人口为 40.61 万人；具有初中教育程度人口为 102.54 万人；具有小学教育程度人口为 96.96 万人（以上各种受教育程度的人包括各类学校的毕业生、肄业生和在校生）。

同 2010 年第六次全国人口普查相比，每 10 万人中具有大学教育程度人口由 7647 人上升为 11783 人；具有高中教育程度人口由 13299 人下降为 11950 人；具有初中教育程度人口由 35717 人下降为 30173 人；具有小学教育程度人口由 28547 人下降为 28533 人。

榆林共有家庭户 107.59 万户，家庭户人口为 330.29 万人，平均每个家庭户的人口为 3.07 人，与 2010 年第六次全国人口普查的 3.10 人相比，平均每个家庭户减少 0.03 人。居住在城镇的人口为 186.9 万人，占 55%；居住在乡村的人口为 152.92 万人，占 45%。同 2010 年第六次全国人口普查相比，城镇人口增加 28.01 万人，乡村人口减少 23.33 万人，城镇人口比重上升 7.59 个百分点。如表 8-2 所示。

表 8-2　2015 年榆林市常住人口的地区分布

地　　区	常住人口（万人）	自然增长率（‰）	城镇化率（%）
全市合计	340.11	5.15	55.00
榆阳区	64.91	5.18	73.61
神木县	45.95	5.41	69.19
府谷县	26.31	5.18	65.01
横山区	29.66	5.44	48.03
靖边县	36.51	5.30	62.71
定边县	32.40	4.83	46.03
绥德县	29.89	5.60	39.01
米脂县	15.92	4.02	40.59

地　区	常住人口（万人）	自然增长率（‰）	城镇化率（%）
佳县	19.91	5.17	30.01
吴堡县	7.94	3.96	42.04
清涧县	12.88	4.57	36.20
子洲县	17.83	5.30	34.05

根据陕西省统计局的相关统计资料可知，榆林全市 2000~2015 年的人口自然增长率基本维持在 4.8‰~5.4‰，没有较大幅度的增加或减少。其中榆阳区的人口数相较于榆林市内其他地区的人口数而言，相对较多，因为榆阳区相对而言基础设施、公共卫生建设等方面更加完善，更适宜居住，故人口相对密集。

8.3　榆林生态环境评价与结果分析

8.3.1　榆林生态环境评价

8.3.1.1　区域生态环境承载力的理想状态的确定

区域承载力的理想状态值，即各项指标的阈值，该阈值将会直接影响到区域承载力的评价结果。但阈值的确定很难，为了简化承载力指标阈值的确定，一般可以从这两个因素考虑：第一，必须以追求区域的可持续发展为宗旨，将区域的经济、社会与生态的发展引上一种良性模式。第二，要从政策着手，建立区域在某一时间范围内的社会、经济及生态环境发展目标。即使简单从这两方面进行考量，各指标阈值的确定仍不容易。

在实际操作中确定某特定区域承载力各项指标的阈值的方法主要有：①问卷调查法。通常都是采用问卷调查法来征集专家、学者的相关意见，最终转化为量化数据。②国内外标准与目标值。利用国内或者国际上公认的标准或目标值也是确定承载力理想状态的方法之一。③参照区阈值。除了问卷调查法与标准值法以外，也可采用确定参照区的途径来确定承载力各项指标的阈值，其中参照区就是区域条件、可持续发展状况与所研究的区域相似或者接近的区域。

根据上述原则，本次承载力分析从榆林 2 区 10 县中抽取榆林市、神木、府谷、横山、靖边、定边、绥德和米脂作为样本进行模型分析，调查了这些地区的环保、建设、计生、计委、经委、财政、统计等部门的相关资料，参照国内外各项研究结果和各项指标的国家标准，结合榆林市的具体情况，最终确定了榆林生态环境承载力的各项指标的理想值，如表 8-3 所示。

表 8-3　榆林绿洲生态环境承载力各指标理想值

指标代号	理想值	指标代号	理想值	指标代号	理想值
R_1	31400	S_1	600	T_1	140
R_2	14	S_2	5	T_2	0.1
R_3	10	S_3	75	T_3	15
R_4	50	S_4	600	T_4	45
R_5	35	S_5	27	T_5	100
R_6	60	S_6	10000	T_6	100
R_7	0.84	S_7	15000	T_7	100
R_8	10	S_8	40		

8.3.1.2　数据标准化处理

运用上述公式计算后，指标原始数据转化为标准数据，如表 8-4 所示。

表 8-4　2016 年榆林沙漠生态城市承载力评价指标标准化数据

	米脂	神木	靖边	横山	榆林	定边	府谷	绥德
R_1	1.0000	0.5820	0.6833	0.5860	0.3951	0.3181	0.6135	0.3566
R_2	0.7567	0.7370	0.6921	0.8107	0.6271	0.7937	0.8598	1.0000
R_3	0.8625	0.9625	0.8625	0.9750	0.9125	0.8125	1.0000	0.8375
R_4	1.0000	0.5819	0.5315	0.6139	0.7565	0.8521	0.8328	0.7946
R_5	1.0000	0.9091	0.9772	0.9615	0.6565	0.9494	0.4747	0.9606
R_6	1.0000	0.8140	0.6541	0.6977	0.5523	0.5000	0.9884	0.4797
R_7	0.7248	0.3384	0.5009	0.5281	0.2073	0.6496	1.0000	0.6767
R_8	0.2290	1.0000	0.1364	0.1867	0.3309	0.0939	0.7248	0.2561
S_1	0.1629	0.5733	0.6030	0.2488	0.2971	1.0000	0.0846	0.5029
S_2	0.7244	0.9060	0.9521	0.8071	0.9755	1.0000	0.8618	0.4576
S_3	0.9846	1.0000	0.9825	0.6602	0.6242	0.6815	0.8850	0.6303

续表

	米脂	神木	靖边	横山	榆林	定边	府谷	绥德
S_4	0.7997	0.0509	0.1812	1.0000	0.1604	0.1301	0.2960	0.2541
S_5	0.8333	0.7336	0.7211	0.7552	0.7813	0.6510	1.0000	0.6536
S_6	1.0000	0.6179	0.6503	0.6524	0.5641	0.4652	0.9197	0.3364
S_7	0.9976	0.7124	0.8511	0.8483	0.7139	0.6643	1.0000	0.4590
S_8	0.9320	0.8123	0.9565	0.8945	0.9769	1.0000	0.8546	0.9205
T_1	0.0728	0.1963	0.1097	0.0727	0.1155	0.0930	1.0000	0.1044
T_2	0.3252	0.9018	0.8957	0.6994	0.9264	0.7301	0.4908	1.0000
T_3	0.4502	0.4616	0.6744	0.6365	0.5630	0.5384	1.0000	0.4190
T_4	0.9778	0.7056	0.9611	1.0000	0.9929	0.3860	0.1566	0.3604
T_5	0.8854	0.9922	0.9967	1.0000	0.9395	0.9533	0.9862	0.8344
T_6	0.9729	0.8309	0.2711	1.0000	0.4814	0.1212	0.8652	0.8920
T_7	0.6761	0.6203	0.9200	0.5375	0.6070	0.6319	1.0000	0.5042

8.3.1.3 确定指标的权重

首先，根据上述的熵值法，编写相应的熵值法 matlab 程序如下：

```
[m, n] = size(X);
for i = 1: m
    for j = 1: n
        P(i, j) = X(i, j)/sum(X(:, j));
    end
end
P
for j = 1: n
    k = 1/log(m);
    E(j) = -k*sum(P(:, j).*log(P(:, j)));
end
G = 1 - E
L = sum(G);
W = G/L
```

其中，G 是差异性系数矢量，L 是差异性系数矢量和，W 是输出权重矢量。

根据上述熵值法算法，得出生态环境承载各个指标的权重值，如表 8-5 所示。

表 8-5　榆林绿洲城市生态环境承载力各指标权重值

	子系统	指标代码	差异性系数 G_j	权重值 W_j
生态环境承载力	经济子系统	R_1	0.0305	0.0291
		R_2	0.0043	0.0041
		R_3	0.0012	0.0012
		R_4	0.0096	0.0092
		R_5	0.0115	0.0110
		R_6	0.0175	0.0167
		R_7	0.0395	0.0378
		R_8	0.1382	0.1322
	社会子系统	S_1	0.0993	0.0950
		S_2	0.0107	0.0102
		S_3	0.0096	0.0092
		S_4	0.1733	0.1657
		S_5	0.0044	0.0042
		S_6	0.0239	0.0228
		S_7	0.0119	0.0114
		S_8	0.0010	0.0010
	环境子系统	T_1	0.2774	0.2652
		T_2	0.0234	0.0224
		T_3	0.0191	0.0183
		T_4	0.0605	0.0578
		T_5	0.0009	0.0008
		T_6	0.0648	0.0619
		T_7	0.0134	0.0128

其次，在用客观方法熵值法算出权重值的基础上，用主观 AHP 方法计算榆林生态环境承载力评价指标体系的权重值，具体过程如表 8-6~表 8-13 所示。

表 8-6 G 的判断矩阵

G	A_1	A_2	B_1	B_2	C_1	C_2	W_i	$W_i^0(G)$	λ_{mi}
A_1	1	3	1	2	2	3	1.8171	0.2772	6.0484
A_2	1/3	1	1/3	1/2	1/2	1	0.5503	0.0840	6.0475
B_1	1	3	1	1	2	2	1.5131	0.2308	6.0850
B_2	1/2	2	1	1	1	2	1.1225	0.1712	6.1091
C_1	1/2	2	1/2	1	1	1	0.8909	0.1360	6.1062
C_2	1/3	1	1/2	1/2	1	1	0.6609	0.1008	6.0911

$\lambda_{max} = 6.0812$ C.R. $= 0.0129 < 0.1$。

表 8-7 A_1 的判断矩阵

A_1	R_1	R_2	R_3	R_4	R_5	R_6	W_i	W_i^0	λ_{mi}
R_1	1	1/2	1/3	1/2	1	1	0.6609	0.1031	6.0405
R_2	2	1	1	1	1	2	1.2599	0.1966	6.1356
R_3	3	1	1	1	2	3	1.6189	0.2526	6.0818
R_4	2	1	1	1	2	2	1.4142	0.2207	6.0274
R_5	1	1	1/2	1/2	1	1	0.7937	0.1239	6.1635
R_6	1	1/2	1/3	1/2	1	1	0.6609	0.1031	6.0405

$\lambda_{max} = 6.0816$ C.R. $= 0.0129 < 0.1$。

表 8-8 A_2 的判断矩阵

A_2	R_7	R_8	W_i	W_i^0	λ_{mi}
R_7	1	4	2.0000	0.8000	2.0000
R_8	1/4	1	0.5000	0.2000	2.0000

$\lambda_{max} = 2.0000$ C.R. $= 0 < 0.1$。

表 8-9 B_1 的判断矩阵

B_1	S_1	S_2	S_3	S_4	W_i	W_i^0	λ_{mi}
S_1	1	1/3	1/5	3	0.6687	0.1210	4.0916
S_2	3	1	1/2	5	1.6549	0.2993	4.0300
S_3	5	2	1	7	2.8925	0.5232	4.0562
S_4	1/3	1/5	1/7	1	0.3124	0.0565	4.0957

$\lambda_{max} = 4.0684$　C.R. $= 0.0256 < 0.1$。

表 8–10　B_2 的判断矩阵

B_2	S_5	S_6	S_7	S_8	W_i	W_i^0	λ_{mi}
S_5	1	3	2	1/2	1.3161	0.2717	4.0177
S_6	1/3	1	1/2	1/5	0.4273	0.0882	4.0111
S_7	1/2	2	1	1/3	0.7598	0.1569	4.0176
S_8	2	5	3	1	2.3403	0.4832	4.0116

$\lambda_{max} = 4.0145$　C.R. $= 0.0054 < 0.1$。

表 8–11　C_1 的判断矩阵

C_1	T_1	T_2	T_3	T_4	W_i	W_i^0	λ_{mi}
T_1	1	1/3	1/4	1/2	0.4518	0.0953	4.0366
T_2	3	1	1/2	2	1.3161	0.2776	4.0254
T_3	4	2	1	3	2.2134	0.4670	4.0355
T_4	2	1/2	1/3	1	0.7598	0.1603	4.0264

$\lambda_{max} = 4.0310$　C.R. $= 0.0116 < 0.1$。

表 8–12　C_2 的判断矩阵

C_2	T_5	T_6	T_7	W_i	W_i^0	λ_{mi}
T_5	1	7	5	3.2711	0.7306	3.0649
T_6	1/7	1	1/3	0.3625	0.0810	3.0646
T_7	1/5	3	1	0.8434	0.1884	3.0651

$\lambda_{max} = 3.0649$　C.R. $= 0.0624 < 0.1$。

表 8–13　层次总排序

W_i^0	$W_i^0(G)$						V_i
	A_1	A_2	B_1	B_2	C_1	C_2	
	0.2772	0.0840	0.2308	0.1712	0.1360	0.1008	
R_1	0.1031						0.0286
R_2	0.1966						0.0545
R_3	0.2526						0.0700

续表

W_i^0	$W_i^0(G)$						V_i
	A_1	A_2	B_1	B_2	C_1	C_2	
	0.2772	0.0840	0.2308	0.1712	0.1360	0.1008	
R_4	0.2207						0.0612
R_5	0.1239						0.0343
R_6	0.1031						0.0286
R_7		0.8000					0.0672
R_8		0.2000					0.0168
S_1			0.1210				0.0279
S_2			0.2993				0.0691
S_3			0.5232				0.1207
S_4			0.0565				0.0130
S_5				0.2717			0.0465
S_6				0.0882			0.0151
S_7				0.1569			0.0269
S_8				0.4832			0.0827
T_1					0.0953		0.0130
T_2					0.2776		0.0378
T_3					0.4670		0.0635
T_4					0.1603		0.0218
T_5						0.7306	0.0736
T_6						0.0810	0.0082
T_7						0.1884	0.0190

最后，在用主客观两种方法计算完权重之后，利用熵值法+AHP 的综合集成方法确定榆林各子系统的最终权重值，如表 8-14 所示。

表 8-14　榆林各子系统指标的权重值

经济子系统		社会子系统		环境子系统	
指标代号	权重值	指标代号	权重值	指标代号	权重值
R_1	0.0289	S_1	0.0615	T_1	0.1385
R_2	0.0293	S_2	0.0397	T_2	0.0301

经济子系统		社会子系统		环境子系统	
指标代号	权重值	指标代号	权重值	指标代号	权重值
R_3	0.0356	S_3	0.0650	T_3	0.0409
R_4	0.0352	S_4	0.0894	T_4	0.0398
R_5	0.0227	S_5	0.0254	T_5	0.0372
R_6	0.0227	S_6	0.0190	T_6	0.0351
R_7	0.0525	S_7	0.0192	T_7	0.0159
R_8	0.0745	S_8	0.0419		

8.3.2　榆林生态系统结果分析

8.3.2.1　榆林生态环境承载力的测度

由下式计算可知，榆林的理想承载力为：

$$RCC = \sqrt{\sum_{i=1}^{n}(w_i \cdot RCC_i^*)^2} = \sqrt{\sum_{i=1}^{n} w_i^2} = 0.3216$$

根据相应公式，求出榆林 2016 年生态环境承载力现状值 RCS_i^*，如表 8–15 所示。

表 8–15　榆林的生态环境承载力现状值

指标代码	米脂	神木	靖边	横山	榆林	定边	府谷	绥德
R_1	0.82	1.41	1.20	1.40	2.07	2.57	1.33	2.30
R_2	1.07	1.10	1.17	1.00	1.29	1.02	0.94	0.81
R_3	0.69	0.77	0.69	0.78	0.73	0.65	0.80	0.67
R_4	0.90	1.55	1.69	1.47	1.19	1.06	1.08	1.13
R_5	1.17	1.06	1.14	1.12	0.77	1.11	0.55	1.12
R_6	0.87	1.07	1.33	1.25	1.58	1.74	0.88	1.82
R_7	0.96	2.05	1.38	1.31	3.34	1.07	0.69	1.02
R_8	1.38	0.32	2.32	1.69	0.96	3.37	0.44	1.23
S_1	1.29	0.37	0.35	0.84	0.71	0.21	2.48	0.42
S_2	0.88	0.70	0.67	0.79	0.65	0.64	0.74	1.39
S_3	1.57	1.54	1.57	2.34	2.47	2.26	1.74	2.45
S_4	0.74	11.66	3.27	0.59	3.70	4.56	2.00	2.33

续表

指标代码	米脂	神木	靖边	横山	榆林	定边	府谷	绥德
S_5	0.84	0.96	0.98	0.93	0.90	1.08	0.70	1.08
S_6	1.29	2.09	1.98	1.98	2.29	2.77	1.40	3.84
S_7	0.67	0.94	0.79	0.79	0.94	1.01	0.67	1.47
S_8	0.92	1.05	0.90	0.96	0.88	0.86	1.00	0.93
T_1	1.42	0.53	0.94	1.42	0.89	1.11	0.10	0.99
T_2	0.19	0.07	0.07	0.09	0.07	0.08	0.13	0.06
T_3	1.58	1.54	1.05	1.12	1.26	1.32	0.71	1.70
T_4	0.47	0.65	0.48	0.46	0.46	1.19	2.94	1.28
T_5	1.13	1.01	1.00	1.00	1.06	1.05	1.01	1.20
T_6	1.04	1.21	3.72	1.01	2.10	8.26	1.17	1.13
T_7	1.59	1.74	1.17	2.01	1.78	1.71	1.08	2.14

在计算理想承载力 RCC 和现状值 RCS_i^* 的前提下，计算出榆林发展状况 M 值。然后将 M 值的大小与理想承载力相比较，得到该区域承载力的具体状况。

表 8-16　榆林的承载力状况

	M 值	RES	RES 与 1 相比	结果
米脂	0.2989	0.9294	<1	可载
神木	1.0659	3.3144	>1	超载
靖边	0.4265	1.3262	>1	超载
横山	0.3258	1.0131	>1	超载
榆林	0.4612	1.4341	>1	超载
府谷	0.6210	1.9310	>1	超载
绥德	0.3121	0.9705	<1	可载
定边	0.3641	1.1322	>1	超载

从表 8-16 可以看出，除了米脂和绥德县以外，其他县区生态承载力均大于理想值，榆林总体的生态环境承载力是超载的，部分城市生态环境的压力很大，远远超过了理想值 0.3216。

神木、府谷、榆林市由于煤的开采，对当地的生态环境造成了很大影响，特别是神木、府谷，由于煤炭的大量开采，地表塌陷，当地的植被等遭受巨大破坏，靖边和定边由于地底石油资源丰富，吸引了大量投资，但同时过度的开采也对环境造成了很大负荷，绥德和米脂经济发展落后，当地资源相对其他地区也很欠缺，但由于当地自然环境本身很恶劣，其对经济发展的承载力很薄弱，故也属于超载的状态。

8.3.2.2　榆林的生态环境承载力分析

根据以上结果，可知在可持续发展的状态下榆林生态环境承载力的理想值为0.3216，和八大县市相比的结果如图 8-2 所示。

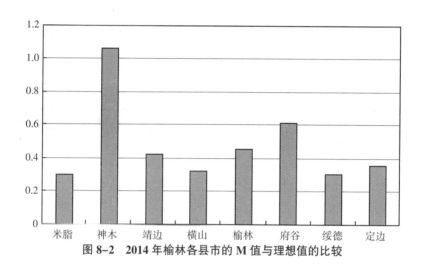

图 8-2　2014 年榆林各县市的 M 值与理想值的比较

从图 8-2 可以看出，榆林的八大县市的承载力除了米脂和绥德之外，都属于超载范围，超过了理想值，目前可持续发展的状况不理想。

由表 8-16 与图 8-2 可知，榆林城市的生态环境承载力现状值从大到小依次为：米脂>绥德>横山>定边>靖边>榆林市>府谷>神木。其中，绥德、米脂环境子系统的承载力相对较好，而神木、府谷的环境子系统的承载力负荷较重，长期发展下去，既对当地经济发展的前景产生影响，又会对当地生态环境造成不可修复的毁坏。

从以上的分析可以看出，2014 年榆林沙漠生态城市的经济与社会发展总体上处于非可持续状态，经济发展对自然资源环境的依赖性很大，并且不注重对环境的保护，使得对环境的索取过多，超过了环境自身的承载能力。因此，政府必须从榆林的长远发展入手，采取合理的社会经济发展模式，以及适当地调整经济结构，使得经济的发展向着合理高效的目标迈进。在环境保护方面，应该顺应时代的号召，大力发展低碳经济，通过各种途径来增强公民的环境保护意识，在合理利用环境资源的同时更要加大环境保护力度，全力将榆林的社会、经济与环境的发展引到可持续发展的轨道上来。

下面从时间跨度的角度对榆林地区的生态承载力进行分析，主要从环境子系统、社会子系统和经济子系统三个角度进行分析。通过对 2004~2016 年的《陕西统计年鉴》《榆林统计年鉴》以及其他相关资料的归纳整理，得到所构建的榆林沙漠生态城市承载力评价指标体系中各指标的原始数据，并通过线性比例变换方法对原始数据进行处理，由表 8-17 各子系统指标的权重值，以及榆林沙漠生态城市的实际情况，加上参照国内外有关生态承载力的各项研究结果和指标的标准理想值，最终确定了榆林沙漠生态城市生态环境承载力各项指标的理想值。

表 8-17　榆林沙漠生态城市生态环境承载力各项指标理想值

指标代号	理想值	指标代号	理想值	指标代号	理想值
R_1	31400	S_1	600	T_1	140
R_2	14	S_2	5	T_2	0.1
R_3	10	S_3	75	T_3	15
R_4	50	S_4	600	T_4	45
R_5	35	S_5	27	T_5	100
R_6	60	S_6	10000		
R_7	0.84	S_7	15000		
R_8	10	S_8	20		

（1）环境子系统。

1）环境子系统生态承载力的测度。榆林沙漠生态城市环境子系统承载力的理想值 RCC，可以作为判断该地区环境子系统承载力的依据。

$$RCC = \sqrt{\sum_{i=1}^{n}(w_i \cdot RCC_i^*)^2} = \sqrt{\sum_{i=1}^{n} w_i^2} = 0.594441$$

通过状态空间法的计算公式，将各指标标准化并划分为成本型指标与效应型指标，对成本型指标用表 8-17 中各指标的理想值除以各指标的现状原始值，对效应型指标用各指标的现状原始值除以表 8-17 中各指标的理想值，求出 2004 年至 2016 年榆林沙漠城市环境子系统承载力现状值 RCS_i^*，结果见表 8-18。

表 8-18　环境子系统的生态承载力现状值

年份	T_1	T_2	T_3	T_4	T_5
2004	0.5545	1.393939	6.818182	1.940492	1.251878
2005	0.644429	1.309091	5.338078	1.609442	1.155669
2006	0.655286	2.563636	5.226481	1.561958	1.037775
2007	0.699857	2.527273	5.084746	1.698113	1.142857
2008	0.455286	2.248485	5	1.498501	1.063830
2009	0.431214	1.593939	3.157895	1.40757	1.075038
2010	0.555429	1.460606	2.757353	1.363636	1.086602
2011	0.552786	1.454545	1.992032	1.252087	1.007963
2012	0.586500	1.430303	2.109705	1.391036	1.010611
2013	0.735714	1.412121	1.950585	1.424953	1.009999
2014	0.746071	1.412121	1.461988	1.291990	1.008980
2015	0.747563	1.414945	1.460526	1.290698	1.007971
2016	0.748311	1.416360	1.459065	1.289407	1.006963

在计算得出环境子系统生态环境承载力现状值 RCS_i^* 的前提下，根据公式计算得出榆林沙漠生态城市环境子系统的 M 值，$M - \sqrt{\sum_{i=1}^{n}(w_i \cdot RCS_i^*)^2}$，将 M 值与环境子系统理想承载力 RCC 作比较，得出 RES，判断该区域的承载力现状是超载、满载，还是可载，具体结果如表 8-19 所示。

表 8-19　榆林沙漠生态城市环境子系统的承载力状况

年份	M 值	RES	RES 与 1 相比	结果
2004	1.715808	2.886423	>1	超载
2005	1.365648	2.297365	>1	超载
2006	1.350522	2.271919	>1	超载
2007	1.338237	2.251253	>1	超载
2008	1.291601	2.172799	>1	超载
2009	0.895963	1.507236	>1	超载
2010	0.815692	1.372200	>1	超载
2011	0.6585	1.107763	>1	超载
2012	0.695468	1.169953	>1	超载
2013	0.676374	1.137832	>1	超载

年份	M 值	RES	RES 与 1 相比	结果
2014	0.586118	0.985999	<1	可载
2015	0.527500	0.887389	<1	可载
2016	0.474745	0.798641	<1	可载

由表 8-19 的数据分析可见，榆林沙漠城市 2004 年至 2016 年环境子系统除近三年外都处于超载状况，超载程度不一样，但是都面临一定的生态环境压力。总体上看环境子系统生态承载力状况在逐年变好。

其中超载最严重的是 2004 年，M 值比环境子系统的理想承载力 RCC 超载了 1.89 倍，超载情况最轻微的是 2013 年，M 值比环境子系统的理想承载力 RCC 超载了 0.14 倍，基本接近于满载状况。2014~2016 年为可载状态。环境子系统 2004~2016 年生态承载力超载的情况逐年递减，可以看出环保工作在环境子系统方面取得一定成效。

2) 环境子系统生态环境承载力的分析。

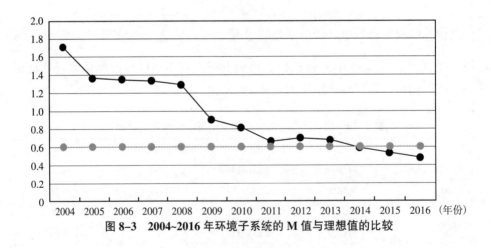

图 8-3　2004~2016 年环境子系统的 M 值与理想值的比较

图 8-3 中线①表示的是榆林沙漠城市环境子系统生态承载力的理想值 0.594441，线②是榆林沙漠城市 2004~2016 年环境子系统的 M 值。由图 8-3 可以明显看出，2004~2013 年榆林沙漠城市环境子系统都处于超载状况，只不过超载的程度存在差别，但是总体趋势是超载程度逐年递减，可以看出当地政府所做的工作取得了一定成效，人们生态环境保护的意识逐渐加强，保护措施逐步到位。

其中，建成区绿化率由 2004 年的 23.19% 上升到 2016 年的 34.83%，十三年间增长了约 50.2%，同时 2004 年环境子系统超载程度之所以较其他年份高一些，还可以从人均公共绿地面积看出，2004 年人均公共绿地面积只有 2.2 平方米，而 2016 年人均公共绿地面积却有 10.26 平方米，人均公共绿地面积逐年递增，但与该区域人均公共绿地面积的理想值 15 平方米还有不小差距。在环境子系统中比重最高的工业废水排放达标率，2004 年只有 79.88%，在榆林沙漠城市水资源严重短缺的情况下，严重污染了当地的地下与地表水资源。而经过治理，2016 年工业废水排放达标率达到 99.11%，接近于该区域的理想值。

（2）社会子系统。

1）社会子系统生态承载力的测度。由计算可得，榆林沙漠城市社会子系统的理想承载力为：

$$RCC = \sqrt{\sum_{i=1}^{n}(w_i \cdot RCC_i^*)^2} = \sqrt{\sum_{i=1}^{n} w_i^2} = 1.413707$$

同样，通过对 2004~2016 年榆林沙漠城市社会子系统的各指标经过成本型指标和效益型指标的转化，求得榆林沙漠城市 2004~2016 年社会子系统承载力的现状值 RCS_i^*，如表 8-20 所示。

表 8-20　社会子系统生态承载力现状值

年份	S_1	S_2	S_3	S_4	S_5	S_6	S_7	S_8
2004	0.126667	0.966	0.187733	16.49711	0.744444	0.1328	0.324667	0.645161
2005	0.133167	0.964	0.211067	12.94219	0.707407	0.1438	0.338933	0.651466
2006	0.13385	0.972	0.218667	10.39141	0.725926	0.1652	0.3808	0.588235
2007	0.134467	1.014	0.232533	9.044317	0.725926	0.1803	0.406667	0.613497
2008	0.1351	1.006	0.239733	8.183306	0.637037	0.2094	0.446	0.722022
2009	0.136383	1.006	0.2324	11.59869	0.740741	0.2621	0.59	0.702247
2010	0.13505	1.014	0.244267	9.985022	0.751481	0.3402	0.813133	0.648508
2011	0.13735	0.978	0.2512	15.4202	1.02	0.4127	0.9904	0.726744
2012	0.1394	1	0.357733	14.88834	1.077778	0.511335	1.169667	0.69979
2013	0.141767	1.004	0.375333	16.6113	1.118519	0.652	1.3814	0.694203
2014	0.14325	1.06	0.2868	13.88567	1.103704	0.7681	1.609333	0.682128
2015	0.144754	1.119124	0.302797	11.6073	1.118519	0.904874	1.895903	0.694203
2016	0.146274	1.181545	0.319686	9.702715	1.133533	1.066002	1.921352	0.706492

在计算得出社会子系统生态环境承载力现状值 RCS$_i^*$的前提下，根据公式计算得出榆林沙漠城市社会子系统的 M 值，$M = \sqrt{\sum_{i=1}^{n}(w_i \cdot RCS_i^*)^2}$，将 M 值与社会子系统理想承载力 RCC 作比较，得出 RES，判断该区域的承载力现状是超载、满载，还是可载，具体结果如表 8-21 所示。

表 8-21　榆林沙漠生态城市社会子系统的承载力状况

年份	M 值	RES	RES 与 1 相比	结果
2004	2.359143	1.668764	>1	超载
2005	1.854123	1.311533	>1	超载
2006	1.492696	1.055874	>1	超载
2007	1.303029	0.921711	<1	可载
2008	1.182058	0.836141	<1	可载
2009	1.666726	1.178976	>1	超载
2010	1.441409	1.019595	>1	超载
2011	2.215645	1.567259	>1	超载
2012	2.144065	1.516626	>1	超载
2013	2.391499	1.691651	>1	超载
2014	2.011917	1.423150	>1	超载
2015	2.001241	1.351328	>1	超载
2016	2.234151	1.311261	>1	超载

由表 8-21 的数据分析可见，2004~2016 年，除了 2007 年和 2008 年以外，榆林沙漠城市其他年份社会子系统也都处于超载状况，面临的生态环境压力相较于环境子系统稍有减轻。

其中，超载最严重的是 2013 年，M 值比社会子系统的理想承载力 RCC 超载了 0.69 倍，超载情况最轻微的是 2010 年，M 值比社会子系统的理想承载力 RCC 超载了 0.02 倍。社会子系统 2004~2016 年生态承载力超载的情况是 2004~2008 年逐步较低，随后又开始上升，超载情况持续严重。

2）社会子系统生态承载力的分析。由榆林沙漠城市社会子系统生态承载力的测度可知，该地区的 RCC 值为 1.413707，和 2004~2016 年社会子系统承载力的 M 值比较的结果如图 8-4 所示。

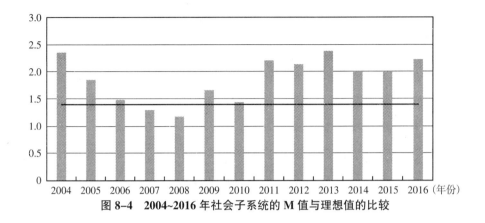

图 8-4　2004~2016 年社会子系统的 M 值与理想值的比较

由图 8-4 可知，榆林沙漠城市在社会子系统生态承载力方面比在环境子系统承载力方面压力稍有减轻，但政府在社会子系统方面的工作成效并不显著。在人口自然增长率方面，2004~2016 年，榆林地区人口自然增长率徘徊在 4.8‰~5.3‰之间，与理想值 5‰非常接近，说明政府在计生方面的工作比较到位，没有短时间内的人口数量激增与减少。在城市人均可支配收入与农民人均纯收入方面，从2004 年的 4870 元与 1328 元，增加到 2016 年的 24140 元与 7681 元，城镇居民人均可支配收入在 2004 年只有理想值的不到 1/3，对社会子系统的压力较大，在2010 年前都不满足理想值 15000 元，而农民人均纯收入方面，2004~2016 年榆林沙漠城市都未达到理想值 10000 元，2004 年甚至与理想值相差近 9 倍，2016 年接近理想值的 79%，相较于 2004 年压力小一些，而这些都是造成社会子系统生态承载力总体超载的原因。

（3）经济子系统。

1）经济子系统生态承载力的测度。由计算可得，榆林沙漠城市经济子系统的理想承载力为：

$$\mathrm{RCC} = \sqrt{\sum_{i=1}^{n}(w_i \cdot \mathrm{RCC}_i^*)^2} = \sqrt{\sum_{i=1}^{n} w_i^2} = 0.200929$$

通过对 2004~2016 年榆林沙漠城市经济子系统的各指标经过成本型指标和效益型指标的转化，求得榆林沙漠城市 2004~2016 年经济子系统承载力的现状值 RCS_i^*，见表 8-22。

表 8-22　经济子系统生态承载力现状值

年份	R_1	R_2	R_3	R_4	R_5	R_6	R_7	R_8
2004	0.15774	1.085714	3.382	1.69837	1.316	0.4	3.25	44.778
2005	0.1967	1.021429	0.43	1.723544	1.69114	0.425	3.15595	37.206
2006	0.2647	1.25	1.38	2.061856	1.62086	0.45	3.0762	39.089
2007	0.4332	1.292857	0.31	1.725923	1.35	0.475	2.9881	26.987
2008	0.5714	1.214286	0.87	2.101723	1.44229	0.5833	2.8881	24.952
2009	0.7646	1.435714	0.97	2.753304	1.62514	0.6166	2.8012	46.458
2010	1.12033	1.642857	0.83	3.380663	1.49171	0.65	2.6131	18.034
2011	1.24045	0.95	0.66	1.753156	1.86543	0.675	2.4667	34.819
2012	1.66994	1.307143	0.78	1.914975	1.798	0.7	2.381	27.317
2013	2.17701	1.071429	0.6	2.081599	1.71857	0.8093	1.17024	21.342
2014	2.53462	0.857143	0.59	2.169197	1.89543	0.855	1.12857	17.678
2015	2.95093	1.1814	0.55	2.041141	1.89787	0.8561	0.9693	14.1424
2016	3.43570	0.94514	0.48	2.229541	1.90032	0.9428	0.8326	11.3139

计算得出经济子系统生态环境承载力现状值 RCS_i^* 的前提下，根据公式计算得出榆林沙漠城市经济子系统的 M 值，$M = \sqrt{\sum_{i=1}^{n}(w_i \cdot RCS_i^*)^2}$，将 M 值与经济子系统理想承载力 RCC 作比较，得出 RES，判断该区域的承载力现状是超载、满载，还是可载，具体结果见表 8-23。

表 8-23　榆林沙漠生态城市经济子系统的承载力状况

年份	M 值	RES	RES 与 1 相比	结果
2004	2.29299	11.41194	>1	超载
2005	2.082957	10.36663	>1	超载
2006	2.164891	10.77441	>1	超载
2007	1.903466	9.473326	>1	超载
2008	1.831005	9.112695	>1	超载
2009	2.234834	11.1225	>1	超载
2010	1.704161	8.48141	>1	超载
2011	2.033481	10.12039	>1	超载
2012	1.885276	9.382798	>1	超载
2013	1.730653	8.613258	>1	超载
2014	1.616857	8.046909	>1	超载

续表

年份	M 值	RES	RES 与 1 相比	结果
2015	1.514362	7.954123	>1	超载
2016	1.465741	7.415621	>1	超载

由表 8-23 的数据分析可见，榆林沙漠城市 2004~2016 年经济子系统都处于超载状况，面临的生态环境压力比环境子系统与社会子系统都要高出许多。

其中超载最严重的是 2004 年，M 值比经济子系统的理想承载力 RCC 超载了 10.4 倍，超载情况最轻微的是 2016 年，M 值比经济子系统的理想承载力 RCC 超载了 7.05 倍，而在 2004~2016 年经济子系统超载的程度并没有呈现出明显的走势，但是从大方向上看，经济子系统的超载倍数有降低趋势。

2) 经济子系统生态承载力的分析。由榆林沙漠城市经济子系统生态承载力的测度可知，该地区的 RCC 值为 0.200929，由图 8-5 中所示，而由 2004~2016 年经济子系统承载力的 M 值高出的程度可以得出，经济子系统生态承载力的压力很大。

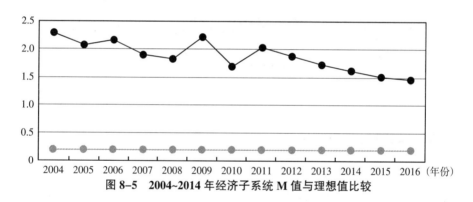

图 8-5　2004~2014 年经济子系统 M 值与理想值比较

在经济子系统中，2004 年第一产业年均增长率为 33.82%，可以看出在 2004 年时第一产业的增长幅度超过理想值 10% 三倍有余，但 2008 年时只有 3.1%，第一产业年均增长率波动幅度较大。人均 GDP（元）方面，2004 年只有 4953 元，而 2016 年却有 79587 元，比理想值 31400 元高出许多，可以看出榆林沙漠城市在这 10 年间人们生活水平得到很大改善，人民摆脱贫困，相较于其他同等地区生活较为富裕。而城镇化水平，虽然逐年在改善，但还是处于理想值之下，说明榆林沙漠城市的城市化进程还有待提高。而万元工业废水、废弃物排放量都比理想值高，但是却在 2004~2016 年总体上逐步降低。其中，单位 GDP 能耗这一指标，2004 年为 2.73，而理想值为 0.84，但是经过 10 余年的努力，取得了一定成效，2016 年单位 GDP 能耗降低到 0.948，接近理想值。

由以上三个子系统的分析可以看出，榆林沙漠生态城市总体生态承载力主要体现在了环境、社会、经济这三个子系统的承载力上，通过对比分析可以发现，榆林沙漠生态城市生态承载力的状况，经济子系统的压力最大，其次是环境子系统，社会子系统的压力最小。

由于榆林近几年经济飞速增长，对生态系统造成了很大压力，由经济子系统的各项指标比理想值超出的倍数可以看出，总体生态承载力与经济子系统生态承载力最密不可分，除了因为指标体系中经济子系统的指标个数最多，还因为经济子系统对整体生态承载力的影响最大，拉高了整体生态承载力超出理想值的倍数。而社会子系统相比其他两个子系统反而拉低了总体生态承载力超载的部分。从总体上看，榆林沙漠城市生态承载力处于严重超载状况，虽然超载的程度逐年递减，但是 2016 年仍超载 3.912 倍，故还需加大力度。

8.4　榆林沙漠生态城市建设战略制定及发展模式选择

8.4.1　战略目标与定位

8.4.1.1　榆林沙漠生态城市建设的目标

（1）榆林沙漠生态城市建设的总体目标。第一，以贯彻可持续发展战略和促进经济增长方式转变为中心，以保护榆林地区现有生态环境为基本目标，以法律法规为保障，依靠科学技术，动员和组织全市人民，调动各方面的积极性，全面加强城市生态环境的保护和建设。

第二，大力开展植树造林，综合治理水土流失；防治荒漠化，有效遏制风沙和山洪暴发；加强生态农业建设。

第三，建立健全生态环境监测管理网络系统，加强生态环境综合治理措施。用近二十年时间，努力把榆林建设成一个美丽的生态城市和真正的中国绿色城市。

（2）建设榆林沙漠生态城市的阶段目标。根据上述总目标，本研究所确定的

榆林沙漠生态城市建设的近、中、远期阶段性目标分别为:

近期——启动和推进阶段: 2017~2020 年。

中期——发展和提高阶段: 2021~2025 年。

远期——全面发展阶段: 2026~2030 年。

1) 近期目标 (2017~2020 年)。榆林沙漠生态城市近期建设的目标是为了启动和推进研究区域的生态环境建设。

该阶段的主要任务包括:

第一, 为防止能源化工发展过程中扩大土地荒漠化, 通过重点治理, 遏制因人为不合理的乱采滥挖而造成的土地荒漠化。

第二, 加强城市现有水资源的管理, 减少地下水开采, 遏制水环境污染。实现城市基本农田区的林网建设, 同时建设一批节水农业、旱作农业和生态农业项目。

第三, 遏制部分地区开发建设造成的生态环境恶化, 有计划地建设生态项目重点工程, 改善生态环境质量。将节能环保技术与装备、资源综合利用等列为重点发展项目。在能源开发区内, 基本形成水利应急管理、水保监测监控、安全监督、质量技术监督和科技创新, 在区域资源可持续开发利用方面取得显著进展。

第四, 建立生态补偿机制, 加强生态环境的恢复和治理。通过人工造林、封山育林、飞播造林等一系列生物工程措施保护现有植被。针对不同的沙化情况, 应采取相应的治理措施, 对适合工程区的沙化土地进行基本治理, 遏制沙化土地的扩张趋势。

第五, 全面开展国家循环经济试点城市的建设, 提高资源综合利用效率, 提高煤炭综合利用率和就地转化率, 争取到 2020 年实现煤油气盐综合循环利用, 煤炭资源就地转化率达到 50% 以上。继续减少 CO_2 和 SO_2 排放量, 在基地生态环境建设重点区域建立预防监测和保护体系。

2) 中期目标 (2021~2025 年)。建设榆林沙漠生态城市的中期目标的宗旨在于使研究区域的生态环境建设得到进一步的深化发展和提高。

该阶段生态环境建设的主要任务包括:

第一, 榆林市水土流失和风沙危害基本得到控制, 区域水质得到改善, 旱作节水农业和生态农业技术得到广泛应用, 力争一半左右的 "三化" 草地得到恢复。

第二, 保护重点资源开发区, 使之形成合理开发、生态保护、良性循环的趋势，让城市重要生态功能区得到抢救性保护，重点治理区的生态环境开始走上良性循环的轨道。

第三，防止洪涝灾害和泥石流，力争使地表水水质达到国家一、二级标准。积极推进小流域综合治理示范工程和水环境综合治理的示范工程，实现城市建设、社会经济与水土资源保护的协调发展；提高和改善水源保护区水质。

3）远期目标（2026~2030 年）。建设榆林沙漠生态城市的远期目标的宗旨在于使研究区域的生态环境建设得到全面的发展，充分实现研究区域生态环境的良性循环。

该阶段的主要任务包括：

第一，榆林及其周边地区实现林种、树种结构布局合理、林分稳定的生态系统，建立可持续发展的良性生态系统。水土流失、山洪、泥石流得到有效控制，适宜治理的水土流失区域可得到基本的整治，城市生态环境建设 80%以上达到了建设要求。

第二，确保榆林周围土壤和水体质量达到国际标准，使生态型农业生产发展体系与生态环境相适应；"三化"草地得到全面恢复。

第三，建成资源和能源消耗零增长、生态环境退化零增长的可持续发展城市。

第四，保证整个区域达到国家生态示范区标准要求，确保榆林市生态环境安全，建立适应可持续发展的良性生态系统，建立完善的生态环境预测与保护管理信息系统，有效、快速地监测和管理本地区的生态环境，实现建设绿色生态城市的宏伟目标。

8.4.1.2　榆林沙漠生态城市的战略定位

（1）榆林沙漠生态城市定位的确定。通过以上章节对榆林地区经济发展现状和生态环境现状的分析，现对榆林沙漠生态城市定位如下：

第一，以"高新技术+"为抓手，打造世界新型能源化工基地。以清洁高效综合利用为核心，打造全产业链绿色能源化工转型发展和升级发展基地。

第二，以"绿色+"为抓手，打造现代能源与特色农牧业相契合的绿色发展基地。着重推动"青山绿水就是金山银山"升级发展建设，以"陕北（榆林）生态产业园区"为示范，优化黄土高原、沙地草原特色产业与能源化工生态经济协调持续发展，争取纳入国家"一带一路"战略规划区域。

第三，以"红色+"为抓手，全力推动老区升级建设。强化集体经济，率先实现全面小康建设，打造"红色精神"代代传、"红色思想促绿色产业"文化创意发展基地，加大非物质文化遗产挖掘与开发力度。

第四，以"互联网+"为抓手，构建信息交通物流基地。以"互联网+"思想统领综合交通运输体系建设，加速升级机场、高铁、高速公路及立体交通网，推进各类保税物流园区建设，着力培育现代物流龙头企业，构建现代跨境电商平台，打通陕北特色农产品国内外市场。

第五，以"创新+"为抓手，打造新型开放发展基地。发挥"能源大市""经济强市"作用，充分弘扬"红色文化"思想，强化运用现代经济思想和理念，积极凝聚高新技术实力企业，秉持"开放创新"，构建"处处充满活力"的现代新都市。

（2）榆林沙漠生态城市定位的内涵。建设榆林沙漠城市，就是要将榆林建设为经济发达、环境优美、交通方便、生活富足、现代化程度高、可持续发展性强的城市。主要从以下方面着手：

1）加大对农业支持力度。农业作为国民经济的基础，为其他产业发展提供支撑与保障。世界粮食短缺使各国更加重视农业的发展。现代农业的发展主要取决于技术进步和劳动力水平的提高。近年来，随着榆林市工业的快速发展，特别是能源工业的发展，对劳动力的需求越来越强，行业工资水平不断提高，使劳动力向工业集聚，最终造成农村劳动力的大量转移。目前，榆林农村普遍存在劳动力短缺、青年劳动力稀缺的问题，仅有的孤寡老人生产能力有限，导致众多村落出现衰败现象，为了最大限度地利用有限的劳动力，我们需要科技力量的支持。榆林市政府要设立专项农业基金，以发展工业尤其是资源开采业所获得的收入，拿出部分资金支持农业科技发展，落实政策。加大固定资产的投资力度，重点引进和推广先进适用技术，增加单位产量。在实施农业产业化的同时，完善产品深加工，树立相应的品牌，形成品牌效应。比如陕北地区的红赛、海红果等农产品就可以进行产业化经营。此外，大力支持农业发展所需要的配套设施的建设，力争为新型农业的建立提供良好的外部环境。

2）调整和优化第二产业结构。对于传统产业的改造，主要是扩展与资源开发高度相关的深加工产业集群。自然资源的开发之所以能够促进经济的增长，是因为一方面以资源作为主要生产要素投入生产，从而扩大了生产边界的可能性；另一方面是将自然资源作为产品直接输送到其他区域获得利益。前者是对资源的深加工，由此产生的产业链相对较长，因此对技术水平、资本和市场要求都很严格。目前榆林的自然资源大部分用于出口，自然资源产业链短，产品附加值低，不能充分反映经济增加值。根据钱纳里的理论，煤炭、采选产业、电力、建材等部门的产业关联度倾向于前向连锁效果大于后向连锁效果，后向连锁效果对地区经济整体发展有着更为明显的带动作用。

表 8-24　我国产业带动系数比较

产业部门	带动系数	产业部门	带动系数
煤炭采选业	0.85	机械化工	1.14
电力、蒸汽生产供应	0.82	化学工业	1.11
石油加工业	0.86	食品工业	1.04
金属矿采选业	0.91	炼焦、煤气以及煤制品业	1.18
石油、天然气开采业	0.69	建筑业	1.10
非金属矿采选业	0.80	电子及通信设备制造业	1.29

由表 8-24 可知，煤炭采选业，石油、天然气开采业的产业带动系数远远低于机械化工，化学工业，食品工业以及炼焦、煤气以及煤制品业，这对榆林资源富集区有着积极的启示，在发展采掘业的同时，应结合经济发展的实际情况，并综合考虑产业之间的关联性。主导产业向机械部门，化学部门，炼焦、煤气以及煤制品方向转变，延长产业链条，实现煤炭资源的深加工。此外，榆林资源富集区应该在现有的"两区六园"基础上，积极引进国际、国内的先进技术产业以及高级专业人才向该地聚集，形成新的先进产业集群，最大限度地发挥资源优势和工业园区作用。

3）提高第三产业比重。第三产业的发展程度的高低，能很好地反映本地区的生活质量和综合实力。因此，有必要增加第三产业的比重。与此同时，随着经济的发展，榆林居民的消费水平也在逐渐提高，因此，可以将其适当地界定为陕北商业中心和金融中心，以吸引国内外优秀品牌入驻，使得周边宁夏回族自治区、内蒙古自治区等向其靠拢。同时随着近年来银行的发展，榆林市金融业发展迅速，但需要政府的规范和监督，以确保其健康发展。

4）建设畅通便捷的公共交通。一个区域的经济发展离不开方便快捷的交通，榆林身处陕、甘、宁、内蒙古、晋五省区交界处（见图 8-6），地理位置相当特殊。因此，建设榆林沙漠生态城市，首先要增强榆林各地区的交通联系，发展方便快捷的交通方式，这样可以增强各地区的人才、物资的流通，促进各地区的经济发展。

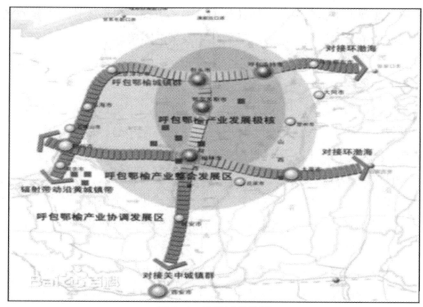

图 8-6　榆林对外连接

同时，大力发展公共交通，如图 8-7 所示，目前榆林交通体系还不够发达，汽车尾气的排放带来的环境问题不严重。随着能源化工基地建设步伐加快，物流量急剧增长。巨大的物流活动不仅对公路、铁路的数量提出了新的要求，也对公路的技术水平提出了新的要求。一方面，要加快以公路、铁路为框架的综合交通

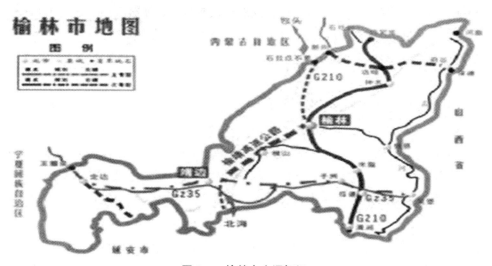

图 8-7　榆林市交通枢纽

网络建设，实现纵贯东西南北、通江达海；另一方面，要形成县、工业园区、开发区之间的快速交通通道，以适应能源化工发展的需要。

5）建设花园式的居民社区。榆林地区生态环境的脆弱性决定了其城市建设要加强生态环境的保护和建设。建设花园式居民社区，如"破墙透绿"等工程的实施，不仅可以改善居民的生活环境，还可以增强整个地区的水土保持能力，减少资源开发带来的水土流失问题。同时还可以提高整个榆林地区的绿化率，建设绿色榆林。必须把发展和生态建设保护有机统一起来，坚持走生产发展、生活富裕、生态良好的文明发展之路。切实加大生态环境管理投入，科学规划绿化和生态管理。按照"建设一块、绿化一片"的原则，推进"全民绿化"行动，实施绿色通道、荒沙治理等"十大林业工程"，调动广大农民群众及社会力量造林、育林、护林的积极性。

6）发扬陕北特色文化。挖掘文化资源的升值力，发展具有榆林特色的文化旅游产业。文化作为一个城市的灵魂，是一个地区可持续发展的精神支撑。文化也是城市发展的重要产业，文化产业已成为城市经济发展的重要组成部分。

榆林有着厚重的边塞历史文化、优秀的陕北民俗文化、光辉的革命传统文化，大力实施文化遗产保护、文化基础设施建设、文化艺术精品生产、社会文化服务、文化产业发展、文化人才建设六大工程，推动文化的全面发展和繁荣，将榆林文化资源优势转变成经济增值的新优势，做大以"信天游"为主的陕北歌舞品牌，提高榆林原有生态文化的质量；树立大文化理念，促进文化产业及教育、科技、信息、体育等相关产业发展，发展长城旅游、黄河旅游和"红色旅游——毛主席转战陕北"等精品线路，建设大漠、黄土两个旅游风情园，把能源品牌、历史文化名城品牌、大漠生态观光品牌融为一体，打造榆林特色的文化旅游产业，提高城市的吸引能力。

7）促成榆林旅游生态化发展与生态修复的良性循环。旅游作为人类的基本需求之一，成为了富起来的榆林人生活中不可或缺的课题，榆林的旅游资源多样（见图8-8），黄土文化与草原游牧文化的结合，汇聚了众多独特而瑰丽的自然文化景观：黄河奔腾不息，穿越晋陕峡谷，风沙区气势磅礴，风光辽阔，南部梁峁起伏、沟壑纵横，经过多年退耕还林改造，生态得到改善，全国最大的沙漠内陆湖神木红碱淖、靖边天赐大峡谷、吴堡的水平梯田、绥德的淤地坝等都成为开发旅游的重要自然资源，与全国闻名的牛玉琴的树、石光银的林，长城姑娘治沙连续创造的沙退人进的奇迹，高西沟人民几十年治理水土流失的生态景观一道构成榆林独特的风景线。因此，榆林市应当充分利用现有的旅游资源，大力发展旅游业。

图 8-8　榆林主要旅游区示意

基于榆林生态旅游的特殊性，主要应做到以下两点：

首先，大力发展生态旅游有利于榆林生态环境的恢复。榆林旅游业在取得显著经济效益的同时，应尽可能减少对环境的副作用，并致力于通过旅游活动提高人们的生态意识，促进生态脆弱区的环境改善，充分利用法律、行政及经济等各种手段，制定相关法律，严厉打击破坏环境的行为，以优惠政策支持环境保护和污染治理相关产业的发展，形成科学的环境保护和生态恢复资金吸引机制，使部分旅游收入回归自然。同时利用旅游基础设施建设环节，向社会筹集生态恢复经费。

其次，美化旅游大环境的生态修复是榆林旅游发展的前提与保障。旅游业的发展与生态环境息息相关。在榆林这样的生态脆弱地区，应大力倡导旅游生态环境建设，促进旅游发展与生态恢复的良性循环。可通过榆溪河林带、城区道路两边各级林带，将城市周边防护林带与城市联系起来，使周围的物种及郊区生态系统中的生物种沿着这些绿带迁入城区，增加榆林市物种多样性，提高整个景观的连通性水平，为整个生物类群的保护奠定基础。形成了城市（近景）—绿地及林带（中景）—乡村田野（远景）的多种网络结构模式，不仅可以降低城市空气污染物的浓度，而且可以调节气候恢复生态，美化旅游环境。

8) 以治沙为主线建设绿色榆林。榆林大部分地处毛乌素沙漠的东南方（见图 8-9），继续坚持"南治土、北治沙"，大搞植树造林，实施绿色长城、绿色长廊、黄河水保生态、三北工程、天然林保护等重点项目，用 10 年时间，每年投入 10 亿元，重点实施绿色通道、环城防护林带建设、自然保护区建设、荒沙治理等"十大林业工程"和市政"十大园林工程"，实现人与自然和谐发展。

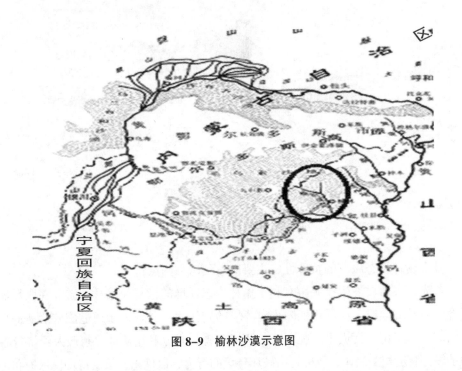

图 8-9　榆林沙漠示意图

生态环境是一个地区在发展过程中必须注意和面对的问题。资源开发与生态环境协调是可持续发展道路的必然要求。对于生态环境的保护与建设，主要从两方面进行：一方面是加强对已有生态问题的治理；另一方面是引进新能源新技术。目前榆林资源富集区由于资源的开采以及该地区生态本身的脆弱性，导致该地区目前水土流失严重、采空区塌陷导致泥石流、地震等灾害频发，"三废"排放量比较大。针对这些问题，当地政府首先要向对生态环境破坏严重的企业收取一定的生态环境修复经费，成立生态环境的专项基金，用于植树造林、封山育林计划的实施，提高其自然修复能力；在矿区对植被覆盖率提出严格的规定，减缓开采速度，并与环境承载能力相适应。针对废水、废气等污染问题，制定排污标准，对于排放量超标的企业，除了经济上的罚款外，还要责令其停业整顿。积极开发和引进节能减排新技术，同时降低资源消耗，提高资源利用率。大力推广循环利用和绿色制造技术，开发研究无污染、零排放的新能源、替代资源和可再生资源。二者相结合，从源头上杜绝污染。此外，还必须引进和推广废物的清洁技术。

8.4.2 战略选择

运用我国沙漠生态城市发展战略的选择方法，榆林沙漠生态城建设战略选择如下。

8.4.2.1 综合评价

（1）隶属函数与因素隶属度的确定。本研究采用模糊统计方法确定各因素的隶属度，以人均 GDP 水平为例，其具体操作过程描述如下：对于人均 GDP 对四种备选战略的适合程度给定一个评语集（很符合、符合、一般、不符合），让被调查对象根据自己的感觉来对人均 GDP 的每一种情况进行判断选择，并给定评语集合的一个加权因子 P = [0.95, 0.7, 0.5, 0.05]。定义频数为公众选择该项评语的人数，若战略 F_i 的评语频数为 $F = [a_1, a_2, a_3, a_4]^T$，则人均 GDP 对于某一战略 F_i 的隶属度为：

$$\omega(F_i) = \frac{0.95a_1 + 0.7a_2 + 0.5a_3 + 0.05a_4}{a_1 + a_2 + a_3 + a_4}$$

（2）战略评价。本研究使用战略选择工具——定量战略计划矩阵（Quantitative Strategic Planing Matrix，QSPM）进行战略选择，它是确定各种可行战略行动的相对吸引力的方法，能客观地显示出哪一种备选战略是最佳战略。

以公式 $F(战略 i) = (\sum\limits_{机会} \mu_i\omega_i) + (\cdots)\limits_{威胁} + (\cdots)\limits_{优势} + (\cdots)\limits_{劣势}$（其中 u_i 表示因素权重，w_i 表示各因素隶属于各发展战略的隶属度）计算各备选战略的评价值，表 8-25 就是定量战略计划矩阵，在表中的各个方案中，总计分数最高者，就是我们要选取的战略。

由表 8-25 可知，得分最高者为区域合作型发展战略。

8.4.2.2 战略选择

定量战略计划矩阵评价结果显示，四种类型发展战略的综合评价值集中于区间 [3.10，3.93]，综合评价值间的差距不大，其中，区域合作型发展战略的综合评价值最高，多点推动均衡型发展战略的综合评价值最低，梯度发展战略与中心

表 8–25　建设榆林沙漠生态城市发展战略选择综合评价

因素与权重		梯度发展战略	中心点带动型 发展战略	区域合作型 发展战略	多点推动均衡 型发展战略
子因素	因素权重	因素隶属度	因素隶属度	因素隶属度	因素隶属度
世界政治格局	0.0610	0.5	0.6	0.5	0.6
我国经济政治体制改革	0.2012	0.6	0.6	0.6	0.6
健康中国战略	0.2700	0.6	0.7	0.5	0.5
丝绸之路经济带建设	0.2474	0.7	0.7	0.7	0.7
生态城市建设相关专项法 律建设	0.2204	0.4	0.3	0.5	0.3
世界经济发展与动态	0.1824	0.3	0.5	0.3	0.3
区域经济一体化的影响	0.2416	0.4	0.5	0.4	0.4
周边地区经济发展水平	0.3132	0.6	0.5	0.7	0.5
与周边地区的竞争	0.2628	0.3	0.4	0.3	0.3
社会主义文化观	0.2856	0.5	0.5	0.5	0.5
环保意识观	0.3658	0.4	0.4	0.4	0.2
人口数量与素质	0.3486	0.5	0.4	0.6	0.3
市场结构	0.1818	0.5	0.5	0.5	0.5
产业寿命	0.7272	0.5	0.5	0.7	0.6
市场需求	0.0910	0.5	0.4	0.6	0.3
人均 GDP 水平	0.2842	0.6	0.5	0.7	0.3
人均地方财政收入水平	0.2121	0.3	0.3	0.4	0.2
交通运输条件	0.2464	0.4	0.4	0.5	0.3
地方能源开发业发展水平	0.2573	0.4	0.4	0.6	0.3
人均绿地面积	0.2436	0.5	0.4	0.7	0.7
特色生态资源	0.2327	0.5	0.3	0.6	0.6
地方水资源储量	0.2556	0.5	0.4	0.6	0.6
地方绿色产业发展	0.2681	0.3	0.3	0.4	0.2
开发成本	0.2128	0.6	0.5	0.6	0.5
低碳环保产业建设水平	0.2522	0.5	0.4	0.5	0.3
投资资金规模	0.1986	0.5	0.5	0.5	0.3
榆林市政府的支持力度	0.3364	0.5	0.6	0.8	0.8
综合评价值		3.35939	3.24435	3.92616	3.10015

点带动型发展战略的综合评价值居中且较接近。因此，根据榆林的特点与实际情况，建议榆林沙漠生态城市应选择区域合作型发展战略。

8.4.3　发展模式选择

8.4.3.1　指标数据的确定

本书所取指标分为两大类：正向指标：人均 GDP X_a、人均财政收入 X_b、人均财政支出 X_c、职工平均工资 X_d、人均消费零售额 X_e、第二产业产值占总产值的比重 X_f、第三产业产值占总产值的比重 X_g、人均工业总产值 X_h、人均农业总产值 X_i、单位土地面积 GDP X_j、工业固废综合利用率 X_l、废水治理设施处理能力 X_o、造林面积 X_p、人均收入 X_q、每万人拥有病床数 X_r、每万人医生数 X_s、人均住房面积 X_t、人均科技支出 X_u、信息化指数 X_v、每万人在校大学生 X_w、文教体卫占财政支出的比例 X_x；逆向指标：单位 GDP 能源消耗量 X_k、万元工业产值废水排放量 X_m、万元工业产值废气排放量 X_n。

本研究采用模糊统计方法确定各因素的隶属度，以人均 GDP 为例，其具体操作过程描述如下：人均 GDP 对四种备选发展模式的适合程度给定一个评语集（很符合、较符合、一般、不符合），让被调查对象根据自己的判断对人均 GDP 的每一种情况进行选择，并给定评语集合的一个加权因子 $P = [0.9, 0.7, 0.5, 0.1]$。定义频数为公众选择该项评语的人数，若发展模式 F_j 的评语频数为 $F = [a_1, a_2, a_3, a_4]^T$，则人均 GDP 因子对于某一战略 F_i 的隶属度为：

$$x_{aj} = \frac{0.9a_1 + 0.7a_2 + 0.5a_3 + 0.05a_4}{a_1 + a_2 + a_3 + a_4}$$

以人均 GDP 为例，将评语集（很符合、较符合、一般、不符合）表示为 A、B、C、D，通过专家调查法得出以下结果：

F_1 的频数为 $F_1 = [1, 2, 3, 4]^T$。

$$x_{a1} = \frac{0.9 \times 1 + 0.7 \times 2 + 0.5 \times 3 + 0.1 \times 4}{1 + 2 + 3 + 4} = 0.42$$

F_2 的频数为 $F_2 = [2, 3, 4, 1]^T$。

$$x_{a2} = \frac{0.9 \times 2 + 0.7 \times 2 + 0.5 \times 4 + 0.1 \times 1}{1 + 2 + 3 + 4} = 0.6$$

F_3 的频数为 $F_3 = [4, 2, 2, 2]^T$。

$$x_{a3} = \frac{0.9 \times 4 + 0.7 \times 2 + 0.5 \times 2 + 0.1 \times 1}{1 + 2 + 3 + 4} = 0.62$$

F_4 的频数为 $F_4 = [3, 3, 1, 3]^T$。

$$x_{a4} = \frac{0.9 \times 3 + 0.7 \times 3 + 0.5 \times 1 + 0.1 \times 3}{1 + 2 + 3 + 4} = 0.42$$

各种模式的指标数据隶属度如表 8-26 所示。

表 8-26　指标数据的确立

	人居环境模式 Q_1	增长集模式 Q_2	"点—轴"渐进扩散模式 Q_3	可持续发展模式 Q_4
	因素隶属度	因素隶属度	因素隶属度	因素隶属度
人均 GDP（X_a）	0.42	0.6	0.62	0.42
人均财政收入（X_b）	0.72	0.62	0.65	0.60
人均财政支出（X_c）	0.63	0.55	0.65	0.45
职工平均工资（X_d）	0.45	0.70	0.70	0.57
人均消费零售额（X_e）	0.68	0.63	0.75	0.33
第二产业产值占总产值的比重（X_f）	0.52	0.5	0.63	0.73
第三产业产值占总产值的比重（X_g）	0.59	0.55	0.64	0.44
人均工业总产值（X_h）	0.68	0.75	0.78	0.65
人均农业总产值（X_i）	0.49	0.54	0.73	0.43
单位土地面积 GDP（X_j）	0.34	0.45	0.5	0.23
单位 GDP 能源消耗量（X_k）	0.44	0.47	0.56	0.43
工业固废综合利用率（X_l）	0.59	0.54	0.51	0.52
万元工业产值废水排放量（X_m）	0.56	0.53	0.55	0.46
万元工业产值废气排放量（X_n）	0.42	0.58	0.32	0.76
废水治理设施处理能力（X_o）	0.46	0.53	0.71	0.32
造林面积（X_p）	0.53	0.34	0.44	0.22
人均收入（X_q）	0.88	0.53	0.56	0.54
每万人拥有病床数（X_r）	0.4	0.45	0.41	0.26
每万人医生数（X_s）	0.59	0.44	0.63	0.35
人均科技支出（X_u）	0.76	0.32	0.65	0.51
信息化指数（X_v）	0.69	0.56	0.77	0.62
每万人在校大学生（X_w）	0.76	0.57	0.87	0.59
文教体卫占财政支出的比例（X_x）	0.54	0.52	0.54	0.54

8.4.3.2　指标数据标准化处理

为了便于统计比较，消除指标间的量纲差异，本书用归一处理法对指标进行标准化处理，公式如下：

$$x_{ij}^{*} = \frac{x_{ij}}{\sum\limits_{j=1}^{n} x_{ij}}, \quad i = 1,\ 2,\ 3;\ j = a,\ b,\ c,\ \cdots,\ x$$

标准化数据见表 8–27。

表 8–27　标准化数据

	人居环境模式 Q1	增长权模式 Q2	"点—轴"渐进 扩散模式 Q3	可持续发展模式 Q4
人均 GDP（X_a）	0.2039	0.2913	0.3010	0.2039
人均财政收入（X_b）	0.2780	0.2394	0.2510	0.2317
人均财政支出（X_c）	0.2763	0.2412	0.2851	0.1974
职工平均工资（X_d）	0.1860	0.2893	0.2893	0.2355
人均消费零售额（X_e）	0.2845	0.2636	0.3138	0.1381
第二产业产值占总产值的比重（X_f）	0.2185	0.2101	0.2647	0.3067
第三产业产值占总产值的比重（X_g）	0.2658	0.2477	0.2883	0.1982
人均工业总产值（X_h）	0.2378	0.2622	0.2727	0.2273
人均农业总产值（X_i）	0.2237	0.2466	0.3333	0.1963
单位土地面积 GDP（X_j）	0.2237	0.2961	0.3289	0.1513
单位 GDP 能源消耗量（X_k）	0.2316	0.2474	0.2947	0.2263
工业固废综合利用率（X_l）	0.2731	0.2500	0.2361	0.2407
万元工业产值废水排放量（X_m）	0.2667	0.2524	0.2619	0.2190
万元工业产值废气排放量（X_n）	0.2019	0.2788	0.1538	0.3654
废水治理设施处理能力（X_o）	0.2277	0.2624	0.3515	0.1584
造林面积（X_p）	0.3464	0.2222	0.2876	0.1438
人均收入（X_q）	0.3506	0.2112	0.2231	0.2151
每万人拥有病床数（X_r）	0.2632	0.2961	0.2697	0.1711
每万人医生数（X_s）	0.2935	0.2189	0.3134	0.1741
人均科技支出（X_u）	0.2995	0.2120	0.2350	0.2535
信息化指数（X_v）	0.3393	0.1429	0.2902	0.2277
每万人在校大学生（X_w）	0.2614	0.2121	0.2917	0.2348
文教体卫占财政支出的比例（X_x）	0.2724	0.2043	0.3118	0.2115

8.4.3.3 变量的相关性分析

通过计算，可以得到各变量的相关性矩阵，如表 8-28 所示。

表 8-28 相关性矩阵

	X_a	X_b	X_c	X_d	X_e	……	X_t	X_u	X_v	X_w
X_a	1	0.997**	0.988**	0.994**	0.968**	……	0.896**	0.946**	−0.160	0.474
X_b	0.997**	1	0.995**	0.998**	0.975**	……	0.902**	0.932**	−0.124	0.504
X_c	0.988**	0.995**	1	0.996**	0.965**	……	0.908**	0.919**	−0.045	0.459
X_d	0.994**	0.998**	0.996**	1	0.971**	……	0.915**	0.932**	−0.086	0.484
X_e	0.968**	0.975**	0.965**	0.971**	1	……	0.814**	0.926**	−0.218	0.626
X_f	0.796**	0.810**	0.779**	0.811**	0.879**	……	0.665*	0.797**	−0.261	0.819**
X_g	−0.391	−0.412	−0.377	−0.426	−0.460	……	−0.475	−0.393	0.064	−0.688*
X_h	0.994**	0.995**	0.987**	0.994**	0.959**	……	0.917**	0.911**	−0.121	0.477
X_i	0.995**	0.997**	0.986**	0.995**	0.977**	……	0.909**	0.939**	−0.171	0.529
X_j	1.000**	0.997**	0.988**	0.994**	0.968**	……	0.897**	0.945**	−0.158	0.471
X_k	−0.592	−0.619	−0.585	−0.605	−0.707*	……	−0.520	−0.530	0.330	−0.879**
X_l	0.987**	0.973**	0.963**	0.967**	0.937**	……	0.858**	0.954**	−0.207	0.379
X_m	−0.611	−0.648*	−0.634*	−0.658*	−0.652*	……	−0.687*	−0.475	0.011	−0.668*
X_n	−0.919**	−0.926**	−0.908**	−0.919**	−0.964**	……	−0.770**	−0.903**	0.329	−0.672*
X_o	0.973**	0.981**	0.977**	0.981**	0.992**	……	0.840**	0.945**	−0.150	0.572
X_p	−0.471	−0.481	−0.460	−0.448	−0.532	……	−0.181	−0.375	0.447	−0.535
X_q	0.984**	0.991**	0.992**	0.995**	0.955**	……	0.937**	0.906**	−0.023	0.473
X_r	0.993**	0.995**	0.992**	0.997**	0.969**	……	0.911**	0.935**	−0.123	0.465
X_s	−0.638*	−0.643*	−0.614	−0.651*	−0.712*	……	−0.612	−0.653*	0.218	−0.614
X_t	0.896**	0.902**	0.908**	0.915**	0.814**	……	1	0.812**	0.063	0.302
X_u	0.946**	0.932**	0.919**	0.932**	0.926**	……	0.812**	1	−0.251	0.427
X_v	−0.160	−0.124	−0.045	−0.086	−0.218	……	0.063	−0.251	1	−0.420
X_w	0.474	0.504	0.459	0.484	0.626	……	0.302	0.427	−0.420	1
X_x	0.333	0.339	0.368	0.359	0.422	……	0.276	0.415	0.011	0.092

8.4.3.4 因子载荷的确定

从评价指标相关系数矩阵可以看出，矩阵中存在大量较高的相关系数，说明变量之间有较强的相关性，具有进行因子分析的必要性，如表 8-29 所示。

表 8-29　KMO 和 Bartlett 球形度检验

取样足够度的 Kaiser–Meyer–Olkin 度量		0.833
Bartlett 球形度检验	近似卡方	387.119
	df	170
	Sig.	0.000

表 8-29 给出了 KMO 检验统计量与 Bartlett 球形度检验结果，当 KMO 值越大时，表示变量间的共同因素越多，越适合进行因子分析。根据学者 Kaiser（1974）的观点，如果 KMO 的值小于 0.5，不宜进行因子分析。KMO 统计量等于 0.833，大于 0.5。Bartlett 球形度检验的近似卡方值为 387.119、自由度为 170 时达到显著水平，检验的显著性概率为 0.000，小于 0.05，说明所选指标的相关矩阵间有共同因子存在，以上情况都说明适合进行因子分析。

表 8-30　变量共同度

公因子方差		
	初始	提取
X_a	1.000	0.993
X_b	1.000	0.998
X_c	1.000	0.994
X_d	1.000	0.999
X_e	1.000	0.989
X_f	1.000	0.949
X_g	1.000	0.955
X_h	1.000	0.992
X_i	1.000	0.997
X_j	1.000	0.993
X_k	1.000	0.939
X_l	1.000	0.977
X_m	1.000	0.913
X_n	1.000	0.962
X_o	1.000	0.982
X_p	1.000	0.910
X_q	1.000	0.998

公因子方差		
	初始	提取
X_r	1.000	0.997
X_s	1.000	0.948
X_t	1.000	0.920
X_u	1.000	0.925
X_v	1.000	0.780
X_w	1.000	0.900
X_x	1.000	0.845

提取方法：主成分分析。

表 8-30 给出了 24 个指标的变量共同度。变量共同度反映了每个指标对提取出的所有公共因子的依赖程度。由表可知，大部分指标的变量共同度都在90%以上，说明提取的因子已经包含了原始变量的大部分信息，因子提取的效果比较理想。

确定因子载荷的方法很多，如主成分法、主轴因子法、最小二乘法、极大似然法、α因子提取法等。这些方法求解因子载荷的出发点不同，所得的结果也完全不同。本书采用了主成分法。相对于其他确定因子载荷的方法而言，主成分法比较简单，但由于主成分所得的特殊因子之间并不相互独立，因此用主成分法确定因子载荷不完全符合因子模型的假设前提，即所得的因子载荷并不完全正确，但是当共同度较大时，特殊因子所起的作用较小，特殊因子之间的相关性所带来的影响几乎可以忽略。

表 8-31　解释的总方差

成分	初始特征值			提取平方和载入			旋转平方和载入		
	合计	方差百分比(%)	累计百分比(%)	合计	方差百分比(%)	累计百分比(%)	合计	方差百分比(%)	累计百分比(%)
1	8.8087	36.703	36.703	8.8087	36.703	36.703	7.889	32.871	32.871
2	7.9033	32.930	69.633	7.9033	32.930	69.633	7.332	30.550	63.421
3	4.948	20.617	90.250	4.948	20.617	90.250	6.439	26.829	90.250
4	0.367	1.529	91.779						

续表

成分	初始特征值			提取平方和载入			旋转平方和载入		
	合计	方差百分比(%)	累计百分比(%)	合计	方差百分比(%)	累计百分比(%)	合计	方差百分比(%)	累计百分比(%)
5	0.35	1.458	93.238						
6	0.344	1.433	94.671						
7	0.3	1.250	95.921						
8	0.291	1.213	97.133						
9	0.253	1.054	98.188						
10	0.246	1.025	99.213						
11	0.156	0.650	99.863						
12	0.098	0.408	100.271						
13	0.058	0.242	100.513						
14	0.055	0.229	100.742						
15	0.045	0.188	100.929						
16	0.043	0.179	101.108						
17	0.024	0.100	101.208						
18	0.0089	0.037	101.245						
19	0.0068	0.028	101.274						
20	0.0065	0.027	101.301						
21	0.006	0.025	101.326						
22	0.0005	0.002	101.328						
23	0.0033	0.014	101.342						
24	0.001	0.004	101.346						

提取方法：主成分分析。

　　主成分法中的 m 个主成分要能概括原 p 个变量所提供的大部分信息，则前 m 个主成分的累计方差贡献率一般情况下要达到 80% 以上。由表 8-31 可知，在提取因子的特征值 $\lambda \geq 1$ 的前提下，前 3 个因子的方差累计贡献率是 90.250%，代表了原始数据绝大多数信息，因此提取 3 个因子比较合适，记为 U_1，U_2，U_3，其对应的特征值记为 λ_1，λ_2，λ_3，将各主因子的权重记为 f_1，f_2，f_3，则分别为 0.36，0.34，0.30。

表 8-32　成分矩阵 [a]

	成分		
	1	2	3
人均 GDP（X_a）	0.977	0.194	−0.016
人均财政收入（X_b）	0.984	0.168	−0.001
人均财政支出（X_c）	0.97	0.216	0.046
职工平均工资（X_d）	0.982	0.173	0.046
人均消费零售额（X_e）	0.987	0.046	−0.078
第二产业产值占总产值的比重（X_f）	0.895	−0.384	−0.023
第三产业产值占总产值的比重（X_g）	−0.541	0.728	−0.363
人均工业总产值（X_h）	0.976	0.174	0.007
人均农业总产值（X_i）	0.991	0.117	0.002
单位土地面积 GDP（X_j）	0.976	0.197	−0.015
单位 GDP 能源消耗量（X_k）	−0.732	0.632	0.036
工业固废综合利用率（X_l）	0.936	0.308	−0.067
万元工业产值废水排放量（X_m）	−0.725	0.453	−0.134
万元工业产值废气排放量（X_n）	−0.965	0.098	0.137
废水治理设施处理能力（X_o）	0.986	0.091	−0.026
造林面积（X_p）	−0.458	−0.126	0.807
人均收入（X_q）	0.977	0.146	0.123
每万人拥有病床数（X_r）	0.979	0.192	0.018
每万人医生数（X_s）	−0.749	0.473	−0.295
人均住房面积（X_t）	0.879	0.174	0.298
人均科技支出（X_u）	0.928	0.187	−0.013
信息化指数（X_v）	−0.193	0.272	0.724
每万人在校大学生（X_w）	0.615	−0.641	−0.331
文教体卫占财政支出的比例（X_x）	0.349	0.214	0.257

提取方法：主成分分析法。

a. 已提取了 3 个成分。

由表 8-32 可以看出，大多数指标在因子 1 上的载荷较高，即因子 1 包含大多数指标的信息，而其余 2 个因子对各指标的解释度较低，因此很难对工业循环经济的影响因素进行解释和说明。为了便于解释，需要对因子载荷矩阵进行旋转。经过旋转后的因子载荷能够清晰地解释各指标对各提取因子的影响程度。旋转后的因子载荷矩阵如表 8-33 所示。

表 8-33　旋转成分矩阵 [a]

	成分		
	1	2	3
人均住房面积（X_t）	0.943	0.368	0.382
人均财政支出（X_c）	0.887	0.302	0.46
人均收入（X_q）	0.816	0.386	0.444
人均工业总产值（X_h）	0.798	0.334	0.413
职工平均工资（X_d）	0.77	0.343	0.463
每万人拥有病床数（X_r）	0.768	0.316	0.476
人均财政收入（X_b）	0.766	0.336	0.45
人均 GDP（X_a）	0.75	0.302	0.469
人均农业总产值（X_i）	0.742	0.305	0.47
第三产业产值占总产值的比重（X_g）	0.74	0.171	0.516
人均消费零售额（X_e）	0.735	0.38	0.465
每万人医生数（X_s）	0.733	0.386	0.497
每万人在校大学生（X_w）	0.718	0.407	0.51
第二产业产值占总产值的比重（X_f）	0.705	−0.506	−0.419
文教体卫占财政支出的比例（X_x）	0.652	−0.028	−0.151
人均科技支出（X_u）	0.596	0.267	−0.212
信息化指数（X_v）	0.521	0.068	0.073
工业固废综合利用率（X_l）	−0.149	−0.96	−0.531
废水治理设施处理能力（X_o）	0.006	−0.865	0.064
万元工业产值废气排放量（X_n）	0.365	−0.801	0.109
万元工业产值废水排放量（X_m）	−0.059	0.741	−0.156
造林面积（X_p）	0.589	0.739	−0.031
单位土地面积 GDP（X_j）	−0.306	−0.01	0.916
单位 GDP 能源消耗量（X_k）	0.358	0.041	0.606

提取方法：主成分分析法。

旋转法：具有 Kaiser 标准化的全体旋转法。

a. 旋转在 12 次迭代后收敛。

表 8-33 给出了采用正交旋转法旋转后的因子载荷矩阵，从表 8-33 中可以看出，经过旋转后的载荷系数已经明显分散在各个因子上。公共因子 1 在人均住房面积、人均财政支出、人均收入、人均工业总产值、职工平均工资、每万人拥有病床数、人均财政收入、人均 GDP、人均农业总产值、第三产业产值占总产值的比重、人均消费零售额、每万人医生数、每万人在校大学生、第二产业产值占总产值的比重、文教体卫占财政支出的比例、人均科技支出、信息化指数等指标上有较大载荷，说明这些指标有较强的相关性，可以归为一类。这些指标集中反映了人民生活水平、各产业的发展情况，可将公共因子 1 命名为经济社会因子。公共因子 2 在工业固废综合利用率、废水治理设施处理能力、万元工业产值废气排放量、万元工业产值废水排放量、造林面积五个指标上有较大载荷，也可归为一类，可将公共因子 2 命名为生态环境因子。公共因子 3 在单位土地面积、单位 GDP 能源消耗量这两个指标上有较大载荷，说明这两个指标有较强的相关性，可以归为一类，可将公共因子 3 命名为资源利用因子。

表 8-34　因子得分系数矩阵

	成分		
	1	2	3
人均 GDP（X_a）	0.414	0.177	0.16
人均财政收入（X_b）	0.389	0.275	0.02
人均财政支出（X_c）	0.587	0.68	0.19
职工平均工资（X_d）	0.507	0.282	0.018
人均消费零售额（X_e）	0.038	0.018	0.2
第二产业产值占总产值的比重（X_f）	0.076	0.11	0.33
第三产业产值占总产值的比重（X_g）	0.072	0.017	0.19
人均工业总产值（X_h）	−0.068	0.015	0.02
人均农业总产值（X_i）	0.267	0.17	0.026
单位土地面积 GDP（X_j）	−0.029	0.07	0.82
单位 GDP 能源消耗量（X_k）	0.009	0.04	0.024
工业固废综合利用率（X_l）	0.021	0.018	0.021
万元工业产值废水排放量（X_m）	0.062	0.091	0.419
万元工业产值废气排放量（X_n）	0.09	−0.24	−0.18
废水治理设施处理能力（X_o）	0.061	−0.03	−0.064

	成分		
	1	2	3
造林面积（X_p）	0.269	0.017	−0.032
人均收入（X_q）	0.022	0.09	0.09
每万人拥有病床数（X_r）	−0.006	−0.02	−0.034
每万人医生数（X_s）	0.026	−0.038	0.013
人均住房面积（X_t）	0.016	−0.035	0.091
人均科技支出（X_u）	−0.259	0.032	−0.6
信息化指数（X_v）	0.091	0.032	−0.036
每万人在校大学生（X_w）	−0.05	−0.44	0.16
文教体卫占财政支出的比例（X_x）	0.017	0.02	0.39
提取方法：主成分分析法。			
a.已提取了 3 个成分。			

表 8-34 给出了因子的得分系数矩阵，根据表中的因子得分系数和指标的标准化数据表就可以计算出不同年份各因子得分情况（见表 8-35）。

$$U_1 = 0.414x_1^* + 0.389x_2^* + 0.587x_3^* + 0.507x_4^* + 0.038x_5^* + 0.076x_6^* + 0.072x_7^* -$$
$$0.068x_8^* + 0.267x_9^* - 0.029x_{10}^* + 0.009x_{11}^* + 0.021x_{12}^* + 0.062x_{13}^* +$$
$$0.09x_{14}^* + 0.061x_{15}^* + 0.269x_{16}^* + 0.022x_{17}^* - 0.006x_{18}^* + 0.026x_{19}^* +$$
$$0.016x_{20}^* - 0.259x_{21}^* + 0.091x_{22}^* - 0.05x_{23}^* + 0.017x_{24}^*$$

$$U_2 = 0.177x_1^* + 0.275x_2^* + 0.68x_3^* + 0.282x_4^* + 0.018x_5^* + 0.11x_6^* + 0.017x_7^* +$$
$$0.015x_8^* + 0.17x_9^* + 0.07x_{10}^* + 0.04x_{11}^* + 0.018x_{12}^* + 0.091x_{13}^* - 0.24x_{14}^* -$$
$$0.03x_{15}^* + 0.017x_{16}^* + 0.09x_{17}^* - 0.02x_{18}^* - 0.038x_{19}^* - 0.035x_{20}^* + 0.032x_{21}^* +$$
$$0.032x_{22}^* - 0.44x_{23}^* + 0.02x_{24}^*$$

$$U_3 = 0.16x_1^* + 0.02x_2^* + 0.19x_3^* + 0.018x_4^* + 0.2x_5^* + 0.33x_6^* + 0.19x_7^* + 0.02x_8^* +$$
$$0.026x_9^* + 0.82x_{10}^* + 0.024x_{11}^* + 0.021x_{12}^* + 0.419x_{13}^* - 0.18x_{14}^* - 0.064x_{15}^* -$$
$$0.032x_{16}^* + 0.09x_{17}^* - 0.034x_{18}^* + 0.013x_{19}^* + 0.091x_{20}^* - 0.6x_{21}^* - 0.036x_{22}^* +$$
$$0.16x_{23}^* + 0.39x_{24}^*$$

表 8–35　各模式因子得分

	1	2	3
人居环境模式 Q_1	−1.998	−1.2709	−1.5456
增长权模式 Q_2	−1.8404	−1.0517	−1.9831
"点—轴"渐进扩散模式 Q_3	−1.2033	−0.7764	−0.8753
可持续发展模式 Q_4	−1.0102	−0.7353	−1.4266

8.4.3.5　因子熵权的确定

榆林沙漠生态城镇群的发展受资源、环境、经济因子影响，各因子相互联系、相互支持和制约，共同决定榆林绿洲城镇群的发展。在信息论中，熵是对不确定性的一种度量。信息量越大，不确定性就越小，熵也就越小；信息量越小，不确定性越大，熵也越大。因而，可以借助熵值来判断各主因子的离散程度，因子的离散程度越大，对榆林绿洲城镇群的影响就越大。

首先，由于各主因子得分的数量级及正负取向均有差异，需要对子因子得分数据做标准化处理。设第 i 个模式第 j 个因子为 Y_{ij}，为避免求熵值时对数的无意义，按以下公式进行标准化处理：

$$Y_{ij}^* = \frac{Y_{ij} - \min(Y_{ij})}{\max(Y_{ij}) - \min(Y_{ij})} + 1$$

因子得分的标准化数据如表 8–36 所示。

表 8–36　因子得分标准化数据

	Y_1^*	Y_2^*	Y_3^*
人居环境模式 Q_1	1.00	1.00	1.09
增长权模式 Q_2	1.03	1.05	1.00
"点—轴"渐进扩散模式 Q_3	1.13	1.11	1.22
可持续发展模式 Q_4	1.16	1.12	1.11

其次，按以下公式计算第 i 个模式第 j 个因子占所有区域该因子和的比重：

$$P_{ij} = \frac{Y_{ij}^*}{\sum_{i=1}^{n} Y_{ij}^*}, \quad (i = 1, 2, \cdots, 10; \ j = 1, 2, 3)$$

令，$d_j = 1 - e_j$，则各因子的熵权为：

$$w_j = \frac{d_j}{\sum\limits_{j=1}^{3} d_j}$$

因子比重如表 8-37 所示。

表 8-37　因子比重

	P_1	P_2	P_3
人居环境模式 Q_1	0.076	0.078	0.078
增长权模式 Q_2	0.078	0.082	0.071
"点一轴"渐进扩散模式 Q_3	0.086	0.087	0.087
可持续发展模式 Q_4	0.088	0.087	0.079

通过公式计算各因子的熵值及熵权，计算结果如表 8-38 所示。

表 8-38　因子熵值和熵权表

	U_1	U_2	U_3
熵值 e_i	0.9888	0.9872	0.9902
熵权 w_j	0.3310	0.3786	0.2904

因子分析中得到的因子权重 f_1，f_2，f_3 是根据因子特征值比重得到的，由于因子分析存在信息丢失的缺陷，因此 f 并不能真实反映各因子对榆林绿洲城镇群发展模式的影响程度，因此采用熵值理论对因子得分进行分析，计算出其各自的熵权，在一定程度上弥补了信息失真的缺陷，提高了精度。本书采用组合权重作为评价的最终因子权重。因子组合权重计算结果如表 8-39 所示。

表 8-39　因子组合权重

	U_1	U_2	U_3
因子权重 f	0.36	0.34	0.30
熵权 w_j	0.3310	0.3786	0.2904
组合权重 F	0.35	0.36	0.30

8.4.3.6　各种模式排序及选择结果

根据表 8-38 和表 8-39 的计算，得到表 8-40。

表 8-40　各理论排序表

	U_1	U_2	U_3	得分	排序
人居环境模式 Q_1	-0.6993	-0.45752	-0.46368	-1.6205	4
增长权模式 Q_2	-0.64414	-0.37861	-0.59493	-1.61768	3
"点—轴"渐进扩散模式 Q_3	-0.42116	-0.2795	-0.26259	-0.96325	1
可持续发展模式 Q_4	-0.35357	-0.26471	-0.42798	-1.04626	2

通过表 8-40 的计算，可以看出人居环境模式 Q_1 的得分是-1.6205，增长权模式 Q_2 的得分是-1.61768，"点—轴"渐进扩散模式 Q_3 的得分是-0.96325，可持续发展模式 Q_4 的得分是-1.04626，将这四种模式进行排序，分别是："点—轴"渐进扩散模式、可持续发展模式、增长权模式、人居环境模式。

所以，根据以上分析，榆林沙漠生态城市选择的发展模式为："点—轴"渐进扩散模式为主，可持续发展模式为辅的发展模式。

8.5　方案设计

8.5.1　榆林沙漠生态城市建设的主要内容

8.5.1.1　发展以榆阳为核心的中心城区

榆阳区地处榆林市中部，是榆林全市的政治、经济、文化中心，是各类要素集聚的核心地区，因而榆阳也就成为了榆林沙漠生态城市的中心区域，成为榆林生态城市的发展极，所以榆林沙漠生态城市的建设规划要大力发展以榆阳为核心的中心城区，利用榆阳的各方面优势，带动整个榆林的发展。

（1）完善榆阳各功能区域建设。以"保护利用古城、改造提升旧城、高端打造新城"为思路，加强中心城市建设，完善功能区划分，提升榆林城市层次和品位。基于榆林中心城区各区域的特点，可以将其分为三大功能区：包括以榆林古城为主的老城区，由西沙、南郊、开发区共同组成的建成区，铁路西侧的新城区。

榆林是自明洪武初以来唯一保存完好的北方沙漠城市。榆林古城在不同的时间演变过程中，留下了不同的历史足迹，记录了不同的历史风韵。从城市到街道，从古建筑到民居，充分体现了历史风貌，良好地传承了中国文化。所以，古城区要重点搞好以榆林老街、明清四合院和古城墙为标志的历史文化遗存的保护和修复，从而更好地保护古城传统风貌的延续、保证历史印记的完整性，提升其旅游和观赏价值，体现榆林国家历史文化名城的特色，为榆林的发展谋求新的契机，带来一定的经济价值。

城中村和棚户区的存在，不仅影响城市的美观，还阻碍了城市化进程，制约着城市的发展，例如人口杂乱，违法违章建筑比较集中，基础设施不完善，卫生条件太差，并且土地使用存在诸多问题，这一系列状况所带来的治安问题、消防隐患、居住问题及土地问题，使得城中村和棚户区成为城市发展的"痼疾"，所以西沙、南郊、开发区需要加大对平房片区（棚户区）、城中村进行改造，通过完善基础设施，提高建设档次，增强城市功能，改善人居环境，组成新的建成区，从而提升城市整体品位，推进城市化进程发展。

新城区作为榆林规划建设的城市新区，主要包括榆林高新区、西南新区和空港生态区。对于榆林高新区，将其重点打造成行政办公、文化事业为主的城市行政文化中心；西南新区重点打造设施齐全、功能完善、环境优美，集商业金融、行政办公、教育科研、高尚居住、休闲娱乐于一体的现代化城市新区；空港生态区重点打造集生态环保、文化旅游、休闲度假、临空经济发展于一体的国内一流的创新型现代新区。

（2）加强区域协调发展，统筹城乡协调发展。以榆阳区为中心，发挥榆阳的独特优势，推进榆阳与周边县区在产业结构、生态建设、环境保护、城镇空间与基础设施布局等方面的合作，促使榆阳与各县区的协调发展，统筹榆林南北各六县、城市与农村协调发展，积极引导农村剩余劳动力向市域外部转移。以经济建设为中心，充分发挥第二、第三产业吸纳农村劳动力的作用，将农村劳动力转向非农产业。积极吸纳农村剩余劳动力向主城区及工业基地的劳动密集型产业集中，实现以城带乡、以工促农、城乡互动的良好局面。

（3）提升城市综合服务功能和城市品位。榆阳区作为榆林的中心城市、行政中心，要加强其商务、商业、文化娱乐、休闲、旅游等城市公共设施建设，从而增强城市的服务功能，提升城市的竞争力，扩大榆阳区作为榆林主城区在榆林沙漠城市中的核心地位，扩大榆林在陕甘宁蒙晋接壤区的区域辐射及吸引能力。

扩大城市的吸引和辐射范围，大力发展第三产业，重点发展为区域大型能源化工企业服务的生产性服务业，为城市及周边地区提供多种生活服务，鼓励培育咨询、中介、培训等服务业的兴起，提高城市综合服务水平和辐射带动能力。

充分利用榆阳旅游资源丰富的优势条件，发展旅游休闲娱乐服务业，建设中心城旅游服务基地，逐步将榆林建设成为中国著名的边塞古堡群游览胜地，全国文化旅游名城和革命纪念圣地，陕西省旅游副中心城市，陕甘宁蒙晋五边地区的中心休闲城市。

榆阳区是榆林的中心城区，基于榆林存在着较大的南北差距和城乡差距的资源环境和经济发展状况，榆阳应加强中心城教育资源的配置，提高劳动力职业技术水平，为落后地区和环境脆弱地区剩余劳动力拓宽就业渠道提供良好的机会，促进全市域均衡发展。

(4) 强化生态建设。建设生态文明，是关系人民福祉、关乎民族未来的长远大计。大力加强生态文明建设，也是全力推动榆林科学发展的主要任务之一。加强生态文明建设要加快榆林城市周边生态环境的建设，保护榆溪河两侧绿地，对其进行生态恢复建设；增添城市新区组团之间的绿化隔离绿地，种植抗污染和吸收污染物质的植物树种，改善生态环境；完善城市绿地建设系统，加强治理设施力度，促进森林发育，提高植被覆盖率，改善中心城区环境质量，为市民创造良好的生活休憩空间；同时淘汰不符合榆林功能定位的产业，加大节能减排力度，进一步强化绿色生产、绿色消费，倡导绿色就业、绿色生活。

8.5.1.2　打造以绥德为核心的城市副中心

绥德地理位置优越，历来是陕北地区的重要交通枢纽，有"西北旱码头"之美称，南达延安、西安，北通榆林、内蒙古自治区，东抵吴堡、山西，西到定边、宁夏回族自治区。横穿晋、秦、宁的 307 国道与纵贯陕、内蒙古的 210 国道在绥德县城相交。绥德不仅是连接陕、晋、宁、内蒙古四省区的交通枢纽，也是呼包省区的交通枢纽，还是呼包银榆经济带向东、向南出口的新交通枢纽和商品流通基地。

绥德历史悠久，人杰地灵，人文荟萃。作为石雕文化艺术之乡，绥德的石雕堪称精粹。石牌楼雄伟壮观、布局巧妙、雕技精湛，内容博大精深；石魂广场石狮雕刻气势宏伟、栩栩如生，巧妙地和原有的生态景观连为一体，形成一幅壮美的画卷。

当代经济的发展就是要在增强自身实力的基础上，提高对外开放的程度。一个地区的影响力越大，就越能为该地区带来更多的投资与发展机会。所以应充分利用绥德交通方面的优势，以及浓郁的陕北地方特色文化，将绥德打造为陕晋蒙区域重要交通枢纽及地区性物流中心、陕北地方文化特色的代表城市，增强其交通、文化方面的影响力，使其成为榆林沙漠城市的副中心，与榆林主城区相互呼应，发展自身经济，成为榆林地区发展的第二增长极。

同时由于绥德属于典型的峁梁状黄土丘陵沟壑区，又和沙漠地带接壤，自然生态非常脆弱，因此，在未来城市的规划中，还应将生态建设融入榆林沙漠生态城市的建设当中，以人为本，生态优先，因地制宜，使其生态问题不会成为绥德未来发展的桎梏。

8.5.1.3 设立定靖、神府、清吴三个组团

为了建设各区域协调发展的榆林沙漠生态城市，需要特色突出、规模适中的县镇作为连接城市与乡村发展的纽带和基础，需要具有较高发展水平、较大发展规模的县镇为实现榆林这一建设目标奠定良好的基础和根基。

设立定靖、神府、清吴三个特色组团区域，旨在发挥榆林地处陕甘宁蒙晋五省接壤区的地理优势，围绕城市发展、产业布局、人口分布以及对外经济联系要求，按照"适度超前、统一规划、突出重点、多元化投资"的原则，将六个县区的相似产业统一规划成三个组团区域，突出其重点，从而带动区域发展，成为各区域的发展极，为榆林沙漠城市的建设与发展做出贡献。

（1）"定靖"组团。定边县位于陕西省西北部，榆林市最西端，陕甘宁蒙四省（区）七县（旗）交界处，是陕西省的西北门户、榆林市的西大门。石油、天然气、原盐、芒硝、硫酸镁、氯化镁等矿产资源颇具优势，是陕北能源重化工基地的重要组成部分。境内石油资源分布较广，是全国石油产能第一大县，同时定边县也是陕西唯一的湖盐产地。

靖边县位于榆林市西南部，无定河上游，跨长城南北。靖边县矿产资源丰富，水资源充裕。县境内矿产资源富集，主要有天然气、石油、煤炭、高岭土等。交通方面，G65 包茂高速公路（包头至茂名）和 G35 青银高速公路（青岛至银川）在靖边县城交会，太原至中卫（银川）铁路也通过靖边县，是连接陕西、宁夏回族自治区、内蒙古自治区等地的交通枢纽。

由于定边、靖边都是以石油、天然气、化工作为主导产业，并在其基础上延伸产业，发展关联产业，所以将定边、靖边组团、统一规划，突出其能源化工的特色，使其成为我国西气东输的枢纽，成为能源化工基地的核心区域，成为榆林西部地区发展的增长极。

"定靖组团"打造定靖绿色生态经济带，要牢固树立保护生态环境就是保护

生产力、改善生态环境就是发展生产力的理念，把节能减排作为树立生态红线观念的重要抓手，加大环境治理和环保执法力度，严格执行环保准入和污染物排放标准，完善落后产能淘汰机制，推动重点能源、化工行业产业提升技术水平，对各种影响生态文明建设的行为做到"零容忍"。按照生态功能区规划，大力推进重点林业工程建设，加快各区域生态化进程，抓好生态环境建设。扩大植树造林、人工种草面积，推动能源企业扩大绿化规模，积极治理水土流失面积；实施"千里绿色长廊"工程，加大对高速公路沿线、国道城镇段等绿化改造；增加森林公园、湿地公园数量，从而扩大城市肺活量；强化封山禁牧和森林草原防火工作，巩固退耕还林成果。对于城市绿地面积，将城市绿化向机关单位、社区、小区、"城中村"等区域延伸，切实做到见缝插绿、破硬还绿、拆违建绿、处处见绿。对于农村生态环境治理，重点做好农村白色垃圾治理工作，努力解决"垃圾围村"等问题。

（2）"神府"组团。神木县位于榆林东北部，是秦、晋、内蒙古三省（区）的交界地区，是陕西省面积最大的县，交通便利，矿产资源丰富，县域经济综合竞争力居全国百强县第44位。神木作为陕西省第一强县，具有众多标志——中国第一产煤大县、中国最大的兰炭基地、中国最大的聚氯乙烯基地、西部最大的火电基地、西部最大的浮法玻璃基地、西部最大的电石基地，在中国国家能源安全体系中占有重要位置。

府谷县位于榆林最北端，地处秦、晋、内蒙古接壤地带，县域经济综合竞争力居全国百强、西部十强。府谷自然资源丰富，蕴藏着蜚声海外的煤炭资源，因此它被誉为陕北能源化工基地的"桥头堡"，是国家级陕北能源化工基地的重要组成部分，更是国家"西煤东运""西电东送""西气东输"的重要枢纽。这里盛产誉满全国的优质黄米，是世界稀有树种海红果的主产地。全县"乡乡通"油路、"村村通"沙石路，70%的行政村达到通畅标准，交通网络四通八达。

作为榆林经济最强的两个县，神木、府谷都是凭借着丰富的煤炭资源发展壮大起来的，同时神木、府谷还有兰炭、聚氯乙烯、火电等基地，因具有相似的产业与能源资源，神木、府谷可以组团共同发展。首先，神府可以共同凭借神华这样的大型企业的平台作用，拓宽煤炭的销售渠道，增加煤炭的销售数量，将煤炭产业继续做大做强。同时，共同拓宽兰炭、聚氯乙烯、火电等应用领域，开展兰炭供热和民用试点，扩大京津冀鲁兰炭清洁燃料市场，增加兰炭销售数量，进一步释放产能；对优势资源重新整合，统一规划，淘汰落后产能，尤其对于"僵尸企业"重组整合或令其退出市场。"神府"组团将榆林两强县的优势资源集中在一起，共同发展，做大做强，成为"神府能源重化工绿色经济带"，成为榆林北部发展的增长极，成为榆林整个经济增长的支柱点，对陕西的经济发展起到良好的推动作用。

（3）"清吴"组团。清涧县地处榆林东南与延安交界处及无定河、黄河交汇处，是守卫延安、关中的要地。清涧县是著名的革命老区，是享誉全国的"红枣之乡""石板之乡""粉条之乡"。清涧耕地面积广袤，草场资源丰富，造林保存面积和宜林地多，这样有利的条件为农业、林业、畜牧业的发展提供了良好的基础。

吴堡县位于榆林市东南部。北靠佳县，西接绥德，东临黄河，与山西省临县、柳林相望，总面积428平方千米，耕地1.27万公顷。吴堡县扼秦晋之交通要冲，自古就是兵家必争的战略要地，是陕北通往华东、华北的"桥头堡"。吴堡县是陕西省5个蚕桑基地县之一，红枣产量、收入居全市之首。

清涧、吴堡由于自身的地形、气候等因素，都是以农业为主要产业。清涧县自古就有加工粉条的记载，口味正宗，晶莹剔透，入口爽滑，吃法多样。产品畅销山西、宁夏回族自治区、甘肃等十多个省区。粉条同清涧人民的生活密不可分，结下了不解之缘。清涧县粉条的加工，不仅延伸了马铃薯产业链，而且实现了产品的增值。粉条产业在促进该县经济快速发展中起着不可替代的作用。同时由于清涧梁峁起伏，河谷深切，基岩裸露，石材资源极为丰富。清涧石板形成于中生代的水岩，在漫长的地质构造中，凹陷与抬升交替出现，一层层像书页一样的清涧石板呈现岩头，得天独厚，是全县的瑰宝。因其表面平整，色泽青蓝，薄厚均匀，结构细腻，质地坚硬，类型繁多，无辐射，无污染，备受青睐，清涧有"石材之乡"的美称。吴堡，有着悠久的枣树种植历史，1400多年前的北朝时期，吴堡县这一带就进入了枣树栽培的盛期。旧县志有"枣甚盛""枣为多，居民以此为业"的记载，由此可见，枣树是吴堡的传统树种，土壤独特，气候适宜，为枣树提供了适宜的条件，同时，红枣产业的发展投资少、见效快、效益长，因此红枣已成为吴堡县的主要农业产业。蚕桑是吴堡县的另一重要农产业。全县在车家源、冯家源、于家圪崂建成季养能力50张的小蚕供育点，并广泛应用推广了小蚕饲育箱、灶台育，大蚕省力化平台育和方格簇等新技术。大力推广生态型优质蚕桑生产基地的建设，实现栽桑养蚕、种草养畜有机结合，综合效益较高。

清涧与吴堡组团可以整合其农业方面的资源，制定一系列农业种植、推广政策，经常组织技术交流和科研活动，为种植、养殖户提供及时、可靠的信息服务，以提高农产品质量，拓宽其销售渠道，扩大市场占有率。同时政府也可以统一品牌、统一包装、统一生产规模，全力打造区域品牌产品，大力宣传，提升清涧、吴堡的影响力，使得"清吴"组团成为榆林农业生产的示范点。

8.5.2　榆林沙漠生态城市建设的具体方案

8.5.2.1　坚持"5+"指导方针，全面建设榆林沙漠生态城市

（1）以"高新技术+"为抓手，打造世界新型循环能源化工基地。10多年来，榆林能源化工基地经历了载体建设、项目建设和跨越式发展三个阶段，已成为我国重要的能源输出地。如今正在向一个实力雄厚、技术领先、资源高效利用、生态环境优美的世界级能源化工基地迈进。

目前，榆林市虽然在煤炭、石油、天然气、盐等资源开发或项目建设方面取得了显著成效，但工业园区的规划建设，除榆佳工业园区和吴堡工业园区处于丘陵沟壑区，其余均处于风沙草滩区，由此可见，榆林市资源分布不均，近年来甚至更长时间内，榆林市南北县域经济总量差距不会缩小，对区域经济协调发展的负面影响也不会减弱。榆林位于黄河中上游，地处生态环境最脆弱、最恶劣的地区，工程安全度不高，植被成活率低，气候条件差，因此，在生态环境相对脆弱的背景下，工业园区的规划建设不仅面临着一系列新的生态破坏和退化问题，同时所引起的生态环境问题在很大程度上会抑制当地经济、资源、环境和社会的稳定与协调发展。因此榆林要以"高新技术+"为抓手，从高标准、高质量、高效益的"三高"原则出发，针对国内外生态环境建设的先进水平，学习其先进经验，通过高新技术，着力打造世界新型循环能源化工基地。

利用榆林的煤炭资源优势，实施煤向电转化、煤电向载能工业品转化、煤气油盐向化工产品转化，推进兰炭、电石、金属镁等技术改造，不断提高煤制油、煤制气等转化的规模和科技含量，下大力气引进落地一批综合利用项目，延长产业链，迈向中高端。

按照资源向深度转化、项目向园区集中、产业向集群发展的思路，榆林要重点发展具有国际领先水平的加工转化项目，引进法国液化空气集团、中石油、中石化、神华、华电、华能、大唐、延长、陕煤等世界500强企业和中煤、陕西有色等一批大型企业集团，形成以煤炭中低温推动煤制油、煤制烯烃、煤盐化为特色，煤电、煤化、载能等上下游产业一体化发展的产业集群。

坚持走项目建设高端化道路，集中力量引进建设基地规模级项目和世界领先示范装置，依托高新技术打造全球煤油共炼试验示范项目，全球煤气油生产烯烃装置，提升煤炭资源转化的规模和科技含量，有力推进煤化工产业向化工原料、精细化工和化工产品制造延伸，在能化产业一些领域，攻占产业链的高端。

在加快传统能源发展的同时，可以利用煤矿备采区和采空区建设集生态农业和光伏发电于一体的大型地面光伏电站，从而带来良好的经济、社会和环境效益，为地方采空区治理和光伏产业的协调发展起到积极的引领和示范作用。如图8-10 所示。

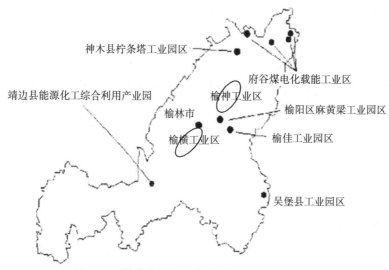

图 8-10　榆林能源化工基地重点工业园区规划位置图

（2）以"绿色+"为抓手，打造现代能源与特色农牧业相契合的绿色发展基地。近年来，在各级政府的重视和推动下，榆林地区绿色农业取得了长足的发展，初步形成了多种具有地方特色的绿色农业发展模式。榆林绿色农业发展模式主要包括产业化经营主导模式、物质循环模式、观光休闲农业模式、小流域综合经营发展模式、设施农业模式，要建设符合现代能源和农牧业特点的绿色发展基地，需要优化物质循环利用模式。

物质循环利用模式应用了生态系统的物质循环原理，它集清洁生产、能源与废弃物的综合利用、生态设计和可持续消费于一体，把农业生产融入自然生态系统的物质循环中，实现"能源—产品—再生能源—再生产品"的物质反复循环流动，实现低排放或零排放的模式。从榆林地区农业实践来看，主要有农林草牧工商结合模式、种养加结合模式、日光温室模式、庭院经济模式四种类型。

第一，农林草牧工商结合模式。农林草牧工商结合模式适用于地形破碎、水土流失严重的黄土梁状丘陵区。对退耕地、荒山荒坡地和梁状丘陵地，按照"适地适树适草"的原则，建立以造林种草为主的农林牧工并举的共生模式。该模式以农林为基础，以草畜产业为中心，以加工为增值手段，以沼气和沼液的利用和沼渣的减少为途径，通过林牧资源开发、林牧并举，实现生态效益、经济效益和社会效益的同步发展。

第二，种养加结合模式。在以川地、台地、涧坝地和梯田为主的种植区，地形较为平坦，应发展种植、养殖和加工相结合的生态模式。该模式以种植业和养殖业为中心，在稳定饲草料作物种植面积的情况下，促进养殖业的发展，提高效益；以沼气推广为重点，加强畜禽粪便畜余能量的利用，为农民提供炊事、照明沼气，节约薪柴、煤电等能源；将沼液和沼渣作为肥料，不仅减少了粪便直接施用的微生物污染，而且提高了土壤有机质的含量，减少了施肥量，改善土壤的性质；加工业使农副产品增值，从而形成"土壤肥力—经济收入—土地投入"的良性循环体系。

第三，日光温室模式。该模式围绕日光温室，提高能源利用率，提供反季节果蔬，增加农民收入，为养殖业提供饲料；农户可对其自行管理，以获得产品及收入；沼渣和沼液可作为肥料，沼气用于炊饮、照明等，将种植、养殖与微生物农业有机结合起来，产气量和肥料积累同步，是一个能流、物流快速协调循环的生物系统。日光温室模式特别适宜在发展棚栽业的川道地区推广。

第四，庭院经济模式。在农村，基本上都是独立居住，占地面积和空间大，因此可以充分利用庭院空间，建立以沼气工程为主的庭院生态模式，不仅能解决农民做饭取暖与伐木烧柴之间的矛盾，同时产生的沼液和沼渣可以作为优质饲料和原料，促进草畜业、林果业、棚栽业的迅速发展，改善了农村生产条件，让群众的生活质量有了大的提高。

（3）以"红色+"为抓手，全力推动老区升级建设。红色文化是老区的宝贵资源，新时期新形势下，进一步弘扬红色文化，对于贯彻落实党的政策路线、推动经济社会和谐发展具有很大的历史价值和现实意义。新时期开发利用老区红色文化资源，必须以育人、立德、资政为核心，以旅游、教育、培训为突破，以打造国人精神家园为目标，以政策制度为保障，以资金人才为支撑，最大限度整合现有资源、挖掘历史资源、利用品牌资源，紧扣榆林精神主题，实施红色品牌战略，全面唱响老区红色文化主旋律，统筹推动经济效益、社会效益、综合效益、品牌效益全面提升。

根据榆林老区的实际情况，提出针对红色文化资源开发利用的几点建议：

1）突出主题，准确定位。榆林老区作为全国爱国主义、革命传统、榆林精神三大教育基地，最大的资源也是最可持续发展的资源就是红色文化资源。榆林老区要以红色文化为引领，以历史文化、生态文化、民俗文化为配套，全力打造全球炎黄子孙朝圣地、全国红色旅游首选地、黄河自然遗产观光地、黄土风情文化体验地。

第一，在地方经济社会发展总体规划中，要将红色文化作为重要内容和后续主导产业予以推进。榆林老区的经济是靠油煤等资源支撑的，但这种资源型城市的经济发展面临着较大的风险，资源逐年枯竭，经济持续下滑，环境遭到破坏，要将红色文化产业作为主导产业来培育，做大做强以红色文化产业为主体的第三产业。

第二，在老区建设和管理中，要切实突出红色文化资源的重要地位，按照"中疏外扩、上山建城"的战略，只拆不建，保护旧址，优化功能，一体化布局、整景区打造，将老城区打造为全国红色文化博物馆。

第三，树立文化也是生产力的理念，纳入城市总体发展战略，充分发挥老区红色文化资源的经济效益，更要挖掘和利用红色文化资源育人立德、资政兴党、增盈兴业的积极作用，推动地方经济社会和谐发展。

2）规划引领，统筹推进。

第一，要聘请国内外专家学者，深入开展调查研究，站在世界和历史高度，立足延安资源禀赋，以红色文化为主导，整合文化、历史、生态、民俗等资源，高起点编制榆林老区红色文化资源开发总体规划，确保规划的科学性、针对性和前瞻性。

第二，结合总体规划，立足县区行业实际，认真编制中长期、短期规划，红色旅游、绿色生态、黄河文化、黄土风情文化及各县区红色文化资源开发专项规划，既体现整体划一，又凸显地域行业特色。

第三，必要的情况下要将组织编制的规划纳入地方法规，一般情况下不可随意更改、变动，做到一张图纸画到底，避免出现因地方领导更换而改变规划内容的现象，确保规划的严肃性和可持续性，推动榆林老区红色文化产业健康快速发展，早日发挥其综合效益。

第四，要制定与其他拥有红色文化资源地区和著名旅游景区的合作规划，实行资源共享、线路对接、市场互动、合作共赢。加强榆林老区红色景点的资源整合，优化旅游线路。还可以与延安等著名革命老区沟通，利用彼此的品牌效应，形成相互拉动，并力造势，推进发展，共同弘扬红色文化的良好格局。

第五，要针对道路交通、城市规划、城市管理等配套设施进行全面提升，切实解决旅游旺季一床难求、一车难求、交通拥堵等瓶颈问题，为榆林老区红色文化资源开发利用创造良好的环境保障。

3) 创新传播，重塑形象。榆林作为革命老区，"老、少、边、穷"一直是过去人们对榆林老区的固定印象，在某种程度上严重影响了来榆林老区旅游的客源。新时期，要不断创新传播途径和方式，在建筑设计、交通布设、休闲购物等规划和吃、住、行、游、购、娱等方面都要融入红色元素，全力打造榆林老区红色品牌。

第一，要强化榆林老区整体品牌形象的树立，在进榆林老区的入口塑造以弘扬榆林红色文化为主题的深厚氛围，让进入到榆林老区的人们得到第一个整体印象：革命老区到了。

第二，要加强榆林老区各个旧址、馆址等景区和景点的特色形象设计包装，综合运用具有革命特色的建筑物、红色象征的雕像、各种革命装饰物点缀渲染市区和景区，最大限度让榆林老区的每一处红色文化旅游景区和每一个特定品牌形象都能深入人心。

第三，要探索制作红色文化旅游形象广告，通过传播媒介报纸、杂志、电台、电视台、网络、手机短信等予以发布，扩大榆林老区形象的影响范围。通过组织作家、作曲家及演艺界等知名人士，创作出一批精品文学作品、极具吸引力的红色歌曲、红色歌舞晚会等影响广泛的一系列品牌文化产品。

第四，要通过举办各种有宣传效应的红色文化研讨会、发展论坛等红色文化主题活动，打造以"红色运动会"等为主的节会活动，全力提高榆林老区的知名度和影响力。

第五，要加强参与性、趣味性、体验型旅游产品的开发，策划一系列参与性旅游项目，在红色旅游景区建立一批集文化旅游、生态旅游、历史旅游于一体，参与性、互动性结合的红色文化旅游产品体系，逐步打造榆林老区红色文化资源特有品牌。

(4) 以"互联网+"为抓手，构建信息交通物流基地。陕西省政府 2016 年 10

月下发《关于加快构建全省综合交通运输体系的意见》，到"十三五"末，陕西省初步形成"一核多极、三纵六横八辐射、立体多层次"，网络布局完善、系统衔接顺畅、服务优质高效的综合交通运输体系，公众出行更加便捷，货物流通更加顺畅。榆林市应响应省政府号召，以互联网为技术基础，建立 ITS 智能交通体系，加速升级机场、高铁、高速公路及立体交通网，推进各类保税物流园区建设，着力培育现代物流龙头企业，构建现代跨境电商平台，打通陕北特色农产品国内外市场。

从榆林市道路交通发展需要和道路交通发展规划的角度来看，有很多道路交通基础设施需要规划和建设。与此同时，随着社会经济的发展，民用车辆的数量和客货周转量将越来越大，道路交通拥堵的压力将会越来越大，即使拓宽了路面，开辟了新的道路，也是治标不治本，不能从根本上解决交通拥堵造成的一系列问题。此外，道路交通基础设施和交通流量的增加，对道路运输管理人员的管理手段和管理水平是一个很大的考验，对于本来业务水平已经相对滞后的管理人员来说，更是雪上加霜。

榆林是著名的煤炭城市，矿产资源十分丰富，同时也是陕北地区杂粮的主产区。轻工产品以皮革、纺织、毛毯最为出名。名胜古迹有红石峡、镇北台、白云山、易马城等。随着经济的快速发展，运输的需求量和机动车数量快速增长，再加上煤炭运输量的增长，导致道路交通问题日益严重。现存在的道路交通问题如下：

第一，超载严重，道路寿命短。由于榆林市是我国著名的煤炭城市，运输车辆占大部分，超载现象时有发生，不仅存在较大的安全隐患，而且也会损坏路面，缩短了道路使用寿命。因此，城市主要道路出入口应安装自动超载检测系统，重点对煤炭运输进行智能监控和管理。

第二，交通量大，交通压力上升。榆林经济发展迅速，周边风景名胜区也吸引了大量游客前来观光，造成了交通运输量的增加，而榆林是陕西、内蒙古自治区、山西、宁夏回族自治区、甘肃等五省区的交界地区。交通压力显而易见，进出本地的车辆越来越多。要加强车辆（特别是客货运输车辆）进出本省测试。

从榆林市道路运输各方面来分析，无论是道路运输基础设施的建设、道路运输业的发展还是道路运输管理水平的提升，都到了一个瓶颈时期，因此，榆林市发展道路 ITS 对于缓解道路交通压力，提升道路交通发展质量和效益都是十分必要的。依据榆林市目前发展现状，以及该市独特的地理、人文、环境、交通等条件，参考了国家 ITS 体系框架（第二版）的用户服务内容，榆林市 ITS 服务体系由 7 个服务领域、33 项服务内容构成。具体构成如表 8-41 所示。

表 8-41 ITS 用户服务框架体系

服务领域	用户服务	服务领域	用户服务
交通管理	1. 公路交通动态信息检测	运营管理	19. 运政管理
	2. 公路交通执法		20. 一般货物运输管理
	3. 公路交通控制		21. 特种运输管理
	4. 需求管理		22. 长途客运运营管理
	5. 交通事件管理		23. 公交规划
	6. 交通环境状况检测与控制		24. 公交运营管理
	7. 停车管理		25. 出租车运营管理
	8. 非机动车、行人通行管理	基础设施管理	26. 基础设施维护
电子收费	9. 公路电子收费		27. 路政管理
交通信息服务	10. 出行前信息服务		28. 施工区管理
	11. 途中驾驶员信息服务	ITS 数据管理	29. 数据接入与存储
	12. 途中公共交通信息服务		30. 数据融洽与处理
	13. 途中出行者其他信息服务		31. 数据交换与共享
	14. 路径诱导及导航		32. 数据应用支持
	15. 个性化信息服务		33. 数据安全
交通运输安全	16. 紧急事件救援管理		
	17. 运输安全管理		
	18. 交叉口安全管理		

针对榆林市以煤炭运输为主的道路运输需求，对其道路进行 ITS 规划（见表 8-42）（备注：表中"S"表示 3 年内（到 2019 年）应实施的工程项目，"M"表示 5 年内（到 2021 年）应实施的工程项目，而"L"则表示 10 年内（到 2026 年）应实施的工程项目）。

（5）以"创新+"为抓手，打造新型开放发展基地。党的十八大明确提出"科技创新是提高社会生产力和综合国力的战略支撑，必须摆在国家发展全局的核心位置"。创新驱动型发展意味着中国未来的发展依赖于技术创新，而不是传统的劳动力、资源和能源的驱动。榆林市作为典型的资源能源城市，应积极贯彻党的十八大精神，加强创新驱动发展的新动力，加快形成新的经济发展方式。

表 8-42　ITS 道路规划表

序号	工程项目	公路交通管理			出行者信息服务				电子付费	城市公用交通		客货运管理		紧急事件救援管理		交通信息管理
		交通控制系统	交通事故管理系统	交通需求管理与实施系统	出行前规划信息系统	在途驾驶员信息系统	路径诱导系统	出行者服务信息系统	电子付费服务系统	出租车服务系统	公交智能调度系统	客货运安全保障系统	客货运运营管理系统	紧急事件通告及个人安全	应急救援车辆管理系统	交通数据用户服务系统
1	车辆定位	S														
2	车辆乘坐	S											S			
3	车辆系统维护		S									S				
4	不同交通方式协调	S		M								S				
5	车辆同定线路调度		S		S	M				M	S		S			
6	智能路径诱导导标识		S		S	M	M									
7	道路网络监控		S													
8	探测车监控		S													
9	路面交通控制	S	S													
10	高速交通控制	S	S	M												
11	拥挤道路管理	S		L												
12	交通信息发布	S														
13	区域交通控制	S														
14	事故处理管理系统		S													
15	交通预测和需求分析	S		L												
16	电子收费管理								S							

223

续表

序号	工程项目	公路交通管理			出行者信息服务				电子付费	城市公用交通		客货运管理		紧急事件救援管理		交通信息管理
		交通控制系统	交通事故管理系统	交通需求管理与实施系统	出行前规划信息系统	在途驾驶员信息系统	路径诱导系统	出行者服务信息系统	电子付费服务系统	出租车服务系统	公交智能调度系统	客货运安全保障系统	客货运运营管理系统	紧急事件通告及个人安全	应急救援车辆管理系统	交通数据应用广播服务系统
17	车辆出行信息系统				M	S										
18	广播式信息发布系统				S	S										
19	交互式信息发布系统	L				L	L									
20	车载信息交互系统					L										
21	车载导航诱导系统				L	L	S									
22	基于Internet的路径诱导				S	L	L		L							
23	路径诱导一体化系统					L	L		L							
24	信息黄页及出行目的地预订				S	L		L	L							
25	不停车收费系统								S							
26	城市交通控制系统	S							S	M	L					
27	城市"一卡通"		M							L						
28	可变情报板	M									M					
29	停车设施管理			L					L							
30	道路天气信息系统		L			M										
31	区域停车场管理			L					L							

续表

序号	工程项目	公路交通管理			出行者信息服务				电子付费	城市公用交通		客货运管理		紧急事件救援管理		交通信息管理
		交通控制系统	交通事故管理系统	交通需求管理与实施系统	出行前规划信息系统	在途驾驶员信息系统	路径诱导系统	出行者服务信息系统	电子付费服务系统	出租车服务系统	公交智能调度系统	客货运安全保障系统	客货运营管理理系统	紧急事件通告及个人安全	应急救援车辆管理系统	交通数据用户服务系统
32	车队运营管理									M	S		S			
33	车载客货运安全系统											S				
34	客货运车队维护保养												S			
35	车载有害物质反应系统												S			
36	紧急情况救援响应													L	S	
37	紧急情况救援路径选择														S	
38	紧急情况救援支持													M	S	
39	ITS数据中心	S														
40	路面状况自动检测系统															L
41	客运联网售票系统													M		
42	物流信息平台												S			

创新驱动发展就要积极走政产学研金合作之路，以观念创新为导向、科技创新为支撑、以机制创新为动力，加强与国内外高校和科研院所交流合作，摆脱高耗能、低增长、粗放式发展模式，步入集约型、节约型和创新驱动型的发展阶段，全力打造新型开放发展基地。

榆林打造新型开放发展基地的总体目标是：到 2018 年，科技资源进一步优化，科技研发能力显著提高，基本建立以企业为主体，以高等院校和科研院所为依托，以科技服务机构为中介，以市场为导向，政府引导的开放型区域创新体系和产学研结合的技术创新机制；科技创新、成果转化和产业化能力显著提高；科技促进经济社会发展的主导作用凸显，高新技术产业快速发展，传统产业竞争力进一步提升；全市具有良好的创新创业环境和社会氛围，科技综合实力、区域创新能力、公众科学素养有明显提高；现代产业体系初步形成，产业结构得到优化，优势产业进一步做强做大，资源型与非资源型产业均衡发展，促进工业化、信息化、城镇化和农业现代化"四化"同步发展。

为实现建成新型开放发展基地这一目标，榆林应从以下几方面大力推进创新战略：

一是实施现代产业体系构建工程。构建"1234"的现代产业体系，即壮大以煤炭为代表的资源型优势产业，突出煤炭热解、现代农业等特色产业，培育装备制造业、新能源、文化旅游等接续产业，发展现代物流、金融服务、科技研发、生活服务等支撑产业。

二是实施科技创新引领工程。引领产业关键技术攻关，引领自主创新主体培育，引领重大科技成果转化，引领政产学研金合作，引领自主知识产权培育。

三是实施园区基地创新发展工程。加快工业园区创新发展，推进农业科技示范园区建设，发挥高新区示范带动作用，支持循环经济示范园区建设。

四是实施科技惠民工程。组织实施民生科技行动，开展节能减排科技创新行动，加强采煤塌陷区生态恢复，促进循环经济的发展，大力推进生态环境的建设，加强水资源综合利用，提高教育科技服务能力。

五是实施创新环境优化工程。强化科技政策落实和制定，加强科技人才队伍建设，建立科技公共服务平台和创新基地，建设"创新型政府"。

8.5.2.2　依托沿黄公路，带动周边地区经济发展

（1）沿黄公路助力榆林成为丝绸之路重要旅游集散地。2013 年，习近平总书记提出建设丝绸之路经济带。榆林市委、市政府高度重视新丝绸之路带给榆林的

宝贵机会。由于榆林地处丝绸之路中心辐射带，是沿黄 n 型经济圈的重要区域城市。沿黄 n 型经济圈在地理空间上主要指环黄河中上游陕、甘、宁、晋、蒙五省区交会区，如果以榆林为圆心，其半径影响范围至陕北、陇东、宁东、蒙西、晋西地区，呈弧形扇面展开，总面积和人口相当于我国中等偏上省份。如果以城市圈层计，从西向东顺时针方向旋转，最大城市边际以宁夏回族自治区、太原、北京、西安、兰州再到宁夏回族自治区为圆圈边界，呈内向型特征。榆林作为丝绸之路中心辐射带，再加上其丰富的旅游文化资源，有白云山、红碱淖、二郎山 3 个国家 4A 级旅游景区，7 个 3A 级景区，星级饭店 30 家，省级旅游名镇 3 个，同时随着榆林城市框架拉大，城市功能、旅游配套设施日益完善，一座旅游城市所应具备的较为完备的城市交通、通信、住宿、餐饮、医疗卫生、公共安全等基础设施已经基本拥有，成功创建了国家级卫生城市及省级环保模范城市，市民及游客也能一年四季随时享受"榆林蓝"的优美人居环境。所有这一切，为榆林构建丝绸之路经济带重要旅游集散地奠定了良好的基础。

2009 年，为了实现黄河沿岸群众梦寐以求的夙愿，拉动沿黄经济的发展，榆林市委、市政府于 2009 年率先启动了全线长达 409 千米的沿黄公路工程建设，公路途经府谷、神木、佳县、吴堡、绥德、清涧 6 县 42 乡镇 1023 村，是陕西省沿黄公路建设里程最长、投资最多、建设难度最大的一段。经过了这些年，沿黄公路已基本建成，连接 3 条高速公路（神府高速、榆佳高速、青银高速）、6 条国道（G336、G338、G337、G339、G307、G340）和现有 10 条县道、18 条乡道，极大地缓解了沿途人民群众行路难问题，拓宽了沿线区域内矿产资源和以红枣为龙头的食品加工业的销售路径，70 万人因此受益。东出山西，是榆林出口主要工业产品的重要通道。经过多年来的不懈努力，榆林与一河之隔的山西省之间已经有 9 个出口，煤炭、天然气及能化产品通江达海的大门已经打开，而沿黄公路将这些东出口全部连接在一起，使它们能够发挥出更加稳定、高效的作用，为榆林的经济发展注入新的血液。沿黄线一路走来，丰富多样的旅游资源也是数不胜数，有人将其概括为"一条黄河，十里荷塘，百种珍禽，千眼神泉，万顷芦荡，秦晋相望"，天下黄河第一湾——乾坤湾、道教圣地白云山、佳县毛主席东渡黄河遗址、革命旧址清涧袁家沟、吴堡温泉等，沿黄公路的建成，也使沿黄旅游成为榆林一条新的综合性旅游黄金线路，将沿线的自然人文景观与生态保护相结合，实现人与自然和谐相处，使得沿黄公路本身成为一条生态旅游风景线，这也为榆林成为丝绸之路重要旅游集散地提供了重要的推动力（见图 8-11）。

图 8-11　沿黄公路一角

（2）沿黄公路升级改造问题。

1）沿黄公路边坡滑落成因分析及防治措施。榆林地区地处黄土高原，由于黄土特殊的物理特性和水理特性，易受水流和风蚀的影响，使得沿黄公路沿线边坡在受到降雨击溅和坡面水流冲刷作用后易产生较大规模的山体坍塌，落石滑落，对路面下方过往车辆和人员的安全问题构成了极大的威胁，严重影响沿黄公路的使用。

第一，公路沿线边坡问题成因分析。

地形地貌和土壤因素。黄土地区的主要地貌类型为塬、梁、峁沟谷等，由许多梁和峁一起组成。榆林属于砂黄土地区，土壤疏松，水稳定性差，抗侵蚀能力弱。由于砂黄土中砂粒和粗粉粒含量高达 85%，所以，这类黄土粘聚力低而摩擦强度较高，其极低的粘聚力使得砂黄土区公路边坡在降雨条件下发生失稳破坏成为普遍的灾害。

降雨因素。在榆林地区，降雨是公路上边坡灾害发生的关键气候因素一。根据榆林观测站的降雨资料，该地区多年平均降雨量为 414.4 毫米，降雨日数为 72.7 天，该地区年降雨量虽较少，但多以短历时的强降雨形式出现，主要集中在 6~9 月。由于降雨的侵蚀力较强，且植被覆盖率较低，导致水土流失严重。另外，季节性连续降雨或地表水入渗会破坏地下水的动态平衡，使地下水位上升，黄土的含水量增高、饱和度增大，形成饱和黄土层，抗碱强度明显降低，这种土体除受重力作用外，雨水沿裂缝灌入土体，不仅会产生静水压力，而且会软化隔水层，降低土体的粘聚力，加大了下滑力，边坡形成弧形沉陷裂缝，裂缝逐步发展直至贯通从而使土体逐渐滑移，其重心一旦滑出陡坡，就会产生崩塌。

植被条件方面，榆林地区属于典型的半干旱地区，植被覆盖率低，地表裸露，黄土抗侵蚀性差，生态环境脆弱，涵储和截留雨水的功能较差。

坡面排水设施设计时，未形成系统，位置设置不合理，没有或较少考虑为养护创造条件，给养护期的检查、清通、维修制造了困难。由于地形限制、资金不足等原因，许多路段没有设置排水设施。

未进行有效的坡面防护特殊的区域性岩土体（黄土）是崩塌发生的主要地质因素之一。该路段为半填半挖，边坡高度过高，边坡不合理，道路另一侧靠近河流，地下水位较高，边坡裂隙水发育，加上植被稀少甚至无植被覆盖，并且施工中未设置合理有效的防护措施和排水设施，在降雨因素的诱发下，最终导致崩塌的发生（见图 8-12）。

图 8-12 沿黄公路边坡落石

第二，沿黄公路边坡问题防治措施。

边坡控制。要合理控制边坡的坡度、坡高和坡形。研究结果表明冲刷量最大时其坡度为 45°，对应的临界坡度为 43.6°，因为降雨冲刷会引起坡面侵蚀，如果处理得不及时，有可能会进一步导致边坡失稳破坏。相关资料也表明，凡坡度大于 60°、高度在 10 米以上的黄土构成的边坡有发生较大规模崩塌的可能。结合陕北地区黄土工程性质和稳定坡度随高度而降低的规律，通过相关资料得到以下参数：直立稳定边坡高度 4 米，4~6 米的坡比为 1∶0.3~1∶1.5，6~12 米的坡比为 1：0.5~1：0.6，12~20 米的坡比为 1：0.6~1：0.7，20~30 米的坡比为 1：0.75~1：1.0，30~40 米的坡比为 1：1.0~1：1.25。由于降雨尤其是暴雨对黄土特别是砂黄土边坡有强烈冲刷侵蚀作用，常常造成黄土边坡坡面冲沟密布，为此在控制总坡度的条件下，对于高度超过 20 米的黄土边坡，可采用台阶式边坡，台阶边坡高 5~6 米，坡度 80°，即每 5~6 米留一个 1.5 米宽的平台，台面上可种草防冲，必要时可设置抗滑桩。

合理设置并完善坡面排水系统。如何有效地将水导出边坡是解决黄土地区边坡灾害的关键，所以合理地建立和完善坡面排水系统具有十分重要的意义，因此，要对排水系统进行整体规划和综合设计。单独的排水设施往往难以实现有效排水，为了最大限度地发挥排水设施的功能，必须使各种排水设施衔接自然、过渡平顺，形成完善的排水系统。为了防止黄土边坡的软化或侵蚀，不仅要在边坡底部设置排水沟，采取严格的防渗措施，此外，还应注意加强排水设施的日常维护和管理。

进行有效的坡面防护。植物防护是黄土地区边坡防护的重要形式，植被覆盖度越高，边坡越稳定。该地区采用的植物防护形式主要有穴种、沟播、蔓藤植物护坡、三维植被网护坡、液压喷播植草护坡和植树等。适合于该地区的植物阳坡有沙冬青、柠条、苜蓿混播；阴坡有枸杞、紫穗槐和红豆草混播等。工程防护包括刚性防护和柔性防护。刚性防护主要有护面墙、干（浆）砌片石坡、水泥混凝土预制块护坡等。柔性防护主要有抹面、捶面和挂网喷浆等形式。还可采用刚性防护与植物防护或柔性防护与植物防护相结合的复合型防护。这样既能对坡面进行稳定防护，又极大地丰富了边坡景观效果。其中柔性防护与植物防护相结合的复合型生态防护具有生态保护功能，大大降低了成本。

建立完善预报预警机制并做好灾害应急预案。沿黄公路沿线边坡坍塌虽发生突然，但是具有一定的前兆，只是未引起人们的足够重视。相关专业人员可以通过对榆林地区的地质、地貌、地层和降雨的研究，结合沿黄公路边坡降雨灾害的实地调查，分析边坡失稳影响因素，可以提出一套适合沿黄公路边坡灾害的预测模型，最终建立起对沿黄公路边坡危害的预报预警机制。沿黄公路全线位于陕北黄土高原晋陕黄河峡谷土石段，公路两侧石崖峻峭，在遭受连续降雨后，沿黄公路的山体边坡就会坍塌，落石现象频发，滑坍体对下方过往车辆和人员的安全问题构成了极大的威胁，也严重影响沿黄公路的使用。榆林市委、市政府要想尽一切办法，借鉴国内外公路建设的优秀经验，完成沿黄公路全线高危边坡整治工程。同时，为了使得榆林成为丝绸之路上的重要旅游集散地，沿黄公路也应该由现在的三级公路升级为二级公路，扩大汽车交通量，使沿黄公路的通行能力实现更大发展，加快全线边坡绿化美化和旅游观光停车坪工程建设，使得榆林市沿黄公路达到旅游路、环保路、产业路、生态路的总体要求。

2）沿黄公路提档升级。

第一，沿黄公路升级改造必要性。

实施沿黄公路提档升级工程，会使沿黄公路更加安全通畅，提高沿黄公路使用率，连接沿线各县区，是打造丝绸之路经济带重要旅游集散地的重要举措。

第二，沿黄公路可供探讨的改造方案。

加快丝绸之路经济带重要旅游集散地建设，实施沿黄公路提档升级工程，不仅事关经济发展，也事关民生改善；不仅是当前的紧迫任务，也是长远的发展战略；不仅是阶段性的目标，也是具体化的路劲，是非抓不可、非抓好不可的重要工作。

实施沿黄公路提档升级工程势在必行，关乎长远。各有关部门按照省市要求，坚持"政府主导、广泛参与、突出重点、分步实施、因地制宜、规模合理、建养并重、协调推进"的基本原则，对沿黄公路进行提档升级。

优化方案，坚持标准。沿黄公路提档升级工程要求建设双车道二级及以上公路，路面宽度一般要求达到 10~12 米，公路等级要求、技术标准、工艺要求等均较上一轮沿黄公路建设有大幅提升，实施好沿黄公路提档升级工程要做到"三个坚持"。一要坚持规划引导，确定合理的建设方案。提档升级工程规划，要充分征求广大群众的意见，确保规划的可行性、前瞻性和实用性。要因地制宜，科学制定方案，根据项目的工程定位、基础条件，合理采用拓宽、改线、设置错车道或硬路肩等形式，一路一方案，既保证沿黄公路通行能力的有效提升，又做到量力而行，通过优化方案设计节约投入，把有限的资金用到刀刃上。二要坚持质量为本，确定严格的技术方案。质量是工程的生命，要按照一路一方案的要求抓好项目设计。所有工程要严格执行招投标制度和政府监督制、社会监理制、首件认可制、交竣工验收制，加强工序质量检查。要聘请老党员、老干部、群众代表监督工程质量，充分发挥社会监督作用。市交通运输局要坚持日巡查、周检查、月通报，认真履行好行业监管责任。各参建单位要坚决杜绝劣质工程、"豆腐渣"工程，"宁可慢一点，也要好一点"，决不能留下质量隐患。三要坚持安全为先，确定规范的施工方案。要强化现场安全管理。有条件的路段尽量封闭施工，确实不能封闭施工的路段，要在安全隐患较多的位置安排专人看管指挥，采取必要措施，确保施工与通行安全。

分类指导，按序推进。根据榆林市实际情况，沿黄公路提档升级针对不同乡镇不同类型实行分类指导。各乡镇要统筹安排好每年沿黄公路提档升级建设计划并及时上报。经济条件好的乡镇要全面实施沿黄公路提档升级工程，其他乡镇今年选择一条道路试点及总结成功经验后，今后分年度推广实施镇村公交配套道路以及其他道路，并完成相应的桥梁建设改造。各乡镇要积极配合做好沿黄公路提档升级项目库的建设，市交通运输部门要加强项目库建设的跟踪工作，争取将更多的项目纳入进去。

建养并重，强化管理。一是强化路政管理。要加强公路两侧管理，按照公路等级明确建设控制区。公路两侧建设控制区原则上全部实行绿化，不得擅自建设房屋，已有的建筑不得改扩建。市路政大队要加强监管，特别要加强建筑控制，改善沿路环境。二是强化养护管理。要严格控制路肩宽度。沿黄公路路肩宽度不得低于 1 米。要严禁边坡种植，长时间边坡挖翻种植后，容易造成路肩水土流失，影响边坡稳定。要坚持长效管理。深入推进沿黄公路科学养护，开展管养示范乡镇等创建活动，总结沿黄公路养护好的经验做法，推动沿黄公路管养工作走上正常化、规范化、制度化的轨道。

加强领导，严格考核。市政府建立沿黄公路提档升级工程建设领导小组，领导小组办公室设在市交通运输局，具体负责工程建设总体方案制定、目标任务分解、技术指导和督查考核等工作。各乡镇要切实加强对这项工作的组织领导，切实履行好工程实施的主体责任。市有关部门要树立全市一盘棋思想，共同做好沿黄公路建设工作。市发改、财政、国土、水务、环保、公安等部门要增强大局意识，充分发挥职能作用，落实有效措施，合力推进工程建设。市政府要把沿黄公路提档升级工程列入各乡镇年度工作目标，并每年对各乡镇实施情况进行专项排名、考核。市监察局要将这项工程作为效能建设的重要内容，抓好督查考核。

8.5.2.3　建设智慧城市，打造"智慧榆林"

智慧城市的构想最早出自 IBM 提出的"智慧地球"。智慧城市是指充分运用信息和通信技术（ICT）手段感测、分析、整合城市运行核心系统的各项关键信息，从而对包括民生、环保、公共安全、城市服务、商业活动在内的各种需求做出智能的响应，为人类创造更美好的城市生活。从城市演进路径来看，智慧城市是继数字城市之后的先进城市信息化的高级形式，它是信息化、工业化和城市化高度融合的结果。从城市发展内涵上看，智慧城市是城市经济转型发展的转换器，它是一种特点新、要素新、内容新的城市结构和发展模式。

榆林市是一座典型的资源型城市，城市能源化工业的发展带动了榆林经济的飞速发展，但与此同时，工矿业生产过程中的高能耗和高污染对城市的生态环境也造成了严重影响，从长远角度来看不利于榆林的可持续发展。"智慧榆林"的建设有助于促进榆林能源化工业的信息化，从而加快产业转型和结构优化，推动生产方式由"高能耗、高物耗、高污染、高排放"向"绿色、低碳、高效"转变。因此，建设智慧城市对榆林沙漠生态城市的建设是非常必要的。

（1）建设"智慧榆林"的基本思路。以往智慧城市的建设经验表明，建设较好的智慧城市要做到：一方面是发挥本地传统优势；另一方面是解决自身短板问题。榆林是国家重要的资源城市和能源化工基地，依靠资源优势大力发展工矿业，极大地促进了榆林的经济发展，但同时也让榆林付出了沉重的环境代价，而生态环境的日益恶化，反过来又阻碍了榆林的经济发展。因此建设智慧榆林要把重点放到智慧能源产业和智慧环保的建设上来，解决制约榆林经济健康和可持续发展的问题。一方面，发展智慧能源产业，加大对工矿业的信息化建设，带动能源产业的技术升级，推动生产方式的转变，提高生产效率的同时把对环境的污染降到最低。另一方面，发展智慧环保，推动环境信息化建设，有效整合通信基础设施资源和环保基础设施资源，从而提高榆林环境监管质量，增强环境服务能力，更高效地改善榆林生态环境。此外，根据榆林的实际情况，建设智慧榆林应采取以典型示范带动整体推进的发展模式，坚持示范先行，发挥示范引领作用，从而带动各区域广泛参与，实现智慧城市整体推进。要选择条件好、发展快的信息化先行区域，加以支持和扶持，建立"智慧社区"，发挥其示范和带动作用，由点到线、由线到面、逐步扩展、不断提高，进而带动整个榆林的信息化和智慧化。

（2）建设"智慧榆林"的保障措施。

1）推动市场"无形之手"和政府"有形之手"相结合。在智慧榆林的建设中，要处理好市场"无形之手"和政府"有形之手"之间的关系，建立市场调节和政府引导共同作用的动力机制。一方面，要充分发挥市场对资源配置的作用，利用供求、价格、竞争和风险等机制优化资源配置，最大限度地发挥资源的效用，通过利益诱导机制和市场约束机制以及资源环境约束的"倒逼"机制，加快智慧城市建设和技术创新的应用。另一方面，要充分发挥榆林市政府在公共资源配置中的引导作用，制定相对完善的产业政策、财税政策和金融政策，营造良好的政策环境，引导资金、技术和人才流向智慧城市的相关产业。

2) 优化技术创新环境，加大核心技术研发力度。智慧城市的建设离不开核心技术的研发和创新。榆林目前还处在信息化建设的初级阶段，技术相对落后，而信息化是建设智慧城市的重要基础。因此，建设"智慧榆林"就要优化榆林技术创新环境，要加强技术研发、应用、试验、评估检测等方面的公共服务平台建设，着力推进企业与陕西乃至全国高校、科研院所的产学研合作，增进企业之间的合作，优化智慧榆林建设技术创新的软硬件环境。此外，还要建立榆林智慧城市建设技术专项资金，要在相对资金有限的前提下有计划地组织相关部门投入到关键技术、公共技术服务平台、各类软硬件研发等基础设施建设领域。同时，榆林市政府要制定足够优惠的政策和配套的具体措施扩大资金来源并吸引民间组织积极参与和投资建设相关的基础建设项目。

3) 加强人才培养，推广重大应用项目。人才是智慧城市建设的重要保障，要加强"智慧榆林"建设所需的信息化人才的培养，完善信息化人才培训、引进机制，把信息化培训列入榆林市紧缺人才培训计划。落实高层次人才引进优惠政策，鼓励企业与高校、科研院所、职业教育等机构联合培养信息化紧缺人才。组建"智慧榆林"建设专家顾问组，增强榆林智慧城市建设决策的科学性，充分利用高等院校、科研院所和大型企业人才资源，发挥社会各界信息化专家学者的作用，促进"智慧榆林"建设健康发展。深入开展宣传工作，积极在榆林市推广国内外智慧城市最新研究成果、产品和成功应用案例，扩大示范带动效应。

4) 建立榆林智慧城市信息安全体系，加强信息安全管理。在以物联网、云计算为代表的新一代信息技术支撑的信息网络时代，安全问题更为突出，其潜在威胁也更大。因此，在榆林智慧城市建设过程中，还应建设一个完善的信息安全保障体系。首先，榆林市政府要做好信息安全等级的保护。智慧城市中云计算和大数据所引起的信息系统无边界这一变化导致传统城市信息管理等级评定发生变革。为此，榆林要建立统一的应急机制和安全管理机制以及动态风险评估的方法以适应智慧城市信息系统的形态变化，建立适当的访问控制、加密方式进而选择合理的安全保护等级。其次，信息安全监测体系的完善也是城市信息管理的重要保障。因此榆林市政府还要通过利用安全监测工具和监测方法及应急响应体系，建立以智慧城市为背景的监测、审计系统。例如，网络中一些敏感词汇的监测，可以确保网站内容符合互联网法律的规定。此外，数据和隐私安全保护制度的建设也是重要保障之一。在《2013 年中国网民信息安全状况研究报告》中，信息安全事件使个人经济损失高达 196.3 亿元，大约有 74.1%的网民遇到过信息安全问题。因此，隐私数据的保护在智慧榆林顶层设计阶段就必须要细致规划。

8.5.2.4　建设海绵城市，提升城市生态承载力

海绵城市，就是运用低影响开发理念，把城市建设得犹如海绵，改变传统城市建管快排雨水的处理方式，通过对自然力量的合理利用，"源头分散""慢排缓释"，就近收集、存蓄、渗透、净化雨水，让城市如同生态"海绵"般舒畅地"呼吸吐纳"，实现雨水在城市中的自然迁移。海绵城市理念的核心是解决城市开发与发展过程中出现的雨水丰富地区的城市内涝和干旱地区雨水流向问题，包括水资源缺乏、雨水流失、雨水径流污染和保育洪涝灾害等。在城市建设过程中，我们通过海绵城市理念，统筹自然降水、地表径流水、地下水相互循环与补充，同时协调降水、给排水的循环利用。

榆林地区的年降水量在 400~650 毫米，但水资源南北分布不均，北多南少，且降水量在不同的季节、月份也有很大的差距，所以为了提升水源涵养能力，缓解雨洪内涝压力，促进水资源的循环利用，并且在一定程度上提高榆林市的生态承载力，把榆林建设成海绵城市是十分有必要的。

（1）建设榆林"海绵城市"的基本思路。目前，英、法、德、韩、日等国都在进行海绵城市的建设，依据发达国家建设海绵城市的实践和经验来看，海绵城市的建设应该遵循以下基本思路：第一，从资源利用的角度看，榆林海绵城市建设应该遵循城市自身水资源特点及建筑物的自然规律；第二，从城市防涝减灾的角度分析，要求榆林市内建筑能够与雨水和谐共存，城市的制度体系能够较好地预防、响应城市洪涝，以减少灾害损失；第三，从生态环境保护的角度看，要求榆林市建设与自然和谐发展，降低榆林市建设的生态风险。

（2）建设榆林"海绵城市"的具体方法措施。在认真理解海绵城市内涵和充分吸收西方发达国家的建设经验的基础上，把榆林建设成"海绵城市"可以从以下几个方面着手：

1）绿色屋顶建设。绿色屋顶，也叫种植屋面、屋顶绿化等，它是指在不同类型的建筑物、立交桥、构筑物等的屋面、天台或者露台上种植花草树木，保护生态，营造绿色空间的屋顶。绿色屋顶由建筑屋顶的结构层、防水层、保护层、排水层、隔离滤水垫层、蓄水层和种植基质、植被层组成，如图 8-13 所示。

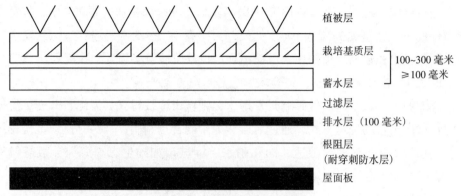

图 8-13　绿色屋顶建设示意图

根阻层位于屋面结构层的上部，通常位于混凝土屋面或沥青屋面之上。植物的根系随着逐步的生长，向土壤深处汲取水分、养料等，若无根阻层的保护，植物的根系容易穿透防水层，对屋顶结构造成破坏。因此，根阻层是建设绿色屋顶的基础。排水层的作用，可以防止植物根系淹水，同时迅速排出多余的水分，可与雨水排水管道相结合，将收集到的瞬时雨水排出，减轻其他层的压力。隔离滤水垫层的目的是防止绿色屋顶土壤中的中、小型颗粒随着雨水流走，同时防止雨水排水管道堵塞。蓄水层，可以控制雨水的径流总量，蓄存适量雨水，维持屋顶植被的生长。基质层主要为植被供应营养物质、水分等，提供屋顶植物生活所必需的条件。

榆林市的气候条件及屋顶构造的特殊性决定了在绿色植物的选择过程中，需要结合榆林市本土的实际情况。现对榆林市绿色屋顶植被的选择，提出几点建议：

第一，选取耐寒、耐旱的植物。榆林市建筑屋顶昼夜气温的变化较大，同时伴有大风，致使土层的湿度减小。故需选择耐寒、抗风、耐旱的植物类型。为防止植物根系对屋顶结构层的破坏，还应选取根系较短、重量较轻的植物，如草本植物、矮小灌木等。

第二，选取施肥少的喜阳性植物。绿色屋顶通常设立于人员较为密集的小区、综合楼等的屋顶，频繁地施用化肥，会对屋顶的环境及卫生情况造成影响。同时，屋顶的阳光又较为充足，因此，选取植物时需要考虑其向阳性及耐瘠性。

第三，选取抗风、防水淹的植物。由于屋顶的特殊性，绿色屋顶的基质层不会太厚。在暴雨降临时，很容易造成淹没，因此，种植在屋顶的植被，不仅需抵抗大风、降雨的侵袭，还需承受短时的积水。

第四，选取四季、本土植物。榆林市的绿色屋顶建议选取常绿植物，如株形、叶形秀丽的品种。本土植物，对当地的气候环境有很强的适应性，成活率较高并且栽种简单。四季植物，不仅可以增加建筑物的美感，还可以给人以愉悦的心情，一举多得。

2）植草沟建设。植草沟又称为植被浅沟，是一种种植有植被的具有景观欣赏性的地表沟渠，它可以通过重力流收集、转输和排放雨水。植被浅沟既是一种径流传导的设施，也可以与低影响开发的其他设施一起，输送径流雨水并且收集、净化雨水。植被浅沟根据构造的不同，共分为转输型植被浅沟、湿式植被浅沟和干式植被浅沟三种。如图 8-14 所示。

图 8-14　植草沟建设实例

转输型植草沟是最简单的一种植草沟，它是开阔的、耐冲刷的浅植物型沟渠。转输型植草沟对集水区的径流雨水进行疏导并进行预处理，是一种成本低、维护简单的收集雨水的方式。由于它不用考虑植物水淹的问题，被广泛应用于高速公路周边。

湿式植草沟与转输型植草沟类似，但其增加了堰板等，水力停留时间有所提高，故该类型植草沟可以长时间地保持湿润或水淹状态。湿式植草沟可用于高速公路排水系统或小型的停车场等地。但由于其长期保持湿润或水淹状态，容易滋生蚊蝇，产生卫生隐患，故湿式植草沟不适用于居住小区或人员聚集的场所。

干式植草沟，沟底采用了透水性较好的土壤过滤层，同时在沟渠底部铺设了雨水转输的管道，大大提高了雨水的渗透、传输、滞留和净化能力，减小了水淹对植被的损害，提高了雨水的利用效果。干式植草沟比较适用于建筑小区，一方面对雨水的收集起到了很好的作用，另一方面对于美化小区，保持植草沟的干燥做出了巨大贡献。

3）雨水花园建设。雨水花园通常建设在地势低洼的地区，由种植的植物来实现初期雨水的净化、滞留和消纳，是低影响开发技术的一项重要措施。雨水花园具有造价低、管理维护方便，易于与当地的景观融合等特点。它被欧、美等多个国家广泛应用在居住小区、商业区等不同的地区（见图8-15）。

图8-15　雨水花园实例

雨水花园主要由蓄水层、覆盖层、种植土层、人工填料层和砾石层五部分组成。

第一，蓄水层。使沉淀物在该层沉淀，同时雨水径流在此层短暂积聚，有利于雨水的下渗。沉淀物上的部分金属离子及有机物也可以被有效去除。蓄水层的深度通常为10~25厘米。

第二，覆盖层。通常用树叶和树皮等进行覆盖，最大深度可为5~8厘米。覆盖层是雨水花园的重要组成部分，不仅可以使植物根系保持湿润，还可以提高渗透性能，防止水土流失。同时，为微生物的生长提供了良好的环境，利于有机物的降解。

第三，种植土层。为植物生存提供了水分和营养物质。雨水通过下渗、植物吸收和微生物降解等，有效地去除了污染物。雨水花园的土壤可选用砂子成分配比为60%~85%的沙质土，有机物含量为5%~10%，粘土含量不要超过5%。种植植物的类型决定了种植土层的厚度，最小厚度为 12 厘米。

第四，人工填料层。通常选取渗透性较强的人工或天然材料，其厚度应取决于当地的降雨特性、规划的建设面积等。人工填料可选择砂质土壤或炉渣、砾石等。

第五，砾石层。收集下渗后的雨水径流，厚度一般为 20~30 厘米。砾石层底部可设置排水穿孔管，使雨水及时排出。如图 8-16 所示。

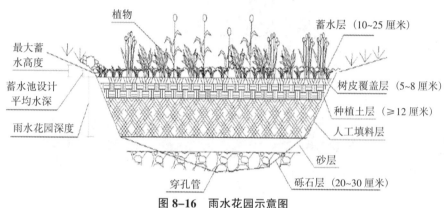

图 8-16　雨水花园示意图

榆林地区的土质为湿陷性黄土，土层较厚并且具有良好的渗透性，为蓄存雨水提供了较大的空间。所以，在没有特殊污染物或对某些污染物没有处理效率要求的情况下，榆林地区的雨水花园，可直接利用原有的土壤作为基质填料，就地开挖。同时，应注意在榆林市建设雨水花园过程中，雨水花园的边界与建筑物保持适当的距离，防止建筑物基础遭到破坏。

榆林市建设雨水花园，可选取根系发达、耐干旱、耐短时水淹、多年生长的植物。同时，选取的植物需具有香花性，来吸引昆虫等生物，并可多种类型植物搭配选择，维持雨水花园的生物多样性。建议在榆林市采用荷兰菊、黑眼苏珊、美人蕉及月季等植物进行搭配种植。榆林市在建设雨水花园的过程中，遇到旱季或长期不下雨的阶段时，建议对雨水花园进行人工浇灌，以保持植物旺盛的生命力。雨水花园的设计标准，可根据其地理位置来决定雨水花园的降雨历时及设计重现期。通常榆林一般的小区可以采用重现期 2 天，降雨历时为 60 分钟即可。若雨水花园位于市中心等重要建筑物附近时，可考虑采用 20 天的重现期，降雨历时 120 分钟。

4）下沉式绿地建设。

下沉式绿地有广义和狭义之分，广义的下沉式绿地除包括了狭义之外，还包括渗透塘、雨水湿地、生物滞留设施等；狭义的下沉式绿地，又叫下凹式绿地、低势绿地，指高程低于周围的路面或铺砌硬化地面在20厘米内的绿地。如图8-17所示。

图 8-17　下沉式绿地实例图

下沉式绿地具有三大主要功能：

第一，减少洪涝灾害。下沉式绿地可以在降雨时，让雨水较大程度地入渗至绿地中，滞留大量的雨水，避免了传统方式中雨水管渠的阻塞、下水缓慢等问题。下沉式绿地的雨水下渗，增加了地下水资源和土壤中的水资源，避免了绿地的频繁浇灌，减少了绿地的浇灌量。从源头上实现"节能减排"的任务。

第二，控制面源污染。雨水中携带了较多的有机污染物和无机物等，随着雨水径流进入下沉式绿地。下沉式绿地可有效地阻断面源污染，使污染物削减少。通过土壤的渗透、植物的吸收、微生物的作用等一系列的"物理—化学—生物"的反应，污染物质得到了有效的处理，同时产生腐殖质等，为绿色植被提供良好的营养物质。下沉式绿地减少了有机污染物对人类的危害，并且对于周围空气的净化、噪声的吸附起到了显著的效果。绿叶、根茎等的蒸腾作用对于减少城市的温室效应，降低夏季的城市温度也有着不可小觑的作用。

第三，提高生活质量。下沉式绿地的建设，减少了雨水检查井的修砌工作，避免了雨水井盖的偷盗事件，确保了行人的安全，防止伤人事故的发生。同时，灰色设施的减少，绿色设计的增多，为人们提供了良好的生态环境，也为昆虫、鸟类提供了栖息地，给人们带来了美的享受。如图 8-18 所示。

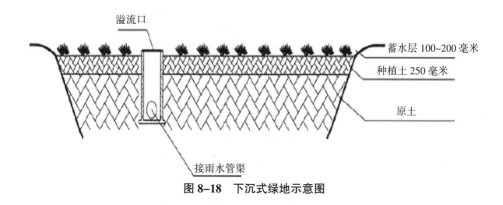

图 8-18　下沉式绿地示意图

　　榆林市属于湿陷性黄土地区，土壤具有较大的渗透系数，可快速地吸收径流雨水，故下沉式绿地可直接利用原有土壤进行植物种植。下沉式绿地的下凹深度，需保持在 0.05~0.25 米，高程小于路面高程。在下沉式绿地中设置雨水口，收集溢流雨水，并确保雨水口的高程大于下沉式绿地。

　　榆林市实践下沉式绿地时，需考虑其草皮的价格。调研得出，目前榆林市草皮价格为 40~50 元/平方米，若采用进口草皮，则为 200 元/平方米。

8.5.2.5　推动产业结构优化升级

　　由第 3 章对榆林现有产业结构的分析我们可以发现，榆林市的产业结构呈现出"二、三、一"的鼓型结构，榆林市的经济发展高度依赖于以工矿业为主的第二产业。而第一、第三产业的发展相对滞后，特别是作为第一产业的农业，由于受到自然条件的限制和资源开采带来的环境破坏，发展一直很缓慢，农业生产技术落后，生产率低下，整个农业的发展仍然处在传统农业向现代农业过渡时期。辽宁的阜新，曾是亚洲第二大的"煤电之城"，但经过数万煤炭大军几十年的开采，阜新已变成资源枯竭型城市。由于一心盯着煤柱子的念头使这座城市的发展高度依赖于煤炭资源，而忽视其他产业的发展，导致在"后资源时代"城市发展转型困难，经济走向衰退。榆林沙漠生态城市的建设就是要让榆林走上一条可持续发展道路，防止阜新悲剧在榆林重演。因此优化产业结构，推动产业升级也是建设榆林沙漠生态城市必不可少的一部分。

（1）优化农业结构，完善现代农业发展体系。

1）着力发展现代农业。加快发展现代农业，改变农业基础薄弱的现状，推进农业现代化，以现代化农业带动农村经济发展，推进城乡区域一体化。①继续做大做强马铃薯、红枣、玉米、羊子、小杂粮、大漠蔬菜六大主导产业，加快提升农业产业化水平。②充分利用南部农业资源优势，建设特色农业示范基地，形成五大品牌加工业，即以羊、牛、鸡为主的草畜深加工业，以苹果、红枣、沙棘、杏仁为主的林果深加工业，以荞麦、洋芋、黄豆饼粉、豆油、豆腐干、蔬菜为主的农产品深加工业，以糜子黄酒、陕北稠酒、白酒为主的酿酒业，以羊绒加工为主的农纺工业。③充分挖掘全区农业资源优势，构建东部黄河滩枣产业区，南部丘陵沟壑小杂粮产业区、西部马铃薯产业区、北部畜牧业产业区。④用先进的科技、现代化的装备、精细化的管理改造提升农业，针对榆林缺水情况，可以引进先进设备，发展滴灌、喷灌等农业节水灌溉技术，缓解榆林农业用水难的问题。建立农产品质量安全追溯系统，发展现代农业园区、家庭农牧场，促进农业规模化、产业化和标准化水平不断提高。

2）大力开发特色农业。在发展现代农业的基础上，还要拓宽发展思路，创新发展模式，大力开发特色农产业，从而进一步提升榆林的农业可持续发展水平，增加农民收入。特色农业的发展可以从开发休闲农业和打造生态农业两方面入手。

开发休闲农业。休闲农业是发展城市边缘农业的一种新的发展模式。一方面，它可以生产满足城市供应的农产品；另一方面，它可以利用现有的农产品基地发展休闲农业，把农业与旅游结合起来。可以利用休闲农场、民俗村、农家乐和休闲度假区等方式增加自身经济效益。将大型农业基地组合成有价值的农业特色园区，既保证了城市的基本农业需求，又满足了人们回归原始的愿望，同时带来了相应的经济效益。

打造生态农业。榆林土地面积占坡耕地面积的比重很大，因此榆林生态农业系统的构建应以坡地立体复合生态农业为主，以农田生态工程和庭院生态工程为辅，利用榆林独特的光热条件和立体气候特征，发展"两高一优"农业，遏制水土流失，通过培育生态农户来缓解毛乌素沙漠和黄土高原地区人地矛盾，促进小农户的发展，达到规模经营。同时要协调处理好农、林、牧、渔各业的调整比例和速度关系，妥善处理农业结构调整中的粮食问题。在生态建设和生态环境保护中，要注意发展当地农村经济。通过帮助农民脱贫致富，使农民认识到生态保护的重要性，使群众积极参与生态建设和生态保护，形成"生态建设保护—农村经济发展—生态意识提高—生态保护有效"的良性循环，实现农村经济社会与生态环境协调发展。

3）提升榆林市政府对现代农业发展的支持力度。榆林市应通过完善的补贴制度，积极引导农民发展现代农业。加大对农业基础设施建设的财政投入，维护并建立新的农村水利设施，推进集水和节水灌溉、梯田建设等农业技术推广。这些措施对提高单产的产量具有十分重要的作用。此外，在农业公共服务领域，榆林市政府除了要支持科技创新和推广外，公共服务还应扩大到动植物病害防治、食品安全管理、市场信息和标准、农民教育和职业培训、重大科技项目推广、资源保护、法律法规服务以及农民专业合作社等领域的服务和培训。

（2）推动主导产业升级，将资源优势转化为经济优势。如第 3 章所述，作为资源型城市的榆林，煤炭开采和洗选业、石油加工和炼焦行业、电力及热力的生产和供应业、石油和天然气开采业、化学原料及化学制品制造业是榆林的五大支柱产业。但由于发展模式普遍粗放，发展程度较低，技术水平相对落后，导致产业发展效率低下，环境代价高而附加价值低。以占五大主导产业生产总值 50%的煤炭开采业为例，由于煤炭资源开采模式粗放，加工层次不深，榆林的煤炭产业一直处在煤炭产业链的最初级，以煤炭出口为主，整个产业附加价值低。然而榆林的煤炭具有特低硫，特低磷，特低灰，中高发热量的"三低一高"的特点，煤炭品质优良。这样粗放的开采输出是对榆林优质煤资源的严重浪费。此外，随着国家对煤资源需求量的逐渐增加，进口煤进入国内市场，对国内煤炭价格造成严重的冲击，这也使得榆林的煤炭产业遭受到了前所未有的挑战。因此，有必要推动榆林主导产业升级，从而实现资源就地高效转化，提升产业附加价值，将榆林的资源优势转化为经济优势。

1）发展产业集群。在现有能源加工企业的基础上发展产业集群，通过大量相关企业的集聚，培育产业集群，扩大产业规模，增强产业整体竞争力，也可以促进产业结构向更高级阶段发展。通过产业集群的建设，既能充分发挥规模经济的作用，又能合理地利用循环经济，实现经济、社会、环境的协调发展。榆林可以根据自身资源的分布情况和现有加工企业的地域分布情况，将地理位置相近、生产关联性较强的企业安排在一起，共同打造各类产业集群。如煤化工产业集群、盐化工产业集群、油气化工产业集群等。在产业集群建设中，既要注意培育本土企业，又要注意与外国企业合作，共同投资兴办企业。这就要求地方政府不仅要扶持经济，还要给予相应的优惠政策，吸引外资和先进的管理经验及技术。

2）发展工业循环经济，促进城市可持续发展。榆林的发展对资源具有高度依赖性，由于资源的不可再生性，榆林未来将会面临资源枯竭的问题。因此，资源的可持续发展对榆林至关重要。要通过发展"资源—产品—再生资源—再生产品"的循环经济模式，实现榆林市的可持续发展，必须实现资源利用、产品再利用和废弃物资源化。榆林市工业循环经济模式应充分发挥其资源优势，根据产业结构、企业和产业的特点，实现生产要素与资源配置的优化组合，使区域内企业高效有序地运行，实现经济效益、社会效益和环境效益相协调。利用资源再生、产品再利用、废弃物处理等循环利用功能，科学设计园区物流或能源流传输模式；采用先进技术降低原材料消耗，从源头上减少污染物排放，实现减排；对产生废物或能量进行再利用和资源化。榆林市工业循环经济发展基本思路应包括以下四点：

发展煤电、煤化工循环经济。榆林市的煤炭资源丰富，为了增加资源开发的附加值，应重视煤炭的深加工，保持稳定开采及减少外运量。榆林市煤炭利用方式涉及煤液化、气化、焦化、燃料四个方面。煤炭行业循环经济应以煤为基础，拉长煤—焦—化、煤—电—化、煤—油—化产业链，实现资源的跨产业循环利用。

发展油气及化工行业循环经济。以科技兴油为基本战略，大力推进油田生产科技创新，扩大石油、天然气产能建设，提高天然气净化能力和石油加工能力；完善井场环境管理，保护生态环境。

发展盐化工循环经济。榆林岩盐资源丰富，能源价格低，具有周边市场优势，发展工业盐和盐化工应具有较强的竞争力。适当发展真空制盐工程，与煤炭、煤化工建设绿色产业链网络，提高资源利用率。

发展环保墙体材料行业循环经济。在循环经济的指导下，要充分利用煤炭、煤化工、盐化工等行业产生的大量废弃物。因此，在发展主要资源性产业的同时，还应从完善产业链网络的角度发展相关的环保墙体材料产业，完善榆林市的工业循环经济体系。

榆林工业循环发展模式如图 8-19 所示。

3）注重科技创新，实施产业链延伸战略。大力实施产业链延伸战略，在发展产业集群的同时，注意巩固原有初级加工产品的优势，延伸现有产业链，努力发展现有产品生产的下游产品。煤化工方面，可以利用煤制甲醇作为化工原料，生产低碳烯烃、醋酸、二甲醚以及化学肥料，这些产品具有广阔的市场前景。在

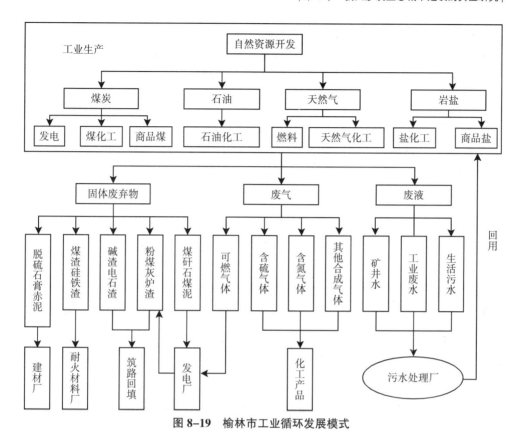

图 8-19 榆林市工业循环发展模式

煤炭洗选的过程中产生了大量的煤矸石，可以用于发电、生产化肥、建筑材料、水泥以及用来提取各类金属元素。在煤炭液化方面应注重煤制油的生产。面对国际原油市场的供应短缺问题，国内对成品油的需求将部分借助其他方式来解决，煤的液化处理是生产高品质汽油、柴油和航空煤油的一个很好的解决方案。目前榆林市石油天然气深加工程度仍然比较低，石油主要以炼制生产成品油和润滑油为主，且炼制规模小，原油就地转化率仍有很大的改进余地，因此应在现有炼化企业的基础上进行改扩建，以提高产能和产油量。榆林润滑油的生产还处于初级阶段，各类生产设备和工艺水平还不是很高，因此要加大技术和资金投入，努力开发新产品，提高产品质量，打造自己的品牌。

（3）推进第三产业的优化升级。

1）依托人文资源，推进旅游业发展。旅游业是朝阳产业，也是低碳环保的生态产业，符合新型城镇化建设的要求。结合榆林现有旅游资源特点，着手开发系列以"塞上明珠、能源新都"为品牌的重大旅游项目：一是启动旅游文化综合体和榆溪河文化公园项目；二是做好榆林古城旅游开发推进工作，全面恢复榆林古城六楼骑街历史风貌；三是启动实施古城开发和红石峡—镇北台文化旅游生态新城项目建设；四是打造米脂杨家沟、横山波罗古城、府谷府州古城、神木杨家城、靖边统万城五大景区；五是围绕彰显边塞文化、黄土和黄河等文化渊源，大力发展长城文化历史古迹、大漠边塞风光文化、红色文化、宗教文化、古村古镇文化、黄河及黄土民俗文化等旅游项目；六是加快发展盐文化、农业观光、生态休闲、大漠体验、温泉养生、体育竞技、黄河漂流、湿地湖泊等休闲体验性旅游项目，形成一批全省乃至全国旅游品牌产品，引领榆林旅游产业特色。

2) 加快发展物流业。城市物流是新型城镇化建设的重要内容，也是现代产业体系的重要组成部分。现代物流业可以吸纳大量进城务工人员就业，也是城镇发展的内生动力。榆林应充分利用自身陕甘宁蒙晋接壤区的区位优势大力发展物流业。一是根据"一主一副，六个组团"的城镇发展规划与产业布局，尽快启动建设在全国有影响的区域性能源化工和商贸两个大型物流园区，服务能源化工和现代特色农业基地建设、对接陕甘宁蒙晋毗邻区域；二是在神木建设以煤炭、化工产品、建材、汽车和装备制造为主的物流园区；在绥德建设以商贸、化工产品、建材、农副材、农副产品加工为主的物流园区。通过物流园区的纵横交错，优化产业布局，推动经济高速发展。

3) 推进金融服务业发展。榆林应充分发挥其区位、资本优势，打造陕晋蒙区域金融中心。一是巩固壮大传统的金融服务业，形成结构合理、竞争有序、运行高效的金融体系；二是发展新兴金融产业，通过规范小额贷款公司、担保公司，来引导民间资本流动，引导民间金融要素聚集发展；三是优化信贷结构，设立产业转型专项贷款和新型产业发展贷款；四是优化金融发展环境，加快信用体系建设，加强金融市场参与者的诚信教育，规范信用秩序。

(4) 进一步加大对清洁能源的开发利用。榆林市靠资源带动经济发展的同时也付出了巨大的环境代价，煤炭化石资源开采加工过程中排放的废水、废气，严重污染了榆林的空气和水质。使得榆林生态环境问题变得很严重，同时也不利于榆林地区的可持续发展。因此建设榆林沙漠生态城市还要在现有的清洁能源的基础上，进一步开发燃烧效率更高的清洁能源，从而降低经济发展对生态环境的破坏和对资源的依赖程度，提升榆林生态化的可持续发展能力。由于榆林煤炭资源丰富，太阳光照充足，因此可以重点发展清洁煤和太阳能两种清洁能源。

1）发展清洁煤。传统观点认为煤炭是一种脏能源，但这是一种误区。清洁能源的划分应该按照对环境污染程度的严重性，也即按照排放来划分，而不是按照能源品种来划分。清洁煤技术是指在煤炭从开发到利用全过程中，旨在减少污染排放与提高利用效率的加工、燃烧、转化和污染控制等新技术的总称。主要包括两个方面：一是直接烧煤洁净技术，二是煤转化为洁净燃料技术。通过清洁煤技术对煤炭的加工和转化可以对煤炭在燃烧前后进行脱硫除尘处理，从而有效降低煤炭从开采到使用过程中各环节的有害物质的排放。因此，清洁煤是一种不折不扣的清洁能源。清洁煤技术是当前国际上解决环境问题的主导技术之一，也是目前国际最先进的技术之一。榆林煤炭储量丰富，煤炭产业是榆林最大的支柱产业，生产总值占到五大支柱产业生产总值的至少一半。因此，榆林要积极发展清洁煤技术，提高清洁煤生产和使用率，使用清洁煤发电，从而有效降低榆林煤炭产业对地区生态环境的影响。提高煤炭资源利用效率，增加煤炭行业可持续发展能力。

2）开发太阳能。光伏发电是根据光生伏特效应原理，利用太阳能电池将太阳光能直接转化为电能的一种技术。太阳能是一种清洁的可再生能源，光伏发电有利于减少火电用量，从而减少燃煤对大气的污染。因此可以在榆林发展光伏发电产业，一方面有利于减轻工矿业对榆林的环境污染，改善榆林生态环境；另一方面还可减少对不可再生的矿石资源的依赖程度，有利于榆林市的可持续发展。建议在定边、靖边、神木的沙漠地区建立光伏产业园，原因有以下几点：首先，这些地方的沙漠地区大面积土地闲置，光照资源丰富，并且沙漠本身也具有明显的增温效应，是光伏发电的理想场所。其次，在沙漠上发展光伏产业还具有显著的生态学意义：一是光伏发电通过吸收太阳能可以有效调节沙漠地表的热力平衡，防止和减少沙尘暴和风沙流。光伏电池板也可产生小面积径流，集中沙漠地区稀少的降水，增加降水入渗深度，有利于沙漠地区植被恢复。光伏电池支架还具有类似沙障的挡风阻沙作用。二是在沙漠地区发展光伏产业，无须占用榆林地区稀缺的耕地和其他可用土地资源，从而最大程度地降低对榆林生态环境的影响。最后，定边和靖边是石油产业重镇，榆林是煤炭产业重镇，这些地区相关工业的发展导致地区用电量增加，因此在这些地区发展光伏产业还有利于缓解当地用电压力，同时也可以减轻环境污染。

8.5.2.6　加强环境治理，打造生态榆林

如前文所述，榆林所处地理位置的环境条件和矿产资源的粗放开采导致榆林

面临诸多环境问题，其中比较突出的问题是土地的沙漠化、水土流失以及煤矿开采形成的采空区及地表塌陷。因此，建设榆林沙漠生态城市，改善榆林生态环境要从沙漠治理、河流治理和湖泊保护以及煤矿采空区及塌陷区治理三方面入手。

（1）完善治沙机制，拓宽治沙思路，积极发展沙产业。在以往的治沙进程中，榆林当地群众通过搭设沙障，飞播造林，封沙育林，封禁保护，乔、灌、草相结合等多种措施，使得榆林市的森林覆盖率由新中国成立前的0.9%提高到如今的35%，基本实现了"人进沙退"治沙目标。然而由于治沙机制缺乏灵活性，治理资金缺乏且监管不到位，以及沙化土地监测体系不完善等，一些治沙成果在逐渐失去，一些地方出现了地区性沙漠化逆转，逆转率为4.60%。因此在榆林沙漠生态城市建设中，在治沙方面要做到以下几点：

1）完善领导机制，责任落实到人。防沙治沙是一项功在当代、利在千秋的事业。因此，政府有关部门要加强领导，制定榆林市防沙治沙的准则，确定防沙治沙和林业生态建设的目标、任务和措施，把林业生态建设和防沙治沙纳入榆林国民经济和社会发展计划中，同时将目标和任务进行细分，建立健全领导干部责任制，并将责任落实到个人。把防沙治沙、林业生态建设纳入干部政绩考核内容，与各级党委政府及相关部门领导干部的升迁奖惩紧密挂钩，严格考核兑现，从而为有效做好防沙治沙工作打下坚实基础。

2）调整利益机制，优化投资政策。榆林市要进一步贯彻"谁治理、谁管理、谁受益"的方针，积极落实和完善榆林市重点生态工程，积极推广承包造林的成功经验，把规划任务和管理责任落实到每一户，做到"责、权、利"紧密结合，充分调动当地居民参与防沙治沙的积极性，调整畜牧业结构，建立良好的牧草基地，大力推广围栏、轮牧、舍饲等补饲方式，全面提高草原利用率。此外，要加大与防沙治沙有关项目的信贷工作力度，积极鼓励农村集体和企业进行投资开发，在产业开发和经营性用地等方面给予优惠政策，组建多元化投资主体参与到防沙治沙建设。

3）与高校开展合作，加大科技投入。榆林市地处陕北，气候干燥，降雨量少，自然条件恶劣，植被恢复困难。因此，榆林市应高度重视防沙治沙的重要性，积极推进荒漠化的科学防治，与西北农林科技大学等在环境治理研究方面具有优势的科研院所开展合作，让其在防沙治沙方面的优势得以充分发挥，选育和推广适合陕北沙地种植的具有较强抗性、生态效益稳定、经济价值高的优良树种。同时，要进一步加强科技保障工作，做到科学规划和科学实施，切实发挥科技在整个防沙治沙建设中的作用，定期召开防沙治沙培训交流会，宣传和学习防沙治沙的先进技术和经验，以解决防沙治沙中科技力量薄弱的问题。

4）调整产业结构，积极开展沙产业。从我国几十年的治沙经验来看，经济效益是治沙的关键所在，因此榆林今后的治沙工作必须从单纯治沙、固沙逐步转到沙漠资源综合开发的道路上，实行沙漠综合治理，综合开发，使沙漠得到治理，生态环境得到改善，人民的生活水平得以提高。沙产业最早是钱学森提出的，是指利用沙漠和荒漠化地区的优势资源，改善荒漠化地区的生态环境，运用各领域的先进技术和各学科的先进方法，发展生态农业、相关产业和其他适宜的产业，实现沙漠和荒漠化地区人口和资源的可持续发展，促进荒漠化地区人口、经济和社会的协调发展。沙柳（Salix Psammophila）是治沙的主要树种，是毛乌素沙漠的独特风景，同时沙柳又可以用于饲养家畜，是造纸和纸板原料以及生物发电原料。榆林地区现有沙柳林 500 多万亩，因此榆林可以积极开发沙柳产业，在沙柳的循环利用上形成沙柳—养殖—造纸制板—工艺—发电的循环产业链（见图 8-20），实现从"防沙治沙"到"治沙用沙"的转变。此外，开展沙产业所带来的经济效益又能进一步提升群众的治沙积极性，实现的产业收益又可以进一步投入到治沙中去，缓解治沙的资金压力。

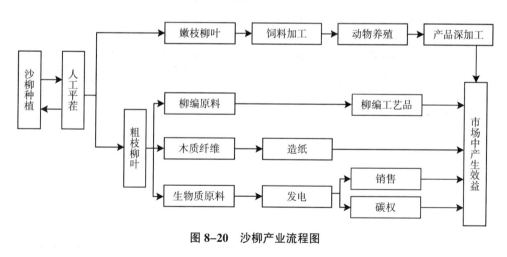

图 8-20　沙柳产业流程图

（2）做好重点的水土保持生态工程和核心湖泊生态保护工作。

1）以无定河为重点的水土保持工程建设规划。无定河发源于定边县长春梁东麓，河流全长 491 千米，流经定边县、靖边县、横山县、米脂县、清涧县等共7 县，平均比降 1.8‰，境内流长 442.8 千米，流域面积 30260 平方千米，境内面积 20302 平方千米，占全区总面积的 47.3%，是榆林市最大的河流，同时也是黄河中游区域最大的流域。由于该流域地处干旱、半干旱区，流域内黄土质地疏松，具有垂直节理性，容易崩塌，因此极易受到水流侵蚀造成水土流失，而且气候干旱、风力强劲、暴雨集中、植被覆盖度低，加之长期以来，滥垦、滥伐、滥牧使当地生态环境遭到严重的破坏，水土流失极为严重。全流域水土流失面积 23137 平方千米，占流域面积的 76.5%。早在 1982 年无定河流域就被确定为中国水土流失重点治理区。因此，做好无定河水土保持治理工作对于改善榆林水土流失状况，缓解榆林水资源紧张具有重要意义。在这方面，榆林市已经做了大量的工作，也取得了许多成绩，截至 2005 年，治理总面积达 994471 公顷，占流域总面积的 32.9%，占水土流失面积的 36.3%。根据无定河流域最大水文控制站——白家川站（控制无定河流域总面积 98% 以上）水沙实测记录（见表 8-43）可以发现 21 世纪初的十年间相较于 20 世纪 60 年代治理工作开展初期，无定河输沙量减少了 81%。这说明无定河的水土流失治理工作效果明显。然而由于在以往的治理工作中存在治理力度不够、进度较慢、治理措施标准低、工程质量较差、效益不明显以及土地利用结构不合理等问题，无定河水土流失状况依然严峻。因此在建设榆林沙漠生态城市的过程中，对于无定河流域水土流失治理工作，重点要放在优化治理措施、提升治理效率上。

表 8-43　无定河流域白家川水文站控制流域近 50 年水沙变化

项目	实测多年平均值					减少量				减幅（%）			
	1960s	1970s	1980s	1990s	2000s	1970s	1980s	1990s	2000s	1970s	1980s	1990s	2000s
径流量	15.18	12.08	10.43	9.33	7.54	3.10	4.75	5.85	7.64	20	31	39	50
输沙量	1.87	1.16	0.53	0.84	0.36	0.71	1.34	1.03	1.51	38	72	55	81

注：其中径流量的单位为 10^9 立方米，输沙量单位为 10^9 吨，水沙量的减少量计算以 1960s 为基准。

无定河流域按照地貌类型、水土流失以及社会经济结构特点，可分为风沙区、河源梁涧区和黄土丘陵沟壑区。在榆林市所占面积分别为 2899.7 平方千米、7800 平方千米和 9603 平方千米。各区分布情况见表 8-44。每个区域水土流失的成因和状况都有各自不同的特点。因此无定河流域水土保持生态工程的建设要坚持按照不同地貌类型分区划片，依据各区片的生态功能及条件，使区域治理与区域经济发展相协调，措施布局要为区域经济发展服务；沟道工程建设要以小流域为单元，以骨干工程为主体，发展完善沟道坝系，最大限度拦蓄洪水泥沙。

表 8-44　无定河流域地貌类型分布

分区	面积（平方千米）	比例（%）	分布地区
风沙区	16446	54.35	乌审旗、榆阳区、横山、靖边等
河源梁涧区	3454	11.41	定边、安塞、吴旗县等
黄土丘陵沟壑区	10361	34.24	米脂、绥德、子洲、清涧、子长、榆阳区、横山
合计	30261	100	

对于河源梁涧区域，可以实行退耕还林还草，建设田间工程，开展荒山、荒坡绿化工程，实行退耕还林还草，建成林牧基地；在涧地建设防护林网，将涧地建设成为饲料生产基地；沟道建设淤地坝，提高侵蚀基准，减少河道泥沙，在有条件的渠道建设骨干坝，防洪拦沙，保护灌溉滩涧地；对于涧地较少的地区，可在村落水条件较好的地方附近修建水平梯田，实现农、林、牧协调发展。

对于风沙区域，可以在风沙滩地采取引水拉沙造田发展水地，扩大水域面积；对于流动沙丘，采用人工与飞播相结合的方式，大量建设以灌、乔、草相结合的方式来防风固沙；在沙漠前缘和风向垂直地带建立固沙带；在"小海子"周围的滩地和河流两岸水、肥、土条件良好的地方，围绕农田、牧场、林带建立茂密的防护林网，保护农田、牧场；加强草畜规划，以草定畜，建立草池，轮封轮牧，建设草原基地。

对于丘陵沟壑区的水土流失治理，应以小流域为单位，建立完整的水土保持和生态工程保护体系，发挥综合治理的群体作用。在治理措施的布局上，采用综合治理的五道防护体系，即梁峁顶部以灌草丛为主，防风固沙，减少地表侵蚀和细沟侵蚀；梁峁坡由水平阶、鱼鳞坑等小型水源涵养工程组成，可节约降雨，保持水土，合理开发经济林；将防护工程作为沟缘线的主要工程，防止沟岸扩张和溯源侵蚀；边坡部分主要进行工程绿化，发展径流林业、挡土护坡、遏制产流；沟底主要修建以治沟骨干坝为主的坝系工程，堵塞泥沙，将荒沟变为粮川，提高侵蚀标准。

2）以红碱淖为核心的湿地水生态保护工作规划。红碱淖位于陕西省榆林市神木县和内蒙古自治区鄂尔多斯市伊金霍洛旗交界地带，与毛乌素沙漠相邻，为沙漠淡水湖泊，素有"大漠明珠"之美称。红碱淖独特的地理环境和气候条件形成了水禽、鱼类等生物重要的栖息场所，对涵养水源、防沙降尘和维持生物多样性等方面有重要的作用，在当地具有很高的生态地位，尤其是 2001 年起世界濒危珍禽遗鸥也迁徙到此，红碱淖的生态地位变得更加重要。红碱淖作为榆林和陕西省最大的湖泊湿地，对榆林乃至整个陕西地区的生态和气候起着相当重要的调节作用，是陕蒙地区的"肾"和"肺"。因此，保护好红碱淖地区生态环境对于建设榆林沙漠生态城市意义重大。然而，近年来由于自然因素和人类活动的双重影响，特别是受到旅游开发和神木煤炭开采的影响，红碱淖水域面积持续萎缩，生物多样性锐减，水体污染严重，红碱淖水生态功能正在迅速退化，生态环境严重恶化，已经威胁到了整个地区的生态安全。因此保护红碱淖的水生态已经迫在眉睫（见图 8-21）。对于红碱淖的保护工作可以从以下几个方面着手。

图 8-21 红碱淖地理环境区域图

建立跨区域的流域综合治理体制。红碱淖流域跨陕西和内蒙古自治区，流经内蒙古自治区的札萨克河和蟒盖兔河是红碱淖湿地的主要补给水源，内蒙古自治区在这 2 条河流上游修筑了多个小型水库及蓄水池，拦截河水，导致流入红碱淖的水量减少，是造成红碱淖水生态退化的重要原因之一。所以保护红碱淖绝不是榆林和陕西单方的事情，应当建立陕蒙跨区域的流域综合治理体制，要以流域为单位，防止水土流失，保护生物多样性，发展地方经济，改善人类生活环境质量，建设良好的生态秩序，通过建立跨区域综合管理体系，加强流域水资源的统一管理，协调上下游水资源，合理配置生产、生活和生态用水。建议组建陕西、内蒙古自治区两省区高级联合保护小组，解决两省区因水资源划界引发的红碱淖水生态危机问题，建立湖水资源统一管理、保护和规划湖泊水资源的长效保护机制。

加强湿地管理。目前，红碱淖湿地依托风景区进行管理，没有专门的管理机构，因而需要建立一个统一的、有权威的湿地机构，负责红碱淖湿地保护工作，主要包括以下几方面：①积极申报国家级自然保护区。依据《湿地公约》确定国家重要湿地的标准，红碱淖完全有资格列入"名录"，因此应积极申报国家级自然保护区。②必须严格控制湿地能源和旅游资源的开发。严格控制各类发展活动，最大限度地减少对自然生态系统的干扰。必须严格限制湖区周边地区农业发展、生态公益林建设和能源开发等耗水项目的开发。对于已经规划的开发基地必须进行需水论证和生态环境影响评价，充分考虑当地水资源承载能力和生态环境保护要求。要控制旅游业的开发，就需要对旅游规划进行生态环境影响评估，将不利影响控制在尽可能小的范围内。③湿地保护与修复工程。根据现状调查，红碱淖湿地有两个良性循环生态系统，一个是以红碱淖湖泊为主体的内陆湖泊水体生态系统，另一个是湖泊周围陆地风沙区农林牧渔综合发展的农业生态系统。对于水体生态系统来说，主要是保证湖泊入湖量，补给水源范围内严格控制污染源，对于湖泊周围的土地沙区，特别是湖泊周围 1 千米范围内，科学实施生态整治和环境治理工程，强化退耕禁牧，淡化人工林，将自然恢复和人工恢复相结合，以自然修复为主，人工恢复为补充，改善当地生态条件。

加强生物及栖息地保护。首先，维持湖心岛适宜面积，保障遗鸥繁殖生态环境。湖心岛是遗鸥生存的关键，在遗鸥繁殖期（5~7 月）必须要保证有适宜的面积，即湖心岛面积维持在 5~8 公顷范围。一方面，要保证入湖水量，使湖面保持适当面积；另一方面，在特殊情况下，采取紧急措施。例如，在水面面积较大、水位上升、湖岛被水淹没不能保证一定面积的情况下，采取填湖造陆措施；在水面面积缩小、湖心岛消失的情况下，挖断湖心岛与海岸的接触，保证湖心岛不消失。其次，加强管理，避免人类活动对遗鸥产生干扰。把遗鸥赖以生存的湖心岛及外扩 100 米范围指定为特殊保护区域，在此区域内，除特殊情况外，任何人不得进入，在特殊保护区外围 200 米设置缓冲带，该区域只允许遗鸥的管理人员或科研人员因工作需要适当地进入。最后，保护湖周生态环境，确保遗鸥食物充足。在环湖周边 1 千米内实施植被恢复、天然林保护、封山禁牧及环湖绿化工程，保护及改善湖周生态环境，为鸟类特别是遗鸥栖息繁殖提供充足的食物来源和良好的生存环境。

建立水生态监测体系。红碱淖流域水生态保护工作十分薄弱，迫切需要建立水生态监测体系，主要开展以下几个方面的监测。第一，湿地监测。通过卫星遥感、飞机航测、地面监测等手段，对湖水面积、植被分布等因素进行监测，掌握水面面积和植被的变化，为红碱淖湿地保护和利用提供科学的决策依据。第二，水环境监测。在红碱淖流域建立水文水质监测站点，观测湖水水位、水质、水温等变化情况和 7 条支流水位、流速、流量、水质、水温等变化情况；在红碱淖周边布设地下水监测井网，监测地下水位的变化，研究其对湖水的补给规律。第三，鸟类和鱼类监测。观测鸟类的种类、数量、停留时间、栖息环境，观测繁殖鸟类的繁殖场分布，鸟类栖息繁殖所需的水域面积、水质条件及对食物的需求。监测鱼类的种类、数量、分布及鱼类产卵场、越冬场、索饵场等的分布，以及鱼类生长、繁殖等所需的水环境、水质条件，浮游动植物及底栖动物种类、数量及分布等。

（3）坚持预防为主，防治结合的治理思路，治理煤矿采空区及塌陷区。榆林市资源优势突出，能源矿产资源富集，有世界七大煤田之一的神府煤田，煤炭储量预测 2800 亿吨，探明储量 1500 亿吨，主要分布在榆阳、神木、府谷、靖边、定边、横山六县区。煤炭工业的迅速发展，在带动榆林经济发展的同时，煤炭开采形成的大量的煤炭采空区也成为潜在的塌陷隐患，并持续造成一系列采空区地质灾害。其中，产煤区地震是发生最频繁的地质灾害之一，从 2009 年 1 月 4 日至 2012 年 8 月 22 日，陕西省共发生地震 169 次，其中仅榆林市榆阳区、府谷县和神木县就发生 43 次，占到全省 1/4 以上。榆林市全市境内已形成采空区面积 500 多平方千米，其中塌陷区面积约为 118 平方千米。目前，神木、府谷、横山、榆阳区等地都存在较大面积的煤矿采空区。这些采空区和塌陷区的存在，不仅会严重破坏当地原有生态结构和植被，采空区引发的地震造成的地表塌陷还会对当地基础设施造成不同程度的损毁，威胁到当地人民群众生命安全，对当地群众正常的生产生活造成很大影响。因此，建设榆林沙漠生态城市还要注重对煤矿采空区和塌陷区的治理和修复。实现矿区的绿色可持续发展。

1）采空区灾害治理。对于采空区灾害的治理，根据预防为主的思路，首先，可以对已存在重要工业场地、等级公路、高压线铁塔、村庄等重要部位形成的采空区进行及时处理、改造、搬迁。对采空区已形成的要及时回填，减少因顶板冒落造成的一系列破坏环境的地质因素和安全因素，及时填平并修复地面塌陷坑、塌陷台阶、裂缝、漏斗形流沙口等问题。及时植树种草，恢复植被，防止土地沙漠化和水土流失。加大侦查力度，及时发现地表变形、开裂的位置，尽快采取相应措施。在采空区安装灾害监测设备，借鉴在矿震（冲击地压）监测方面地震台网的布设经验，大力发展微震监测技术，提高采空区灾害监控检测水平，及时排除安全隐患。其次，榆林市政府可以设立一套覆盖灾害前、灾害中和灾害后的采空区灾害应急管理机制。在灾害发生前，要积极做好灾害突发前的预测、预防和预控工作。同时加大资金投入，增加应急物质保障，为应对灾害的发生做好充分准备。在灾害发生中，要建立政府应对灾害的快速反应机制，做到迅速制定灾害处理方案，尽快启动灾害管理对策，引导媒体公正报道，还要构建政府与社会协同的多元应急体系，最大限度地调动社会资源，发挥社会各界的作用，群防群治，共同应对灾害。在灾害发生后，要建立应急管理评估体系，包括灾害诱因的研判，灾害影响的评估以及应急管理工作的评估，形成评估结果。除此之外，还要强化对公众的危机教育进而形成全民危机意识，这有利于提升政府的应急管理水平，降低应急管理成本。

2）塌陷区的治理。对于塌陷区的治理有很多方法，如修建水库、利用塌陷坑处理生活污水和井下水、塌陷区复垦造林、利用粉煤灰复田种植农作物以及对塌陷区进行旅游开发等。考虑到榆林矿区所在地区水资源缺乏，土地荒漠化严重并且煤矿开采本身就需要大量水资源的情况，建议榆林塌陷区治理采取塌陷区修建水库、处理生活污水和井下水以及复垦造林的治理措施。

修建水库。榆林地区降水量时间分布不均，冬季绝大部分干旱少雨，夏季雨量丰沛，春秋季是过渡阶段，大部分地区秋雨多于春雨。煤矿建设也需要大量的水资源，充分利用煤矿塌陷地，因地制宜，采取传统的"挖深垫高"的办法，建设小型水库是一条很好的途径。特别是榆林地区本身地表水系统较少，不易形成成片塌陷区水域，因此应加强地质考察力度详细分析小型水库建设的可行性。考虑到榆林蒸发量大、降水较少，水库建筑面积应尽量选择大面积、塌陷深、积水多的区域，必要时进行一定的防渗处理。

处理生活污水和井下水。随着榆林矿区经济的快速发展，榆林矿区居民生活污水和地下水逐年增加，榆林煤矿大多处于偏远地区，产生的污水无法纳入城市处理系统。另外，煤矿在生产过程中也要排出一定量的地下水，以保证煤矿的正常开采工作。因此，开采过程中形成的塌陷盆地可作为氧化塘和土地处理系统来处理矿区井水和生活污水，实现水资源的多级高效利用。处理后的污水可用于矿山生产和居民生活用水，处理系统可与水库建设相结合。将这些净化后的水放入蓄水池中囤积起来，以缓解矿井的用水压力。

塌陷区复垦造林。榆林地区植被覆盖率低，土地荒漠化严重，煤矿的开采使植被的破坏和土地的沙漠化越来越严重。因此，有必要对煤矿塌陷区进行复垦和绿化。研究表明，矸石风化具有一定的孔隙，可作为蓄水空间和运移的通道，具有渗透性强、低蒸发、大通孔多、小孔隙极少的特点，并大大提高了其保水性能。由于植物在矸石山上无须覆盖黄土即可生长，并且干旱季节在裸露矸石山上生长的植物的缺水症状也轻于黄土和覆土矸石上生长的植物。榆林大部分地区是干旱和半干旱地区，利用矸石及其风化物的这种特点可以提高树木的成活率。具体措施如下：首先，提前剥离表层土；其次，将矸石回填到塌陷区，进行人工或机械平整，经过若干年后，形成含大面积承托水带的矸石风化平面，使塌陷区逐步稳定；再次，把原来剥离土混合氧化塘的淤泥铺填到矸石及其风化物上面；复次，根据当地土壤质量和气候环境，选择适宜的优质先锋树种，如实生山杨、家榆等，开始植树造林；最后，造林后应采取培土、扶正、踏实等水土保持措施，提高缓苗率和成活率。如表 8-45 所示。

表 8-45　榆林煤矿塌陷区治理方案汇总表

方案	功能	具体措施
修建水库	蓄水，缓解矿区用水紧张	对塌陷坑进行"挖深垫高"及防水处理
修建污水处理系统	处理矿区生活污水及井下水	利用形成的塌陷盆地作为污水氧化塘和土地处理系统
复垦造林	恢复植被，修复被破坏的生态环境	剥离塌陷区表层土壤、回填矸石，覆盖淤泥，种树造林

（4）因地制宜，优化防风固沙林配置。在对榆林沙地植被现状调查的基础上，根据现有植被结构类型、生长状况和防护功能，结合立地质量分析和防护林结构因子分析，从防护功能入手，并参照其经济效益，分区筛选，设计出适合榆林沙地各不同立地条件的防风固沙林优化结构类型，为榆林沙区生态建设提供理论指导。

1）防风固沙林建设布局。根据榆林风沙区的自然地理特征和该地区防风固沙林体系建设的实际需要，在适树适地、适地适草和乔灌草结合、多林种多树种结合原则的基础上，根据植被演替规律和各树种的生态生物学特性，提出了榆林风沙区不同立地类型区防风固沙林体系建设的整体布局构想。

第一，流动沙丘迎风坡。根据该立地类型区的具体特点，先在新月形沙丘、沙垄迎风坡中下部搭设麦草方格沙障，雨季来临前飞播或撒播沙米、沙打旺、草木樨、柠条、花棒、踏郎、沙篙等，待沙地固定后，再植入紫穗槐、沙地柏等灌木，沙丘上部被风力削平后，再根据沙地固定情况，植入樟子松、沙枣等树种，以改善林分质量，提高防护效益。

第二，流动沙地丘间地。流动沙地丘间地多形成以杨柳为主的岛状乔木用材林和柳湾林。当沙丘被风削平，丘间地沙埋一定厚度，水分逐渐排尽，这时就应及时伐掉那些已成材的树木，以减少其盖度，同时应植入具有更高经济价值的树种，如樟子松、杜松、沙棘等，以改善其结构，促进综合防护效益的提高。

第三，平缓沙地。平缓沙地经过多年的建设，基本上处于固定、半固定状态，自然植被多分布油蒿、沙柳、柠条、踏郎、白茨等形成的纯林或灌丛沙堆，一些地段分布合作杨、小叶杨、旱柳、沙枣、油松等乔木树种，天然植物种还有绵蓬、沙生冰草、紫云英等。目前，这些地区的植被经历了一个复杂的演替过程，植被覆盖稳定，达到了群落的顶端，原有的杨、柳林已成为成熟或过熟林，从林分的稳定角度来看，应在原有林分中增加一些乔木、灌木和草种，及时伐掉已成材的树木和枯立木，促进其持续稳定发展。

第四，覆沙黄土地。以营造防护林为主，在良好的立地条件下发展用材林。在植被建设过程中，应详细考察原生优势种群，以确定树种的配置。先在覆沙地上搭设麦草沙障，播入沙打旺、草木樨、紫花苜蓿等草种，扩大植被覆盖程度，利用豆科植物的固氮作用增加土壤肥力，加大原生优势灌木种的植入量，并从促进生物多样性的角度，选择植入柠条、紫穗槐、沙棘、沙地柏等灌木种，待林草盖度增大能抑制风蚀后，再植入白榆、小叶杨、河北杨、合作杨、旱柳、沙枣、樟子松、刺槐等乔木树种。加强林地管护，按时割灌草，清除病虫木，可促进根系的生长、复壮树势、促进萌蘖、消除病虫害，提高开花结实率，确保林分稳定。

第五，沟边、梁顶、河谷边坡。这些特殊地段主要营造以柠条、紫穗槐、酸枣、蒙古荻、胡枝子等为主的灌木防冲林，立地条件较好的地方可栽植白榆、侧柏等乔木树种。梁顶主要营造以豆科牧草、柠条等优势灌木种和少量刺槐、油松等乔木为主的乔灌草混交林。治理初期，要结合鱼鳞坑整地等水保工程措施，采用抗旱造林新材料、新技术以提高造林成活率和保存率。

第六，沟道阶地。长城沿线风沙区沟道均较宽、水分条件较好，适合营造用材林。在营造过程中，先伐掉一部分已成材的和感病严重的杨树，再植入耐盐碱的合作杨、小叶白蜡、臭椿、杜梨、复叶槭、云杉等乔木树种，水蚀严重的地方植入柽柳、乌柳、沙棘、毛桑等灌木树种，以增强防冲固土作用。

第七，农田、道路、水域地段。这些地段水分条件较好，应主要发展用材林，仍要以杨、柳为主，个别地方可发展经济林。一方面要加强原以杨柳为主林网的改造，增加树种，植入新疆杨、臭椿、刺槐、火炬树、小叶白蜡、枣、油松、杜松、侧柏、云杉、圆柏、垂柳等抗病虫害强的树种；另一方面要加强对原有林木资源的抚育管护。

2）设计防风固沙林建设的优化配置模式。根据以上不同立地类型区植被建设，总结历年来防风固沙林体系建设的经验与教训，筛选提出适合不同立地类型区的防风固沙林体系结构优化配置模式，如表8-46、表8-47和表8-48所示。

表8-46　榆林西部沙区防风固沙林结构优化配置类型

立地类型	种树组成	混交方式	株行距（米×米）	密度（株/公顷）	覆盖度（%）
沙丘迎风坡	柠条	带状	1.0×2.0	5000	30
	柠条	随机分布	2.0×2.0	2500	30
	花棒	带状	1.5×3.0	2222	35
	踏郎	带状	1.5×2.0	3333	40
丘间地级平缓沙地	沙枣+沙柳	带状混交	2.0×3.0	1667	40~50
	柽柳+草本	草地栽植	2.0×3.0	1667	25
	柠条+山竹子	带状混交	3.0×3.0	1111	35
	榆树+草本	草地栽植	3.0×3.1	2500	25~35
	柠条	带状	2.0×2.0	2500	30
	白刺	随机分布	2.5×2.5	1600	35
	花棒	带状	1.5×3.0	2222	35
	踏郎	带状	1.5×2.0	3333	40

表8-47　榆林中部沙区防风固沙林优化配置类型

立地类型	种树组成	混交方式	株行距（米×米）	密度（株/公顷）	覆盖度（%）
沙丘迎风坡中上部	踏郎	随机分布	1.0×2.0	5000	35~40
	花棒	随机分布	1.5×2.0	3333	25~35
	踏郎+花棒	行间、块状	1.5×4.0	1667	40~50
	樟子松+紫穗槐	行间混交	2.0×3.0	1667	40~50

立地类型	种树组成	混交方式	株行距 (米×米)	密度 (株/公顷)	覆盖度 (%)
迎风坡中下部	樟子松+踏郎	行间混交	1.0×3.0	3333	35~40
	沙柳+紫穗槐	行间、块状	1.0×2.0	5000	40
	紫穗槐	带状	1.0×2.0	5000	40
	踏郎	带状	1.5×3.0	2222	50
	花棒	带状	1.5×3.0	3333	40
	樟子松+紫穗槐	行间混交	2.0×3.0	1667	40~50
	樟子松+沙棘	行间混交	2.0×3.0	1667	35~40
	小叶杨+沙棘	行间混交	2.0×3.0	1667	35~40
丘间地及平缓沙地	油松+沙棘	行间混交	2.0×3.0	1667	35~40
	沙柳+紫穗槐	行间、带状	1.0×2.0	5000	40
	沙柳+沙棘	带状、块状	1.5×3.0	2222	50
	沙柳	带状	1.0×2.0	5000	35
	沙棘	带状	1.5×4.0	1667	50
	踏郎	带状	1.5×2.0	3333	40
	踏郎+花棒	飞播林岛状	纱障定行		35

表 8-48　榆林东部沙区防风固沙林优化配置类型

立地类型	种树组成	混交方式	株行距 (米×米)	密度 (株/公顷)	覆盖度 (%)
各类型	沙地柏	随机分布	1.5×2.0	3333	55
	杜柏	带状	1.5×2.0	3333	25~35

（5）增加集观赏、休闲、保护生态功能于一体的森林公园数量。为了巩固治沙成果，保护榆林沙区生态的环境，更好地促进陕北能源化工基地的建设，一些学者提出了沙漠化防治的新思路——建设沙地型森林公园。从 2004 年开始，榆林市相继在 4 个市县区建设了 7 个沙地型森林公园，占地总面积达到 0.3 万公顷。具体如表 8-49 所示。

表 8-49　榆林现存沙地型森林公园统计表

榆林沙地型森林公园名称	区位	具体状况
定边马莲滩森林公园	定边县城东	面积 1333 公顷，预计投资 1 亿元，目前园区详规已完成
府谷县神龙山森林公园	府谷县北部区域	规划面积 97 公顷

续表

榆林沙地型森林公园名称	区位	具体状况
神木县森林生态公园	神木县城东区和西区	总规划面积 533 公顷，目前累计栽植各类常绿树种约 215.6 万株，已具备申报省级森林标准
榆林红石峡生态公园	城北，红石峡沙地	面积 300 公顷，植被覆盖率达到 85%以上
		已注入投资 2000 万元，正在按规划建设
榆林沙地森林公园	榆林城西北八公里处	总占地面积 10 万平方公里，正在建设中
榆林季鸾公园	榆林东沙	占地面积 3186 亩，总投资 3.4 亿元

这些沙地型森林公园的建设，巩固了榆林多年来防沙治沙工作的成果，使得传统观念中沙漠化严重的榆林地区逐步走向生态城市建设典范的道路。榆林人也逐渐认识到自然环境变化带来的益处，为榆林旅游业的发展开辟了新的经济增长点。

榆林沙地型森林公园建设目的是在保护自然生态环境的前提下，为人们提供观赏自然景观和休闲娱乐的场所。榆林沙地地处我国生态过渡带，气候、土壤、地貌、植被复杂多样，在这里建设沙地森林公园对科学教育和科学生产具有十分重要的意义。

榆林沙地型森林公园将会推动榆林市的旅游事业的发展；同时将为全球沙地森林资源开发研究提供数据依据，这就需要我们对榆林沙地型森林公园的前期总体规划、工程规模、景观及建筑设计、旅游配套产品开发等进行详细研究，从以下几方面提出榆林沙地型森林公园具体的项目开发原则，以供参考。

1）榆林沙地型森林公园规划设计原则。从整体来讲，规划设计时，要充分体现自然性。结合榆林沙区特点，榆林沙地型森林公园在规划设计中应遵循的原则是：

第一，生态功能最优原则。榆林沙地型森林公园规划设计应当本着保护、开发、利用相结合的原则，进行适度的开发建设，切实保护现有资源和自然环境，绝不能破坏榆林人民多年来取得的防沙治沙成果，也不能威胁到自然环境，要实现人文景观与生态功能的最佳结合。

第二，保持原生态自然风貌原则。榆林沙地型森林公园的基础就是原生态的自然沙地森林景观，这也是吸引广大游客的一个主要因素，因此沙地森林公园开发建设中应着重保护原生态自然风貌，突出生态自然风貌在公园建设中的主体作用，除修筑必要的旅游设施外，不宜大兴土木，搞人工造景，应尽量减少人为干预，尽力保持其原始的沙漠森林风貌。

第三，保持植物造景原则。榆林沙地型森林公园开发应充分考虑沙漠地区特殊的生态环境，进一步增加绿地面积和植物厚度，结合地形、沙地、水体、道路等对植物景观进行组织，体现植物的个体美、群落美和自然美。植物景观以荒漠植物为主，与其他藤类、灌木类和草类绿植相搭配，既体现了植被的多样性，也不会丧失沙地环境的特殊性。把不同叶色、花色的植物用衬托和对比手法进行多层搭配，做到春有花，夏有荫，秋有果，冬有绿，使植物景观色彩和层次更加丰富多彩，做到绿色中有美，美丽中含香。

第四，突出榆林地域特色。榆林沙地森林公园旅游项目的建设与示范的重点是突出榆林沙地的地域特色。榆林因其特殊的地理位置和历史背景，创造了独特的自然人文景观。在旅游设计中，应充分考虑榆林黄河文化和大漠风情的特点，以吸引游客。在发展沙地森林品牌战略中必须树立、提炼沙地森林旅游精华，以自身特色为亮点打造旅游项目和附加产品，让榆林沙地森林公园区别于城市绿地。

第五，保持可持续发展原则。榆林沙地森林公园力求创造生态旅游和自然旅游，本身就是一种长期可持续发展的旅游类型，与其他旅游项目相比，原有生态自然旅游存在周期长、环境变化小的特点，长期效益较好。因此，在开发沙地森林公园项目中应充分考虑长远规划和建设，使其生命周期最大化，有助于促进榆林旅游业的长期稳定发展。

2）榆林沙地型森林公园植物景观规划设计。从某种意义上来讲，植物景观是森林公园的"生命"，是公园景观的重要组成部分。为了实现整体景观设计的自然完整，植物景观规划设计在保全原有自然森林景观的所有特性下，应与森林美学、景观生态学和长期发展规划的要求相结合。

第一，榆林沙地森林公园植物景观自身特点。榆林沙地森林公园是在榆林市人民多年艰苦奋斗防沙抗沙所建设林场（小纪汗林场）的基础上建立的。经过几十年的发展，通过人工固沙的干预和沙林种植的防治，原有沙生植物已经形成了较为稳定的植被结构，现在，园区内的沙地植被主要具有以下几个特征：

其一，由于自然环境的影响，目前在公园内，沙地和干旱地区生长的植物占绝对主导地位，其他植被逐渐退化。

其二，沙漠地区人工种植植被拥有垂直分布特性的平行层次分布架构，植被结构相对简单，季节性分明，区别于自然植被。

其三，水分因素在植被演替中作用重大。近些年来，在人工作用下，园区内的植被形成了相对稳定的群落，主要以踏郎、油蒿和樟子松为主。

其四，通过对榆林沙区植物景观的观察，发现沙区内植物景观结构较为简单，分布广泛，植被结构稳定性不高，区内树林和灌草面积占60%以上，是最主要的植被景观。

第二，榆林沙地森林公园植物景观规划设计要点。榆林沙地森林公园的核心和主要景色就是各种森林植物景观，森林植物景观观赏性的高低体现了公园旅游产品的质量，也直接决定开发公园的价值意义，因此，榆林沙地森林公园规划和设计应始终抓住以下几个要点。

注重保护生态。沙地森林公园的设计应在保持森林资源和沙地植物景观自我繁衍性和保护性的前提下，将景观生态学与区域景观特征相结合，遵循"以人为本、生态优先"的原则，科学营造植物群落，构建乔、灌、草、地被植物多层复合的生态环境，提高绿化和景观水平，改善人居环境质量，营造良好的生态环境。

形成地域特色。榆林沙地森林公园要结合榆林市地域特色，根据多年治沙防沙经验，挖掘旺盛的沙生植物特色，体现榆林的特色和地方风貌。

进行合理布局。在沙地森林公园开发中，应合理布局，合理规划。风景区在设计中应首先保证周边自然生态环境不被破坏，景观在建设中应尽量增加周边景观的绿化面积和特色沙生植物的厚度。在植被结构设计中，以现有的沙地植被林为依托，以色彩亮丽、易于生长的树木点缀，体现自然森林的原生态和公园景观的观赏性。在植物景观设计上，可以采用混合植物造景的方法，就是规则式与自然式植物造景相结合，以局部（入口）为规则式设计，大部分为自然式的植物设计，这种造景风格灵活，形式多样。如图8-22、图8-23所示。

体现整体性原则。在公园的开发过程中，要体现局部服从整体的原则。对一些影响园区整体效益和生态效益低下的植被，应适当予以淘汰。对于不符合生态自然大前提的景观要及时调整，结合地形、水体、道路等对植物景观进行合理的组织，体现植物的个体美及群落美，只有这样，才能实现自然与景观的有机融合。

以人为本。植物景观建设必须要考虑到人类的心理、生理、感性和理性需求。以服务和有益于"人"的健康和舒适作为植物景观设计的根本，努力创造一个环境宜人、景色引人、亲切近人，为人所用、尺度适宜的舒适游憩、休闲环境。

图 8-22　公园入口处

图 8-23　园区内

3）榆林沙地型森林公园景观功能分区。榆林沙地型森林公园是根据榆林沙地区域和植被特点开发建设的旅游休闲风景区。景区的划分和创意必须在保持本区沙漠特色的前提下，提供多种科学合理的功能服务分区，实现游客休闲娱乐的和谐发展和自然生态环境的持久发展。在公园功能区划中，既要考虑近景效应，又要考虑远期景观，使游客可以得到轻松愉快的心理体验。

从合理开发、保护生态以及突出沙漠特点的角度考虑对园区的景观功能进行分区，可以划分为以下几个区。

沙漠娱乐区。榆林沙漠景观独特，沙海茫茫，落日浑圆，给人一种愉悦的心理感受。独特的沙漠风光、地形地貌和古城悠久的历史文化是风景区旅游产品开发的坚实基础。该区是整个沙漠森林公园最具特色的景观区，也是公园的中心风景区。因此，我们在设计中应该突出沙漠的特点，加入一些有趣的参与性项目。

民俗欣赏区。沙漠民俗欣赏是大漠风光旅游区和动态旅游的起始点与转折点。榆林历史文化底蕴深厚。农耕文化与北方游牧文化融合在一起，相互学习，相互借鉴。独特的历史印记在这里形成了独特的文化环境，形成了陕北民间艺术大俗大雅、风格独特的艺术特色，并风靡全国，走向世界，对于中华文化的发扬光大有重要的作用。如信天游、秧歌、剪纸、说书、唢呐、腰鼓等民间艺术个个具有鲜明的艺术特色和重要的文化价值。在园内建立独具陕北地方特色和民族特色的沙漠民居、独立的农家小院等，使大漠边关的奇异风情尽收眼底；粗犷独特的黄土高原风情与民俗文化糅合在民俗欣赏园中，这种自然与人文资源的丰富集合，使游客感受到游览沙漠民俗风情的乐趣。

水上娱乐区。在园区设人工湖、水榭楼台和拱桥，相互呼应，水域中设游船，水域周围设亭楼等供游人休息的地方。游客不仅可以在这个区域中休息，也可以欣赏到与大漠截然不同的风景。

治沙植物展示区。开展生态旅游活动，使游客在欣赏和研究沙漠景观的同时，增强环境保护意识。整个园区引进适应沙漠环境的植物，首先要提高现有的植被保护和恢复生态防护能力，同时挖掘具有适应性和抗逆性的沙生乡土植物，尽可能多的表现榆林地方特色。在引进植物时，也要做到适地适树。在植物选配上要体现高低错落、疏密有致、四季有景的效果，增强游人的新鲜感和美感。也可相应建设花卉及观赏植物园等，形成园中有园、园外连园、园园相扣的独特意韵。

科技、教育博览区。榆林沙地森林公园具有巨大的科研潜力，能够满足人们增长见识、扩大视野等需求动机，为动植物学者提供了广阔的研究空间。拥有丰富的植物资源，作为大的森林生态系，包含着丰富的物种，是大自然留给人们的宝贵财富。沙地森林公园也为广大学生学习沙漠地区自然演变与人类进化史等自然科学知识提供了现实标本。通过对园区的实际观察,学生可以更容易地理解生态的演替、食物链等一些自然现象和过程，对于公园整体本身就是一个大的科普教育园，园内的每一种动植物的分布特点、生长习性、外部景观特征等都是动植物本身的生长特征与外部环境作用的结果，体现着沙区生态系统的演化规律。沙地森林公园还可以提高游客的环保意识和对沙地森林环境的新认识，从而使得人们更加热爱大自然、保护大自然。

大型器械娱乐区。此区域在项目设计上突出参与和体验性。如滑翔、跳伞等刺激性的活动。这些游乐项目可以满足越来越多的人追求刺激和挑战的心理，从而形成一个娱乐、健身、观光、科普等多位一体的现代化的休闲场所。

公园服务区。一个成熟的旅游区离不开良好的服务体系。在娱乐之外要为游客提供完善的餐饮、商业以及综合服务。

通过上述分析，我们对沙地型森林公园进行了基本的分区。但在实际的操作中还要因地制宜，考虑公园的地貌、大小以及人文等多方面因素，做到保护优先、合理分区。

8.5.3 榆林沙漠生态城市建设的对策建议

8.5.3.1 政府政策支持

榆林市政府应对建设榆林沙漠生态城市提供有力的支持，制定优惠政策，发挥政策威力，鼓励榆林沙漠生态城市的发展，切实做好"生态绿洲型"城市建设。生态城市效益的显现是需要多部门联合起来共同努力的，为尽快地使生态城市发挥其效力，促进经济的稳定、可持续发展，环境的改善，需要政府协调相关产业和部门。

（1）成立生态城市建设领导小组。生态城市建设领导小组应当切实组织实施《规划纲要》。各部门要从全面落实科学发展观的思想高度，提高对做好《规划纲要》实施工作重要性、必要性、紧迫性的认识，各级政府成立相应的领导和工作机构，研究制定推进城市建设的方案和保障措施，协调解决出现的困难和问题，组织和动员各方面力量，确保目标任务和各项措施的落实。各部门根据各自职能，密切结合工作实际，确保完成各项目标任务。

（2）制定其他相关政策，鼓励榆林沙漠生态城市的发展。榆林沙漠生态城市的发展，需要政府部门制定优惠政策，有效发挥政策威力，相关方面涉及：鼓励能源产业结构性调整，增强能源企业深加工增值能力，改善目前仍以资源输出为主的粗放型生产模式；水资源有效治理；加强城镇化建设，改善公共设施和社会福利设施；完善生态补偿机制；等等。把生态环境建设与产业开发相结合，摒弃粗放掠夺、先污染后治理的工农业生产模式，保持经济稳定发展和生态环境健康协调。

8.5.3.2　集约化管理资金

发挥政府投入对生态城市发展的引导性作用，积极推进综合预算，统筹各类资金，保证榆林沙漠生态城市发展所需资金充足。

（1）设立面向产业技术体制改革的专项经费，包括研究型业务专项资金。

（2）创新政府资金投入方式，调整业务维持经费定额标准，采取以奖代补、贷款贴息等多种形式用于支持生态城市发展的工程的建设。

（3）加强项目库建设，规范经费使用，树立绩效管理理念，推进绩效预算方法，积极开展绩效考评工作，促进资金使用效益的提高。

（4）进一步整合各方面资源，把不同渠道的政府性资金直接、间接投入到生态城市建设上，吸引更多社会资金参与建设，扩大政府资金的引导效应。

8.5.3.3　广泛宣传教育

通过现代传播媒介与传统宣传方式有效结合，如广播、当地电视台、报纸专栏、互联网站等媒介，大力宣传榆林生态城市发展的总体思路，开展生态城市建设宣传教育工作，宣传工作要面向领导，面向基层群众，围绕战略要求，在抓好重点建设工程的同时，努力抓好绿色通道工程和城乡一体化建设，调动广大群众的积极性。

（1）开展"全民参与榆林沙漠生态城市建设"活动，广泛开展环保志愿者行动、义务植树造林等环保公益活动，积极开展生态农业、生态旅游等实践活动，充分发挥各类保护地的生态教育和生态体验作用。在各类公共场所设置主题鲜明的行动小贴士和指示牌等，增强群众的责任感和使命感，鼓励并规范利于建设榆林沙漠生态城市的行为。

（2）相关部门与研究机构及时总结宣传生态城市建设的经验，并加强生态城市建设理论研究。

（3）将生态文化知识和生态意识教育纳入党政干部培训计划，提高领导干部的生态文明素养和意识。

（4）将生态文化知识和生态意识教育纳入企业培训计划，加强对企业干部职工的生态文明知识、环境保护和生态建设法律法规教育，增强企业的社会责任和生态责任意识。

（5）重视农村地区生态城市建设相关宣传教育工作，在村规民约中写入生态文明内容。

（6）广泛深入地宣传造林绿化工作，建设生态公园体验区和生态退化警示区，增强感受教育和警示教育。

（7）强调人和自然的协调与和谐，坚持可持续发展战略，正确处理经济发展同人、资源、环境的关系，因地制宜，建设生态公园，提高民居绿化面积，改善生态环境、美化生活环境。

8.5.3.4　管理体制创新

保持经济稳定发展和生态环境健康协调，应当创新管理体制，通过建立政府、企业、公众等多层面参与和推进，共同构建榆林沙漠生态城市体系。

（1）加快政府职能转变。在建设榆林沙漠生态城市的过程中，更需要政府宏观的政策支持和保障。这就需要创新管理体制、转变政府职能，增强政府的服务功能。

第一，加快行政管理体制改革要以政府职能转变为核心，要加快推进政企分开、政资分开、政事分开、政府与市场中介组织分开。把不该由政府管理的事项转移出去，把该由政府管理的事项切实管好，从制度上更好地发挥市场在资源配置中的基础性作用，更好地发挥公民和社会组织在社会公共事务管理中的作用，更加有效地提供公共产品。

第二，全面正确履行政府职能。改善经济调节，更多地运用经济手段、法律手段并辅之以必要的行政手段调节经济活动，增强宏观调控的科学性、预见性和有效性，促进国民经济又好又快发展。

第三，各级政府要按照加快职能转变的要求，结合实际，突出管理和服务重点。中央政府要加强经济社会事务的宏观管理，进一步减少和下放具体管理事项，把更多的精力转到制定战略规划、政策法规和标准规范上，维护国家法制统一、政令统一和市场统一。

（2）做好改革的组织实施工作。加快行政管理体制改革意义重大，任务艰巨，所以我们要认真组织实施国务院机构改革方案，抓紧制定地方政府机构改革、议事协调机构改革、事业单位分类改革的指导意见和方案，制定和完善国务院部门"三定"规定，及时修订相关法律法规。同时，我们更要严肃纪律，严禁突击提拔干部，严防国有资产流失，要重视研究和解决改革过程中出现的新情况和新问题。要不断加强思想政治工作，正确引导舆论，确保改革顺利推进。

（3）创新人才引进机制。目前，榆林沙漠生态城市的经济基础有限，导致人力支持受到很大限制。榆林工业从粗放型向集约型转变，必然要求从业人员的素质和技能的提高。政府逐渐重视生态环境专业人员的引进与培养，通过制定相关政策，为高素质人才的发展提供空间和平台，为合理选人、科学用人提供了良好的机制保障。

8.5.3.5 积极发展低碳经济

榆林沙漠生态城市的建设在于自然资源的有效及可持续利用、生态环境的改善、资源的有效配置，在不影响经济增长的情况下，建设沙漠生态城市，强调人和自然的和谐发展。

（1）优化产业结构、控制高能耗和高污染行业，重点促进有色金属、能源等行业的低碳化，引进、消化能够有效控制温室气体产生和排放的新技术。

（2）改善能源结构，积极发展清洁煤能源，在沙漠中建设光伏城发电，加快建立清洁能源生产供应系统，推动经济整体向低碳能源消费结构转换。

（3）发展低碳环保的现代产业，积极发展高效生态农业，现代服务业和非能源化工产业，加快建立现代产业体系。

（4）推进低碳化管理。提高低碳经济发展的管理水平，逐步建立区域碳排放额度逐年递减制度并开展碳减排量交易。

（5）推广低碳化的城市基础设施建设，积极推动低碳化现代城市交通系统的发展，开发、改造、推广节能型低碳建筑。

8.5.3.6 构建综合交通体系

构建综合交通体系是榆林沙漠城市发展的基础。便利的交通体系可以有效扩大城市辐射影响力的空间覆盖范围，加强与周边城市的联系与协作。

在国家正在实施旨在扩大内需、促进经济增长的十项措施中，其中一条是"加快铁路、公路和机场等重大基础设施建设"。国家 2009 年和 2010 年批准新建铁路里程 2 万千米，投资规模 2 万亿元，预计《中长期铁路网规划》项目全部实施后，到 2020 年铁路建设投资总规模将达到 5 万亿元。

目前榆林建设的太中银、西包复线两条铁路，使绥德和相邻县城"四通八达"；而榆林城区仅有西包铁路经过，南下北上还算方便，而东出西进甚为不便。我们必须抓住这次国家扩大内需的机遇，按照省委要求和市委市政府规划，榆林城区至 2020 年将达到 200 万人口规模，榆林将成为国家物流和交通网中的重点，我们需超前预测未来十年榆林的交通，大胆设想和提出榆林交通建设的宏伟蓝图。

在铁路建设方面：建议国家贯通拉近东北—西北的铁路大动脉。打通北京—榆林—兰州—拉萨的快速铁路，依托现有或在建交通网络，提升改造"京—榆"

线，即北京经涞源、繁峙、神池、府谷至榆林铁路；建设"榆—兰"线，即榆林经靖边、定边、惠安堡至兰州铁路。通过国家调整改造、改善设施、拉进取直、新建部分铁路等措施来实现。当然国家目前正在建设太中银铁路，建成后该铁路将成为华北连接西北的一条重要通道。但修建北京—榆林—兰州—拉萨的铁路与太中银铁路并不矛盾，这条线路的功能与太中银铁路不同，其建成后，将成为该沿线诸多城市的交通大动脉，为人流物流提供便利；也将成为东北、北京连接西北的又一通道；还能够缓解太中银铁路尤其是北京—石家庄—太原铁路运输压力。而且，榆林城区需要有一条经由市区西进东出的便捷通道，可拉直呼和浩特至成都、昆明的铁路大动脉。完善"呼—榆"线，即呼和浩特经准格尔、神木至榆林铁路；建设"榆—宝"线，即榆林经靖边、吴旗、庆阳至宝鸡铁路。如果上述两条大动脉能够贯通，北京乃至东北地区，可以经"京—榆""榆—兰"铁路直达兰州、西宁、拉萨。这条线比现行石家庄、郑州、西安线路里程缩短 300 余千米，也比 2010 年即将建成的石家庄—太原、绥德、中卫铁路缩短 100 余千米；经"京—榆""榆—宝"铁路直达宝鸡、成都、昆明，里程也将大为缩短。同样，呼和浩特、包头也将大大缩短到成都、昆明，或到兰州、拉萨的里程。目前从榆林乘坐火车只能直达西安，到其他省区必须中途转车，仍然很不方便。因此建议国家在制定新的列车运行线路布局图中，增加一定数量榆林到相关省会城市的始发车次，或使经由榆林的列车延伸到上海、广州、兰州、呼和浩特、包头、乌鲁木齐等省会城市，增强通达能力。除了正在建设的西安—郑州，即将新建的西安—宝鸡、兰州以及西安—汉中、成都的高速客运专线，可以考虑近年内开建西安到延安、榆林的高速客运专线。我们要站高看远、想得广阔，只要我们大胆设想、主动争取，修建陕北高速客运专线的愿望就能实现。

在公路建设方面：目前"榆—神"高速公路已经开建，"神—府"高速、"榆—绥"高速、"榆—佳—白"高速也将开建，我们要继续加快高速公路建设，疏通榆林—宝鸡高速公路，修通榆林—准格尔—呼和浩特高速公路，拉直榆林—北京的高速公路，构想到临近地区的高速公路，规划榆林—子长—延安的高速公路，构想神木—米脂高速公路、榆林—乌审旗直至银川高速公路。

在民航建设方面：主要是建立一批新航线，尽快打通榆林到深圳、济南、乌鲁木齐、银川以及东北相关城市航线；争取设立陆地一类口岸，将榆林机场尽快建设成为国际机场。

参考文献

［1］李新，储成君，秦昌波等. 丝绸之路经济带环境形势分析及对策研究［J］. 环境保护科学，2015（6）.

［2］刘思岐. 沙漠生态旅游开发研究——以第八师 150 团驼铃梦坡为例［D］. 石河子大学博士学位论文，2014.

［3］欣欣.《社会蓝皮书：2017 年中国社会形势分析与预测》发布［J］. 出版参考，2017（1）：69.

［4］赵鹏宇，纪江海. 生态城市建设与可持续发展问题探讨［A］//中国环境科学学会 2009 年学术年会论文集（第三卷）［C］. 2009.

［5］侯奕. 浅析生态规划中的七大特征［J］. 城市建设理论研究，2011（26）.

［6］马红文. 可持续发展背景下生态城市规划设计中的目标体系研究［J］. 建筑工程技术与设计，2015（10）.

［7］姚江春，许锋，肖红娟. 我国生态城市建设方向与新型规划技术研究［J］. 城市发展研究，2012，19（8）.

［8］张金林. 浅析我国绿色生态城市设计规划［J］. 城市建设理论研究，2015（16）.

［9］妥福霞. 浅谈可持续发展下的经济法［J］. 法制与经济，2013（2）.

［10］沈清基. 城市生态环境：原理、方法与优化［J］. 上海城市规划，2012（5）.

［11］蒋艳灵，刘春腊，周长青等. 中国生态城市理论研究现状与实践问题思考［J］. 地理研究，2015，34（12）.

［12］国家自然科学基金委员会. 生态学［M］. 北京：科学出版社，1997.

［13］王星戈. 浅论生态城市规划建设的可持续发展［J］. 城乡建设，2012（35）.

［14］翟村，张鹏. 对城市生态规划的探讨［J］. 中国房地产业（理论版），

2012（5）：219.

　　[15] 王永成. 用金融学的逻辑视角来看循环经济 [J]. 现代经济信息，2014（9X）.

　　[16] 李松，崔大树. 城市空间耗散结构演化的特征和"熵"机制——关于城市空间耗散结构研究综述 [J]. 企业导报，2011（10）.

　　[17] 李松，崔大树. 关于城市空间耗散结构研究的文献综述 [J]. 经济论坛，2011（6）.

　　[18] 刘沙沙，马吉龙. 浅析人居环境下的城市生态园林建设 [J]. 城市建筑，2013（22）.

　　[19] 袁佳运. 浅谈城市规划中人居环境科学思想的应用 [J]. 城市建设理论研究，2012（36）.

　　[20] 李海龙. 国外生态城市 [J]. 青海科技，2016（2）.

　　[21] 罗伊·莫里森，刘仁胜，何霜梅. 生态文明建设中的可再生能源与生态消费构想 [J]. 鄱阳湖学刊，2013（3）.

　　[22] 李学灵. 全球气候政策议程设置问题研究 [D]. 上海交通大学博士学位论文，2011.

　　[23] 谷小平. 国外生态城市建设的经验及对我国的启示 [J]. 城市建设理论研究（电子版），2015（20）.

　　[24] 刘长松. 欧洲绿色城市主义：理论、实践与启示 [J]. 国外社会科学，2017（1）.

　　[25] 尹洪妍. 国外生态城市的开发模式 [J]. 城市问题，2008（12）.

　　[26] 何碧波，黄凌翔. 重建与改造——国外生态城市建设模式及对我国的启示 [J]. 生态经济（中文版），2011（12）.

　　[27] 尹科，王如松，周传斌等. 国内外生态效率核算方法及其应用研究述评 [J]. 生态学报，2012，32（11）.

　　[28] 单志广. 我国智慧城市的发展思路与推进策略——在 OA'2013 第十八届办公自动化国际学术研讨会智慧生态城市论坛大会上的报告 [J]. 办公自动化（综合版），2013（10）.

　　[29] 刘妙桃. 生态城市建设的理性思考 [J]. 经济与社会发展，2010，8（7）.

　　[30] 袁荣灿. 生态型城市规划标准研究 [J]. 建筑工程技术与设计，2013（5）.

　　[31] 罗文健. 基于"生态城市"理念的城市规划工作改进研究 [J]. 低碳世

界，2015（23）.

[32] 吴箐，傅辰昊，李宇等. 基于中国期刊全文数据库的生态城市研究文献计量分析［J］. 热带地理，2013，33（4）.